筑乐

ARCHI-MUSIC:

Musical Ideas that Shaped the Chinese Architecture Philosophy

中国建筑思想中的音乐因素

张宇 著

中国建筑工业出版社

再也没有其他地方表现得像中国人那样热心于体现他们伟大的设想：人不能离开大自然的原则。这个人并不是可以从社会中分割出来的人。皇宫、庙宇等重大建筑自然不在话下，城乡中不论集中的或者散布于田庄中的住宅，也都经常出现一种宇宙图案的感觉，以及作为方向、节令和星宿的象征主义。

——李约瑟《中国科学技术史》

在古代亚细亚高度文化的精神里，所谓音乐的作用，绝不是纯音乐的，而是反映宇宙关系的一面镜子。

——C. 萨克斯《比较音乐学》

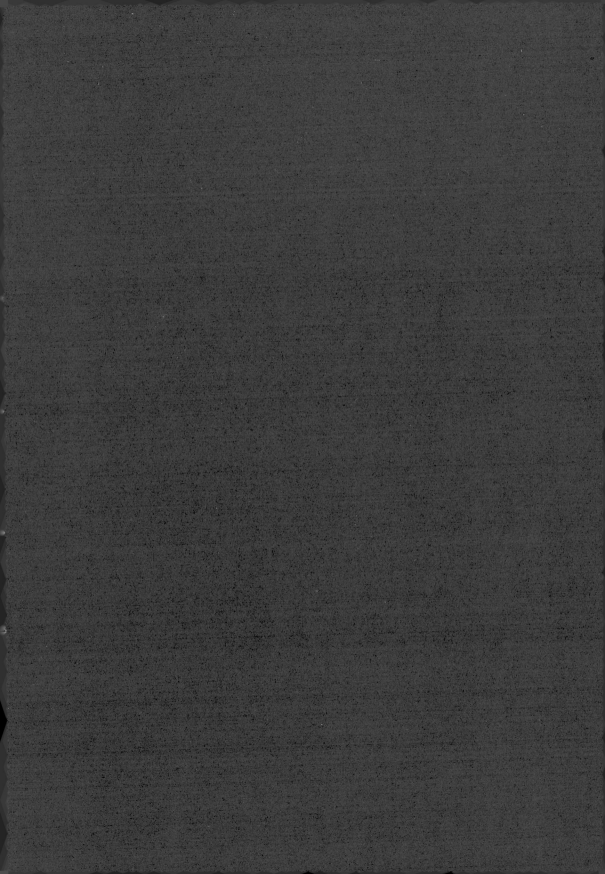

目录

序言 为什么研究建筑与音乐 9
前言 中国古代建筑与音乐的共通 15
第一章 『建筑是凝固的音乐』从何而来 001
第二章 『乐』的审美教育 035
第三章 时空观与五行说 085
第四章 算出来的音律和尺度 137
第五章 《营造法式》中的音乐谜团 165
第六章 乾隆皇帝的制礼做乐：圜丘坛与韵琴斋 193
参考文献 217
图表来源 225

序言

为什么研究建筑与音乐

为什么研究建筑与音乐？首先，它是一个引人注目的话题，对建筑学界、业界和建筑爱好者来说皆然。

在西方，将建筑与音乐作类比（analogy）的最初想法在希腊神话记述中可见其雏形。古希腊哲人毕达哥拉斯、柏拉图将音乐之美与和谐的数学比例建立联系，其影响延及后世的建筑学观念，此即建筑与音乐的第一类共通：和谐比例。西方建筑史上，从古罗马时期的维特鲁威（Marcus Vitruvius Pollio，约公元前 80—公元前 70 年生，约公元前 15 年以后卒）①，到文艺复兴时期的阿尔伯蒂（Leon Battista Alberti，1404—1472 年）②、帕拉第奥（Andrea Palladio，1508—1580 年）③，都曾在这一共通下探讨建筑与音乐创作法则的相似性。艺术史家维特科尔《人文主义时代的建筑原理》（1949 年）书中“建筑中的和谐比例问题”

① 维特鲁威《建筑十书》（*De architectura*，约公元前 30 年）中译本由高履泰翻译（知识产权出版社于 2001 出版）。

② 阿尔伯蒂的著作《建筑十说》（*De re aedificatoria*）初写于 1452 年，出版于 1485 年。

③ 帕拉第奥著《建筑四书》（*I Quattro Libri dell'Architettura*，1570 年）。

一章专门指出，帕拉第奥设计的别墅中有一套普遍的和谐比例关系与音乐音程相联系。①

对建筑爱好者来说，更为熟知的是“建筑是凝固的音乐”这句比喻。18 世纪以降，受益于当时勃兴的文学想象力，以及对空间艺术 / 时间艺术的思考，在德国浪漫主义美学讨论中诞生了“建筑是凝固的音乐”一说。这句比喻传播虽广，但受限于其文学修辞属性，很难从表层深入探讨下去。

直到 20 世纪后半，学界才有意识地发掘历史上的建筑与音乐共通个案，对共通史进行回顾梳理。除第一类共通外，又归纳出另两类共通：语义学；时间结构与空间结构的类比。

第二类研究语义学共通着眼于中世纪哥特建筑、乐曲中的特定结构、数字所象征的“语义”。这方面最经典的研究个案是关于佛罗伦萨大教堂与经文歌的共通。学者们经数十年（1973—2001 年）热烈探讨发现，1436 年为大教堂穹顶落成庆典而作的一首著名经文歌以听觉手段成功再现了建筑物的视觉特征，其“语义”同时取自现实中的大教堂和《圣经》中的神殿形象；而大教堂设计时也引用了来自现实与经文的诸多“语义”——要之，音乐、建筑物、文本三者通过“语义”的撷取和重呈，形成了彼此交融的共通关系。②

第三类研究则通过分析共时的乐谱与建筑图纸，揭示出从罗马风至哥特时期、文艺复兴至巴洛克时期，建筑各构件造型原理与同时期的作曲技法出现了

① 鲁道夫 · 维特科尔 . 人文主义时代的建筑原理（原著第六版）[M]. 刘东洋，译 . 北京：中国建筑工业出版社，2016：104-137.

② Charles W. Warren. Brunelleschi's Dome and Dufay's Motet[J]//The Musical Quarterly，Vol.59，No.1，Oxford University Press，1973：92-105.

· Craig Wright. Dufay's *Nuper rosarum flores*，King Solomon's Temple，and the Veneration of the Virgin[J]. Journal of the American Musicological Society，1994，47：395-441.

· Marvin Trachtenberg. Architecture and Music Reunited：A New Reading of Dufay's *Nuper Rosarum Flores* and the Cathedral of Florence. Renaissance Quarterly，2001，54：740-775.

可对应的相似变化特征。[①]

对建筑界而言，研究建筑与音乐更具有目的性的一方面，是在设计实践中尝试引入音乐理念。

在文艺复兴时期，建筑师对作品样式产生了前所未有的自觉。如上文提及的，阿尔伯蒂和帕拉第奥将古希腊人的音乐和声体系及数学比例吸收到自己的建筑理论著作与设计实践中，从而把建筑提升到形而上的高度。[②]

在当代建筑师中，从建筑与音乐共通出发，可以开出这样一份名单：彼得·埃森曼、彼得·卒姆托、里伯斯金、斯蒂文·霍尔……埃森曼（Peter Eisenmann，1932年生）的建筑语法学观点被认为非常近似德国作曲家勋伯格（Arnold Schoenberg，1874—1951年）的序列音乐。卒姆托（Peter Zumthor，1943年生）在其论著《氛围》和《思考建筑》中多次提到对音乐的欣赏，并试图将音乐中感悟到的美和法则引入建筑创作中，字里行间可见卒姆托对古典音乐、现代民谣、爵士乐均浸淫颇深，而且卒姆托的儿子彼得·康拉丁（Peter Conradin）还是职业乐手。[③]里伯斯金（Daniel Libeskind，1946年生）在从事建筑设计之前曾是青年钢琴演奏家，他设计的柏林犹太人博物馆（1989—1999年）据称受到了勋伯格十二音体系歌剧

① 十嵐太郎，菅野裕子．建築と音楽[M]．東京：NTT出版，2008。该书成文的前身是菅野裕子的《西洋の建築と音楽に関する比較芸術史的研究》（横滨国立大学博士论文2006年）。另可参见较详程度的综述，五十嵐太郎．美しき女神ムーサ．建築文化1997年12月号特集建築と音楽，该特集最后附有由五十嵐太郎、菅野裕子合撰的“建筑与音乐”文献目录。

② 鲁道夫·维特科尔．人文主义时代的建筑原理（原著第六版）[M]．刘东洋，译．北京：中国建筑工业出版社，2016：164-167.

③ 彼得·卒姆托．建筑氛围[M]．思考建筑（原著第二版）[M]．张宇，译．北京：中国建筑工业出版社，2010.

作品《摩西与亚伦》（*Moses und Aron*，1930—1932 年）的启发。霍尔（Steven Holl，1947 年生）设计的“迭句”住宅（Stretto House，1989—1991 年），其构思源自匈牙利作曲家巴托克（Béla Bartók，1881—1945 年）创作的一首“为弦乐、打击乐和钢片琴而作”的音乐作品。

另外，还必须提到一位有着传奇人生的音乐家兼建筑师，他就是曾在勒·柯布西耶工作室做过 10 年助手的克赛纳基斯（Iannis Xenakis，1922—2001 年），不妨把他叫做“X 先生”。X 先生是希腊裔，生于罗马尼亚，最早为工程师出身，二战后移居法国，先师从勒·柯布西耶学建筑，后转向作曲。由勒·柯布西耶署名，但实际由 X 先生设计的布鲁塞尔博览会飞利浦馆（Philips Pavilion，1958 年）结构取自 X 先生的音乐作品《转化》（*Metastasis*，1953—1954 年）乐谱形态。X 先生还根据乐谱律动，设计过柯布西耶主创的拉图雷特修道院（Couvent Sainte-Marie de La Tourette，1957—1960 年）西立面及餐厅、走廊上的“波纹窗”（undulating glazing）[①]。

21 世纪以来，在国外建筑界对“建筑与音乐”持续关注的大环境下，专以“建筑与音乐”为研究课题的中文文献显著增多。在国内建筑师实践层面，王昀博士的《跨界设计：建筑与音乐》汇集了他本人从音乐中获取灵感来设计的建筑案例。[②]

不过，迄今的中文讨论都存在一个明显缺失：几乎跳过中国音乐材料不谈。这种局面固然是由于当前建筑专业缺乏跨学科的中国音乐知识造成的，但更重要的是对建立建筑和音乐共通的中国古代文化、思维背景了解不够。中国古人对建筑与音乐关系的认知和西方有着怎样的不同？目前相关研究几乎是空白。而本书正尝试着就这一缺环进行探索。

本书是第一本专门研究中国文化下建筑如何结合音乐的著作，研究的关注点落在中国建筑与中国音乐有别于西方之处。深入考察中国古代材料中的“建筑和音乐”，其意义尚不止于揭示其中的关联，以及西方源自毕达哥拉斯 - 柏拉图的和声思想体系有何不同。更大的收获在于，从中找到一把钥匙，得以窥

① Sharon Kanach 整理出版的论著 Iannis Xenakis. Musique de l'architecture[M]. Paris: Parenthèses，2004.

② 王昀．跨界设计：建筑与音乐[M]. 北京：中国电力出版社，2012。另有吴硕贤院士《音乐与建筑》是论文集，其中主要是从音乐声学、厅堂声学方面讲到建筑与音乐的结合，并不涉及建筑一音乐的共通。

知并把握中国古代博大精深的建筑哲理之重要一面。

至今困扰中国建筑历史与理论研究的一个重要难题，便是与古代建筑实物相关的设计思想、理论、方法未必能信而有征地阐发，而造成难题的原因之一就在于“现代”建筑学理论框架与传统建筑研究对象之间不兼容。有效的解决办法就是以跨学科知识背景综合研究传统对象，在古代建筑实物与创作建筑的主体“人”及其时代思想、观念、方法之间建立关联，由此“既能见物，也能见人”。

前文提及的维特科尔《人文主义时代的建筑原理》一书，通过令人信服地阐述文艺复兴建筑和形而上的音乐/数学思想的关联，从而在观念上“永远地消除了人们从享乐主义或者纯美学角度对文艺复兴建筑的认识”。[①] 珠玉在前，本书既然有相仿的比较研究内容，所以也可以说抱有类似的成果期待：第一层面旨在搜集与考察中国古代材料中的“建筑与音乐”，第二层面旨在以该方面的跨学科研究为切入点，更好地了解我们祖先在世界上独树一帜而又源远流长的一套建筑认知模式。

本书读者当然并不限于建筑史或建筑学专业。除了建筑之外，在本书中还可一窥庞杂精深的中国传统音乐理论，以及中国建筑与音乐背后的古代文化与思维背景。而尤其对于读者中的建筑从业者，笔者不揣冒昧，照录梁思成先生《为什么研究中国建筑》一文的结尾句作为本书序言的结尾：“知己知彼，温故知新，已有科学技术的建筑师增加了本国的学识及趣味，他们的创造力量自然会在不自觉中雄厚起来。”[②] 这也便是本书研究建筑与音乐的深层意义。

① 鲁道夫·维特科尔．人文主义时代的建筑原理（原著第六版）[M]. 刘东洋，译．北京：中国建筑工业出版社，2016：164-167.

② 梁思成．梁思成全集（第三卷）[M]. 北京：中国建筑工业出版社．2001：377-380.

前言

中国古代建筑与音乐的共通

（一）

国内建筑界对“建筑与音乐”的讨论中，有名的一篇文章是梁思成先生的《建筑和建筑的艺术》，最初发表在1961年7月26日《人民日报》上。[①] 这篇文章旨在向公众普及建筑知识，为了生动形象地说明建筑的韵律，文中用音乐节拍来打比方：

> 建筑的节奏、韵律有时候和音乐很相像。例如有一座建筑，由左到右或者由右到左，是一柱，一窗；一柱，一窗地排列过去，就像“柱，窗，柱，窗；柱，窗，柱，窗；……”的2/4拍子。若是一柱二窗的排列法，就有点像“柱，窗，窗；柱，窗，窗；……”的圆舞曲。若是一柱三窗的排列法，就是“柱，窗，窗，窗；柱，窗，窗，窗；……”的4/4拍子了。

① 梁思成．建筑和建筑的艺术．原载1961年7月26日《人民日报》，选自：梁思成．拙匠随笔[M]．北京：中国建筑工业出版社，1996：83-96.

在垂直方向上，同样有节奏、韵律；北京广安门外的天宁寺塔就是一个有趣的例子。由下看上去，最下面是一个扁平的不显著的月台；上面是两层大致同样高的重叠的须弥座；再上去是一周小挑台，专门名词叫平坐；平坐上面是一圈栏杆，栏杆上是一个三层莲瓣座，再上去是塔的本身，高度和两层须弥座大致相等；再上去是十三层檐子；最上是攒尖瓦顶，顶尖就是塔尖的宝珠。按照这个层次和它们高低不同的比例，我们大致（只是大致）可以看到（而不是听到）这样一段节奏……

梁先生尝试用五线乐谱描写了北京天宁寺塔的立面竖向节奏（图 0-1）。尽管这番类比很生动，可是，建于 12 世纪辽代末期的天宁寺舍利塔毕竟不是比拟某首乐曲而设计的。而文中折射出的核心问题在于，毕生致力于肯定中国传统建筑价值的梁思成在向公众普及介绍中国古代建筑时，却是用西方古典音乐（圆舞曲、五线谱）来作类比。通过检索文献，我们发现美国建筑师克劳德·布拉格顿（Claude Bragdon）在《美的要素：神智论及建筑学七说》（1910 年）[①]第七说“凝固的音乐”中比较了建筑与音乐的共通韵律，举意大利文艺复兴别墅、府邸为例，并附以五线乐谱图示。如罗马法尔内西纳别墅（Villa Farnesina）檐部以 3/4 拍子表现，罗马吉劳德府邸（Palazzo Giraud-Torlonia）最上层以 4/4 拍子表现

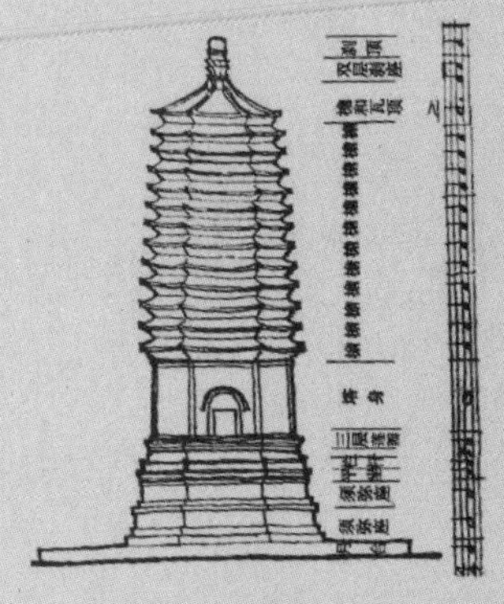

图 0-1
天宁寺塔的竖向“节奏”，梁思成绘制

① Claude Bragdon. The Beautiful Necessity，Seven Essays on Theosophy and Architecture[M]. New York: Cosimo Classics，2005.

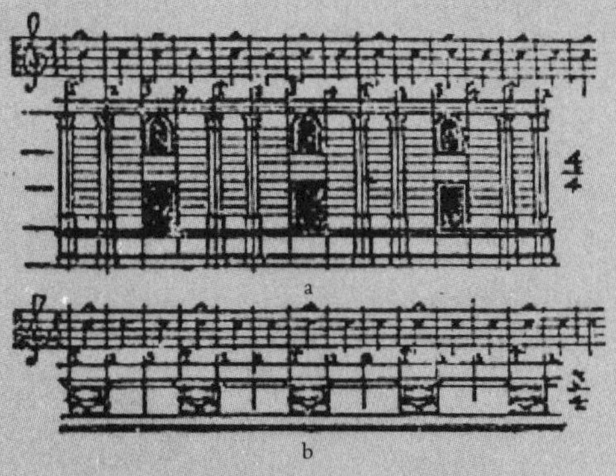

图 0-2
布拉格顿对文艺复兴建筑实例所作音乐图示
a. 罗马吉劳德府邸的最上层，以 4/4 拍表现
b. 罗马的法尔尼西纳府邸的檐部，以 3/4 拍表现

（图 0-2）。梁先生在留学美国时很可能读过这本书，他关于建筑柱、窗排列韵律的说法或许就受此影响。

在梁先生之外，迄今的中文讨论往往会就音乐的韵律、节奏、和声等要素与建筑形态特征如空间组合、体形、比例、色调、韵律等展开讨论，而这些论述有意无意参照的原型，正是西方自古希腊以来从音乐和声体系这一角度对建筑 - 音乐共通性所作的探讨。有一些论文在观点上拘泥于形式上的类似而牵强附会，把中国建筑组群的空间序列（如北京紫禁城建筑群）比作“一曲流畅的交响乐”，甚至将西洋交响曲式的序曲、呈示部、展开部、再现部逐一照应于建筑群中的各座建筑（或对应于园林中的各处景区）。这种西洋曲式与中国传统建筑之间的表象类比，既笼罩上“西方中心论”的阴影，同时也因二者缺乏必要的深层文化背景关联，而难以将论述系统、深入地展开。

（二）

事实上，中国古代将建筑与音乐类通的见解在春秋时已现端倪。儒家对于包括建筑在内的艺术的功用，在《乐记》中提出了“乐统同，礼辨异”的主张。《乐记》之“乐”不独指音乐而可以泛指艺术，所以《乐记》可以说是涉及所有艺术的美学著作。“统同”即指艺术用以维系全社会建立在“礼”的基础上的统一协同。上至宫殿，下至民居，都通过乐与“礼”发生关系。据此，萧默在《中国建筑艺术史》（1999年）中论及中国建筑艺术时，将中国传统音乐纳入关注视野，大量引用儒家典籍《乐记》的语句，认为中国建筑对“和”美的追求“颇与古代音乐思想相类”。①

若具体论乐、礼在建筑中的表现，按南宋李如圭《仪礼释宫》所言，乃在于宫室“登降之节、进退之序”的布置；按清人任启运《宫室考》表述，则是宫室之制的“位次与夫升降出入”；又按南宋郑樵所说，“礼乐相须以为用，礼非乐不行，乐非礼不举”。礼典中的登降、进退、出入，既要和着音乐节奏，又与建筑中的空间位次紧密结合。学者李允鉌《华夏意匠》（1978年）曾提及李如圭、任启运，认为若能将他们的著作“加以详细分析和研究，再结合建筑的观点解释一番，相信就会是一本十分有内容和对研究中国建筑史很有用的著述。”② 随后在同一本书里，李允鉌提到中国建筑组群中空间动态体验与音乐的相似性：

> 人在建筑群中运动，正……如音乐一样，一个乐章接一个乐章地相继而来。③

① 萧默．中国建筑艺术史[M]. 北京：文物出版社，1999：184，1068.

② 李允鉌．华夏意匠：中国古典建筑设计原理分析[M]. 天津：天津大学出版社，2005：43.

③ 同上：154.

对于建筑与音乐的比喻，欧洲人的表述是“建筑是凝固的音乐”，而中国古人则说过“作曲犹造宫室”。

明清时期，戏曲音乐蓬勃兴起，明末王骥德（生于1557—1561年之间，卒于1623年）的戏曲著作《曲律》（1610年）谓：

> 作曲，犹造宫室然。工师之作室也，必先定规式，自前门而厅、而堂、而楼，或三进，或五进，或七进，又自两厢而及轩寮（即门、窗、小屋），以至廪庾（粮库）、庖（厨房）、湢（浴室）、藩（屏障）、垣（墙壁）、苑（园林）、榭（水上亭台）之类，前后、左右、高下、远近，尺寸无不了然于胸，而后可施斤斫。作曲者，亦必先分段数，以何意起、何意接、何意作中段敷衍、何意作后段收煞，整整在目，而后可施结撰。（《曲律·论章法第十六》）

清初李渔（1611—1680年）自称“生平有两绝技”，“一则辨审音乐，一则置造园亭”（《闲情偶寄》居室部·房舍第一），他也认为建宅与作曲其理相同：

> 至于“结构”二字，则在引商刻羽之先，拈韵抽毫之始。……工师之建宅亦然。基址初平，间架未立，先筹何处建厅，何处开户，栋需何木，梁用何材；必俟成局了然，始可挥斤运斧。倘造成一架而后再筹一架，则便于前者不便于后，势必改而就之，未成先毁；犹之筑舍道旁，兼数宅之匠资，不足供一厅一堂之用矣！（《闲情偶寄·卷一》词曲部·结构第一·小序）

又见清人钱泳（1759—1844年）《履园丛话》，对造屋也有近似的看法：

> 造屋之工，……如作文之变换，无雷同，虽数间小筑，必使门窗轩豁，曲折得宜……（《履园丛话》卷十二·艺能·营造）

按传统观念，文、曲相通。故这也可视同建筑与音乐间的类比。

三

要更好地理解中国古代建筑与音乐类通，需要回顾中国古人的整体思维方式及宇宙观。

中国传统思维方式的一个重要特点，就是整体思维。“把人与整个世界看成一个整体，这可以说是中国古代的系统观点”。[①]中国传统思维主张“观其会通”(《易传》)，强调要从统一的角度观察天地之间的万事万物，“触类取与，不拘一绪”(《刘子·九流》)。与此相比，西方传统思维则迥然不同，正如美国汉学家安乐哲（Roger T. Ames）所说，“亚里士多德的分类学把经验分解成事物、行动、事物的同性和行动的方式——即名词、动词、形容词和副词。于是，当我们遇到不熟悉的事物时，第一个念头就是将其分门别类。”[②]

安乐哲形象地用两个图示表现中国与西方思维对“关系”的不同认知：图 0-3a 演示了典型的西方观念，“在一个物质世界中，人或物都是被外来力量连接在一起的，所以，当这些外在关系解除时，各个事物依然是完整无缺的”[③]；图 0-3b 则演示了儒家观念中的“关系”，安乐哲称其为“相互关联性”，在这种关系下，万事万物通过“相互关系”确定它们的属性，并

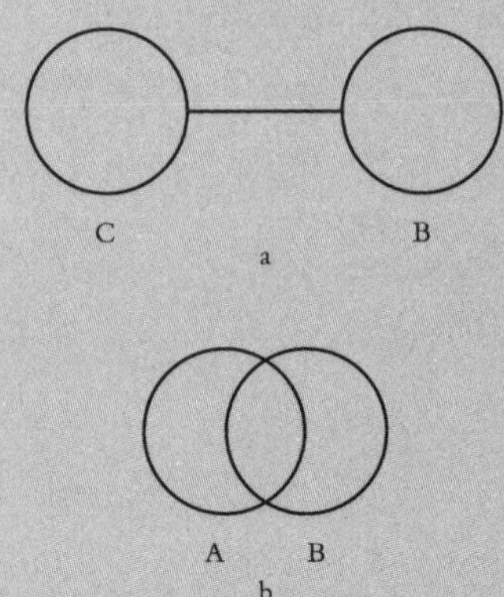

图 0-3
中国与西方思维对“关系”的不同认知
a. 西方观念中的事物“关系”图示；
b. 儒家观念中的事物“关系”图示

① 张岱年．“传统思维方式的分析”（1987）．宇宙与人生 [M]. 上海：上海文艺出版社，1999：33.

② 安乐哲，罗思文．《论语》的哲学诠释：比较哲学的视域 [M]. 余瑾，译．北京：中国社会科学出版社，2003：23.

③ 同上：25.

且，这种“相互关系”不断发展变化。

如果单就“眼光”的本义——眼睛观察事物的方式而言，中国人与西方人看世界的“眼光”也是不一样的。根据美国密歇根大学的研究，如果展示一张图片，并跟踪受测学生观察图片时的眼球转动情况，可以发现美国学生更多地是关注前景中的物体；而中国学生关注整幅画面，他们的眼球移动动作更多，特别是花较多的时间观察背景，并且在主要物体与背景之间来回移动。研究人员认为：“美国人是从客观的角度观察物体和解释行为的，而中国人则对其中的联系观察得更多一些。”①这番话正好回应了前述安乐哲对“关系”的讨论。而该实验中显现出中国学生对整幅画面的关注，正是源出华夏民族的整体思维模式。

中国传统的整体思维帮助建立了时空统一的中国宇宙观：“天地四方曰宇，古往今来曰宙。”②哲学家张岱年就此解读说：

> 宇是整个空间，宙是整个时间。合而言之，宇宙即是整个的时空及其所包含的一切。③

中文“宇宙”的定义与西方从古希腊词汇“kosmos”延续下来的宇宙概念有显著不同，安乐哲作为西方汉学家，敏感地意识到这一点并展开比较。他阐述说，西方宇宙观追求永恒，贬抑时间和变化，认为“时间是一个维度地向前运行，而空间是立体地静止着”，时间与空间是分离的；反观中文“宇宙”一词“明确表示出时间与空间相互依赖的关系”，而“世界”一词也含有“这个世界是一个不断运动的行进进程之意”，这两个词“可清楚表现出：在中国古代，时间与空间不可分”。④

①“看世界，东西方眼光迥异”，参考消息 . 2005.8.24：[美联社华盛顿 8 月 23 日电] 题：亚洲人与北美人以不同的方式看世界（记者 伦道夫 · 施密德）。

② 出自战国法家著作《尸子》。西汉初《淮南子 · 齐俗训》中引申《尸子》云：“往古来今谓之宙，四方上下谓之宇”，描述时间概念在空间概念之前，更突出了“时间”的重要性。

③ 张岱年 . 中国哲学大纲 [M]. 北京：生活 · 读书 · 新知三联书店，2005：33.

④ 安乐哲 . 和而不同：比较哲学与中西会通 [M]. 温海明，编 . 北京：北京大学出版社，2002：122-123，126.

对于中国古代的宇宙观，美学家宗白华有更精彩的阐发，他在“中国诗画中所表现的空间意识”（1949年）一文中极具洞察力地指出，中国人的空间意识，是源自建筑体验的空间观与音乐化的时间观的融合。他说：

> 中国人的宇宙观念本与庐舍有关。“宇”是屋宇，“宙”是由“宇”中出入往来。中国古代农人的农舍就是他的世界。他们从屋宇得出空间观念。从“日出而作，日入而息”（击壤歌），由宇中出入而得到时间观念。空间、时间合成他的宇宙而安顿着他的生活。他的生活是从容的，是有节奏的。对于他空间与时间是不能分割的。春夏秋冬配合着东南西北。这个意识表现在秦汉的哲学思想里。时间的节奏（一岁十二月二十四节气）率领着空间方位（东南西北等）以构成我们的宇宙。所以我们的空间感觉随着我们的时间感觉而节奏化了、音乐化了！[①]

按宗白华所言，中国传统宇宙观源于庐舍建筑，庐舍中既包含空间观念，又包含时间观念，时间率领着空间，两者不能分割，而音乐性因素在这当中处于至关重要的地位。宗白华后来又在《复刘纲纪函》（1959年8月1日）中提到：“我的第二散步，大约谈到音乐与建筑，尚在准备中，未知何日动笔，因康德美学急待翻译也。”[②] 可惜终未动笔。

多年来，建筑界很少有人留意到宗白华上述这番话。宗先生已经看到，中国古人的建筑观中自然而然地蕴含着音乐性、节奏性，而无须求助于建筑立面比例划分来表现音乐般的感觉。但“中国传统建筑思维融合着音乐意味”这一认知不能就这样停留在概述阶段，它应该用来自建筑学的系统理论和具体个例加以支撑。

① 宗白华 .“中国诗画中所表现的空间意识”（1949）. 美学散步 [M]. 上海：上海人民出版社，2001：106.

② 宗白华 . 宗白华全集（第三卷）[M]. 合肥：安徽教育出版社，1996：296.

四

行文至此，对于中国建筑与音乐的共通考察，关注及论述点更多地放在两者在中国文化中表现出的相似性上，然而对于两者在历史上可能有的相互影响（更具体地说，对于音乐对建筑的影响，亦即对于塑就中国建筑思想的音乐因素），尚无系统研究工作可言。

为了从表象的类比走向深度的共通，可以这样发问：

（1）建筑到底是什么？其艺术特征为何？建筑形式美有什么基本原理？

（2）“建筑是凝固的音乐”是在什么背景下提出的？它概括了建筑艺术的什么特征？

（3）中国建筑艺术有哪些特征是“凝固”比喻所不能概括的？

（4）为什么会塑就这些中国建筑艺术特征？其背后有哪些思想根源？

（5）这些思想根源中是否有音乐因素？有哪些？这些因素是否起到重要作用？

由上文发问导引的思路，在本书接下来的篇章，尝试着回答以下问题：

——大家所熟知的“建筑是凝固的音乐”提法，来龙去脉是什么？这句话所处的历史背景与艺术认识有哪些？

——与西方哲人说的“建筑是凝固的音乐”相比，中国建筑艺术特征有哪些不同？

——基于整体思维模式，中国建筑在审美观、时空观、数理上有什么独特的哲学？

——中国古代诗词歌赋中，有什么突出体现建筑与音乐共通的代表作？

——中国有什么古代建筑制度有意识地引入了音乐思想？

——中国有什么古代建筑物本身在构思过程中有意识地采用了音乐构思？

——中国古代礼制建筑，譬如北京明清天坛祭祀之乐与空间行为，有什么关联？

——在中国园林史演化中，耳朵的聆听是否起到了作用？

“建筑与音乐”是一个内容极其丰富的研究领域。这本身既构成了巨大的研究趣味和诱惑，又产生了庞大的困难。限于本人的水平，虽然很想尝试更全面地研究“建筑与音乐”，但只要考虑到在建筑学、音乐学及更多学科中数不胜数的文献材料，就感到难以着手，因此本书的上述讨论范围是相当有限的。而且，正是由于中国人的整体思维，建筑与音乐的共通往往是以多种形式交织在一起的，它们与天文、阴阳、五行、术数等诸多因素难以分割，在以上各个板块中当有彼此交叉的部分，所以本书难免有拆解失当及重复、遗漏之处，敬请读者批评指正。

第一章

『建筑是凝固的音乐』从何而来

1
2 3
4 5 6

一 小引

建筑，与诗、音乐、绘画等，同被看作艺术审美的对象。那么，将建筑与其他艺术进行比较，不失为一种很好的审视、认知建筑艺术之内在本质的方法。甚至，由于比较的是各艺术门类的基本特点，因而更有益于揭示建筑艺术的特征。

在众多比较中，“建筑是凝固的音乐”是大家耳熟能详的一句话。在当前文字媒体上经常可见它的施用，但因并不真正了解其来龙去脉，所以滥用、谬用不时出现。① 况且，若离开了其阐发背景，这一比喻也就成了无本之木，无源之水。怎样才能将“发觉的这一丝诗意火花如愿扩展到广阔的类比天地” ② 呢？为此有必要从三方面逐一厘清：

1. 这句比喻由谁提出；

2. 它背后反映了怎样的艺术认识；

3. 形成这一比喻的建筑与音乐共通源流为何。

本章将在以上论述的基础上，对建筑艺术的特征作一小结，并略论西方与中国传统的区别。

① 例如见于报端，有“人们都说建筑是流动的音乐……”“将建筑凝固成音乐”等不通逻辑的用例。

② 语出一位英国建筑师沃特豪斯 1921 年所撰论文“音乐与建筑”。文献版本信息详后。

二 “凝固的音乐”考

（一）比喻的提出者

“建筑是凝固的音乐”这一说法风行于 19 世纪的欧洲，即便在当时，人们对于谁是这句比喻的提出者就已经不甚了了。2004 年，德国柏林工业大学建筑学博士论文《“凝固的音乐”——美学理论中建筑与音乐的关系》（以下简称《凝》文）③ 对此作了专门探讨。这里依据其研究成果及其他资料，归纳出“凝固”比喻最广为传布的几个版本④，并廓清它们各自的诞生背景。

③ Khaled Saleh-Pascha（哈立德·萨利赫-帕夏）.“*Gefrorene Musik*”: *Das Verhältnis von Architektur und Musik in der ästhetischen Theorie*，博士学位论文，2004，德国柏林工业大学建筑学院。电子文档获取自：edocs.tu-berlin.de/diss/2004/salehpascha_khaled.pdf（以下简称《凝》文）。

④ 笔者尽可能将相关原文（主要是德文）话语照录于下文各脚注中，以备方家查对指正。

图 1-1
谢林（1775—1854 年），1800 年前后肖像，Christian Friedrich Tieck 绘

① 德文原句："Wenn die Architektur überhaupt die erstarrte Musik ist[...]"，转引自《凝》文：37。在英文里通译为："If architecture in general is frozen music"。中文译句据（德）弗·威·谢林．艺术哲学（*Philosophie der Kunst*）[M]．魏庆征，译．北京：中国社会出版社，2005：218。笔者结合原文对译句用词有个别调整。

② 英文原句："Schelling, in his 'Methodology', calls Architecture 'frozen music'"，出自罗宾逊（Henry Crabb Robinson，1775—1867 年）日记与其他文稿整理出版的《日记、回想及通讯录》（*Diary, Reminiscences, and Correspondence*，London 1869），转引自《凝》文：39。

[1] 一般说来，建筑是凝固的音乐。

—— 德国哲学家谢林，《艺术哲学》（1859 年）[①]

③ 德文原句："Friedrich von Schlegel hat die Architektur eine gefrorene Musik genannt, und in der Tat beruhen beide Künste auf einer Harmonie von Verhältnissen die sich auf Zahlen zurückführen lassen und in ihren Grundzügen deswegen leicht auffaßbar sind"，引自黑格尔《美学》（Ästhetik）德语网络版本：http://www.textlog.de/5884.html。中文译句据：谢林的《艺术哲学》，2005：378-379，尾注 204。笔者结合原文对译句用词有个别调整。

《艺术哲学》一书系依据谢林（Friedrich Wilhelm Joseph Schelling，图 1-1）生前讲稿整理而成，主要是谢林 1802 年冬到 1803 年在耶拿的讲学内容，其余数次讲学为 1804—1805 年在维尔茨堡。书中不止一次出现"凝固的音乐"比喻，其背后有清晰思维脉络可循，可推断谢林提出该比喻不晚于 1802—1803 年间。且尚有旁证如下：曾有一位英国人罗宾逊到耶拿听谢林讲学，在日记里写道："谢林讲其'方法论'时，称建筑为'凝冻的音乐'"。[②]

[2] 弗·施莱格尔曾将建筑称为凝冻的音乐；实际上，两种艺术基于归结于数之种种比例关系的和谐，因而易为理性从根本上予以把握。

——德国哲学家黑格尔，《美学》（1835—1838 年）[③]

图 1-2
弗·施莱格尔（1772—1829 年），1829 年肖像，J. Axmann 绘

① 弗·施莱格尔的这两条比喻都见于其著作，德文原句分别为“Architektur ist eine musikalische Plastik”与“versteinerte Musik”。《凝》文：23，26。

② 转述弗·施莱格尔将建筑比为凝冻的音乐的著作远不止黑格尔《美学》，仅据《凝》文列举即有 10 余部之多。见《凝》文：25，脚注 68。

德国诗人弗·施莱格尔（Karl Wilhelm Friedrich Schlegel，图 1-2）曾与谢林在耶拿共事，对建筑 - 音乐的类比也有一些精辟见解，如称“建筑是音乐般的造型艺术”，又喻哥特式教堂为“石化的音乐”。[①]但“凝冻的音乐”比喻从未载入施莱格尔本人著作，只见于黑格尔及他人的文字转述。[②]据《凝》文认为，施莱格尔的说法应来自谢林；而就笔者看来，谢、施的用词既然存在“凝固”（*erstarrt*）与“凝冻”（*gefroren*）之别，那么可认为这是两人各自的原创表达。

[3] 我在文稿中发现一处：我将建筑艺术称为凝固的音乐。看来，不无道理；来自建筑艺术的情感，接近于音乐效果。

——德国文豪歌德，爱克曼辑录《谈话录》（1836 年及 1848 年）[③]

③ 德文原句：“Ich habe unter meinen Papieren ein Blatt gefunden，wo ich die Baukunst eine erstarrte Musik nenne：und wirklich hat es etwas：die Stimmung，die von der Baukunst ausgeht，kommt dem Effekt der Musik nahe”，转引自《凝》文：36。中文译句据：谢林的《艺术哲学》，2005：378，尾注 204。笔者结合原文对译句用词有个别调整。《歌德谈话录》（*Gespräche mit Goethe*）由歌德的助手爱克曼（Johann Peter Eckermann，1792—1854 年）辑录。

① 德文原句："Das bloße Gefühl dieser Analogie hat das in den letzten 30 Jahren oft wiederholte kecke Witzwort hervorgerufen, daß Architektur gefrorene Musik sei. Der Ursprung desselben ist auf GOETHE zurückzuführen, da er, nach ECKERMANNS *Gesprächen*, [...]"，出自叔本华《作为意志和表象的世界》(*Die Welt als Wille und Vorstellung*，1859年第三版) Band 2，Kap.39，转引自《凝》文：36。由笔者自译为中文。

图 1-3
歌德（1749—1832 年），1828 年肖像，Joseph Karl Stieler 绘

② 德文原句："Ein edler Philosoph sprach von der Baukunst als einer erstarrten Musik [···]"，出自歌德遗著《箴言和沉思》(*Maximen und Reflexionen*，1833)，IX，转引自《凝》文：36。由笔者自译为中文。

歌德（Johann Wolfgang von Goethe，图 1-3）这番话讲于 1829 年 3 月 23 日，已远迟于谢林提出比喻的年代。但因歌德的崇高声望与巨大影响力，此句话及其对应英文译句"I call architecture frozen music"流传很广，使得歌德往往被归为比喻的原创者。例如到了 1859 年，德国哲学家叔本华援引歌德的话，并前置评论说："这一类比在过去 30 年里的见识全在于再三重复的、大胆的俏皮话——建筑是凝冻的音乐。其共同源头可追溯到歌德，因为，根据爱克曼的《谈话录》，……"①但毕竟，歌德本人就曾清楚表明他并不是"大胆的俏皮话"的原创者，见于他 1827 年的另一段讲话："一位尊贵的哲学家曾说建筑艺术如凝固的音乐，……"②，这即便不是特指谢林，至少也点出，此比喻为转引他人的说法。

综上，导致人们对该比喻提出者认定不清的原因主要在于：该比喻一开始多为口头讲述，而讲稿往往等到谈话者若干年故去后才被集结出版。书面成文的滞后导致了如下可能：较晚听说它

图 1-4
黑格尔（1770—1831 年），
1831 年肖像，Jakob
Schlesinger 绘

图 1-5
叔本华（1788—1860 年），
1859 年肖像

的人却较早在其著述中记录并传播开去，从而被当作话语的原创者。事实上，谢林、弗·施莱格尔、歌德，甚至转述他们话语的黑格尔（Georg Wilhelm Friedrich Hegel，图 1-4）、叔本华（Arthur Schopenhauer，图 1-5），都曾被归为“凝固的音乐”比喻的提出者。毋宁说，该比喻是 19 世纪初德国浪漫主义的集体产物。

此外，这一比喻起初在欧洲的流传，还有法文文本的贡献。作家斯达尔夫人（Madame de Staël，图 1-6）[①]在小说《柯丽娜》（1807 年）中，描述女主人公徜徉于罗马圣彼得大教堂，见“此等宏伟建筑景致，好似连绵而凝定的音乐”。[②] 歌德显然读到过斯达尔夫人的这段描写，他在后来 1827 年的讲话中，同样以圣彼得大教堂（图 1-7）的漫步经验来论证建筑与音乐的类比关系。[③]

① 据罗宾逊日记所载，斯达尔夫人曾借阅他听谢林讲学的笔记，并讨论到“凝固的音乐”一节。

② 法文原句：“La vue d'un tel monument est comme une musique continuelle et fixée, [...]”，引自 *Œuvres complètes de Madame la baronne de Staël-Holstein*[M], Paris: Firmin Didot frères，1836: 682。由笔者自译为中文。小说《柯丽娜》（Corinne ou l'Italie）颇有自传色彩，其写作灵感来自作者 1804 年年底的意大利之旅。

③ Johann Wolfgang von Goethe; trans. by Elisabeth Stopp, Peter Hutchinson, *Maxims and reflections*[M]. London: Penguin Classics, 1998: 144. No. 1133.

图 1-6
斯达尔夫人（1766—1817 年），1808 年“柯丽娜”扮相肖像，Élisabeth-Louise Vigée-Le Brun 绘，瑞士日内瓦美术历史博物馆藏

图 1-7
罗马圣彼得大教堂室内，油画，Giovanni Paolo Pannini 绘于 1731 年，美国圣路易美术馆藏

（二）比喻在各语言中的衍化

如前引各德文版本所示，该比喻兼有“凝固”与“凝冻”两个提法。① 尽管两个德语词的涵义可以互通②，但日后更常见的是称建筑为“凝冻的音乐”（gefrorene Musik）。此外，19 世纪初还有一系列类似的比喻，将建筑比作“具象的音乐”“石化的音乐”“音乐般的造型艺术”“造型艺术中的音乐”“空间中的音乐”“凝固的交响”“无声的音乐艺术”“无言的音乐”③，等等。

① 谢林、歌德称建筑为“*erstarrte Musik*（凝固的音乐）”，弗·施莱格尔、黑格尔、叔本华及其他转述者的表达是“*gefrorene Musik*［凝冻的音乐］”。

② 如前述叔本华援引歌德用词“*erstarrte Musik*”，自述“*gefrorene Musik*”，以此两者互通。

③ 为谢林、施莱格尔、歌德等人的提法。引自《凝》文。德文原词：“具象的音乐”（*concrete Musik*）“石化的音乐”（*versteinerte Musik*）“音乐般的造型艺术”（*musikalische Plastik*）“造型艺术中的音乐”（*Musik der Plastik*）“空间中的音乐”（*Musik im Raume*）“凝固的交响”（*erstarrte Symphonie*）“无声的音乐艺术”（*verstummte Tonkunst*）“无言的音乐”（*stumme Musik*）。

在译为英、法文时，基本都沿用了“凝冻的音乐”这一提法。①

该比喻于19—20世纪之交由美国学者费诺罗萨（Ernest Fenollosa，1853—1908年）引入日本，他将奈良药师寺的东塔（图1-8）形容为“凍れる音楽”。②

对这一比喻，美学家朱光潜曾作两种译法：“僵化的音乐”和“冻结的音乐”，认为以后者为佳。③ 美学家宗白华译为“建筑是凝冻着的音乐”。④ 在建筑界，梁思成曾充满激情地写道：“建筑不是下层匠人劳作的手艺活儿，它是民族文化的结晶，是凝动的音乐，是永恒的艺术。”（《凝动的音乐》）在目前的中文媒介上，最普遍的提法是“建筑是凝固的音乐”。而通过回顾以上诸用词提法，我们最好不要拘泥于中文“凝固”本义，不妨对此比喻保持一种较灵活、宽泛的理解。

① 英文：frozen music；法文：la musique figée。
按，罗宾逊应为该比喻之英文表述第一人。他将谢林所讲“erstarrte（凝固）Musik”记为英文日记中“frozen（凝冻）music”，并回译为德文“gefrorene（凝冻）Musik”，见其本人亲译之日记德文版《一个英国人在德国的哲思生活》（*Ein Engländer über deutsches Geistesleben*，Weimar 1871）。见《凝》文：39。《凝》文认为是罗宾逊的回译促成了“gefrorene Musik”一词在德文世界普遍传播。
又按，斯达尔夫人小说中的法文表述为“*fixé*［凝定］”，小说回译为德文时作“*festgehalten*［保持凝固］”。

图1-8
日本奈良药师寺东塔

② 竹内昭. <凍れる音楽>考——異芸術間における感覚の互換性について[J].“法政大学教養部紀要”96号，1996.

③ 朱光潜翻译歌德1829年3月23日的谈话为“建筑是一种僵化的音乐”，并附脚注曰：“僵化的音乐，原文是Erstarrte Musik，后来美学家们常援引这句话。改作‘冻结的音乐’似较好。”爱克曼，辑录. 歌德谈话录（2版）[M]. 朱光潜，译. 合肥：安徽教育出版社，2006：191，脚注2。

④ 宗白华.“中国古代的音乐寓言与音乐思想”（1962）. 美学散步[M]. 上海：上海人民出版社，2001：191.

三

两种艺术门类的比较：建筑与音乐

（一）建筑与音乐纳入“美的艺术”体系

图 1-9
《同一原则下的美的艺术》1746 年版，扉页

要研究建筑与音乐这两种艺术之间的关系，就不能不把它们与其他诸艺术门类的关系也纳入视野。西方近代艺术体系的经典表述是将建筑、雕塑、绘画、音乐和诗作为“美的艺术”[①]的五种基本门类；有时也把舞蹈及戏剧列入而合计为七种。这一体系的建立和完善离不开两位重要人物：巴托与达朗贝尔。

巴托（Charles Batteux，1713—1780 年）于 1746 年发表的专论《同一原则下的美的艺术》（图 1-9）标志着西方近代艺术体系开始成形。巴托认为所有艺术的共同原则在于“摹仿美的自然”。在专论第一章，他将艺术明确划分为两组：以愉快为目的的美的艺术和机械艺术。他还加了第三组，即愉快与实用相结合的艺术。在这一体系中，音乐、诗、绘画、雕塑、舞蹈同为美的艺术，修辞学和建筑置于第三组，戏剧则被认为是所有艺术的综合体。[②]

达朗贝尔（Jean le Rond d’Alembert，图 1-10）于 1751 年为鸿篇巨制《百科全书》[③]（图 1-11）撰写“导言”时，把当时已知的全部人类知识划分为三大类：历史、哲学与诗，历史与记忆力相

① 法文 beaux-arts；英文 fine arts；德文 bildende Kunst。又按，法文 beaux-arts 音译“鲍扎”或“布杂”。建筑与“美的艺术”的这种渊源衍生出巴黎 beaux-arts 学校的建筑教育模式，这套模式后来经中国留学生从美国宾夕法尼亚大学引入，成为中国近现代建筑教育中长期主导的“鲍扎”体系。

② P. 克里斯特勒 . 近代的艺术体系 [M]. 邵宏，李本正，译 . 见范景中，曹意强，主编 . 美术史与观念史（第二卷）[M]. 南京：南京师范大学出版社 . 2003：464，转引自李心峰 . 论 20 世纪中国现代艺术体系的形成 . 美学前沿（第三辑）[M]. 北京：中国传媒大学出版社，2006.

③ 达朗贝尔与狄德罗（Denis Diderot，1713—1784 年）合编《百科全书》并撰写“导言”（*Discours préliminaire*），《百科全书》（*Encyclopédie*，1751—1772 年）的全称是《百科全书：科学、艺术及工艺的条理化辞典》（*Encyclopédie, ou dictionnaire raisonné des sciences, des arts et des métiers*）。

图 1-10
达朗贝尔（1717—1783 年），1753 年肖像，Maurice Quentin de La Tour 绘

ENCYCLOPÉDIE,
OU
DICTIONNAIRE RAISONNÉ
DES SCIENCES,
DES ARTS ET DES MÉTIERS,
PAR UNE SOCIÉTÉ DE GENS DE LETTRES.

Mis en ordre & publié par M. *DIDEROT*, de l'Académie Royale des Sciences & des Belles-Lettres de Prusse; & quant à la PARTIE MATHÉMATIQUE, par M. *D'ALEMBERT*, de l'Académie Royale des Sciences de Paris, de celle de Prusse, & de la Société Royale de Londres.

Tantùm series juncturaque pollet,
Tantùm de medio sumptis accedit honoris! HORAT.

TOME PREMIER.

A PARIS,
Chez BRIASSON, *rue Saint Jacques, à la Science.*
DAVID l'aîné, *rue Saint Jacques, à la Plume d'or.*
LE BRETON, Imprimeur ordinaire du Roy, *rue de la Harpe.*
DURAND, *rue Saint Jacques, à Saint Landry, & au Griffon.*

M. DCC. LI.
AVEC APPROBATION ET PRIVILEGE DU ROY.

图 1-11
《百科全书》第一部 1751 年版，标题页

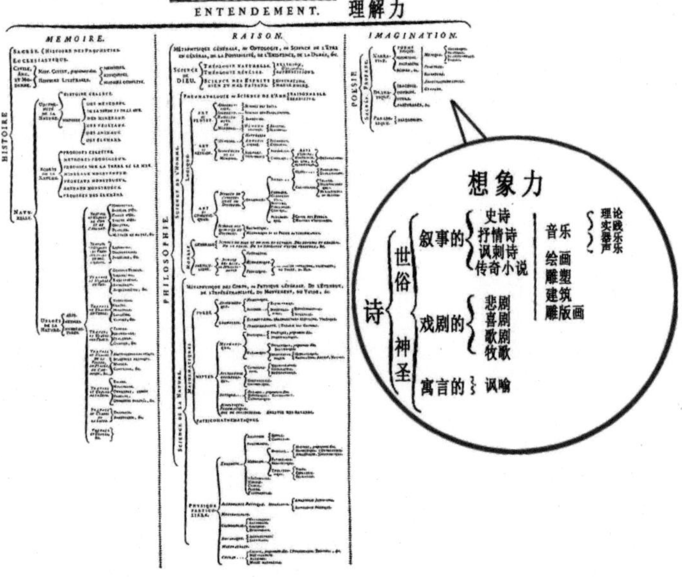

图 1-12
达朗贝尔撰“序言”中的“人类知识体系图”

关，哲学源于理性，想象力形成诗。在“诗”这一大类中，理解力通过想象力对其知觉进行模仿和再生，其中即包括音乐、绘画、雕塑、建筑、雕版画（图 1-12）。这一划分体系因《百科全书》的声誉和权威而在欧洲广泛传播。

值得注意的是，巴托将建筑排除在艺术之外，而达朗贝尔将建筑纳入，由此完善了“美的艺术”体系。自此，建筑被视为艺术的基本门类之一。

（二）空间艺术与时间艺术的界分

莱辛（Gotthold Ephraim Lessing，图 1-13）是德国启蒙运动时期最重要的文艺理论家之一，他并未对“美的艺术”体系本身作全面分类，但却为两种艺术门类的比较树立了研究典范。莱辛对空间艺术与时间艺术的界限作出了清楚的划分，这一点为后人比较建筑与音乐提供了认识基础。

在美学论著《拉奥孔》（*Laokoon*，1766 年，副标题“论画与诗的界限”）中，莱辛以古希腊人物拉奥孔的悲剧故事在古代造型艺术（图 1-14）和诗歌中的处理差别为论题，探讨了画和诗两种艺术在本体上的存在方式之不同。莱辛指出，雕刻、绘画之类空间艺术表达的是最精彩的“固定的一瞬间”，而诗则模拟在时间上连续不断的行动。因此，画属于空间艺术，而诗属于时间艺术。①这种将艺术划分为空间艺术 / 时间艺术的本体论模式，直到今天仍是艺术分类的一种基本原则。

另一方面，莱辛也认识到画的时间要素，他说，“绘画在它的并列的布局里，只能运用动作中某一顷刻，所以它应该选择孕育最丰富的那一顷刻，从这一顷刻可以最好地理解到后一顷刻和前一顷刻。”② 考虑到时间与空间相渗透的复杂状况，所以后来有一种更广为接受的分类法，将艺术划分为空间艺术、时间艺术和时空艺术三类。总的说来，建筑、绘画、雕塑等被视为空间艺术，音乐、诗归为时间艺术，舞蹈、戏剧等归为时空艺术。③

① 莱辛说，“时间上的先后承续属于诗人的领域，而空间则属于画家的领域”；他又说，“我只不过才开始研究诗和绘画的一个差别，这个差别起于它们所用符号的差别，一种符号在时间中存在，另一种符号在空间中存在。”莱辛．拉奥孔 [M]. 朱光潜，译．北京：人民文学出版社，1979：171，205.

② 同上：83.

③ 这种艺术分类体系被引入国内，应始于美学家宗白华在 1920 年发表的“美学与艺术略谈”一文。文章指出：“我们可以按照各种艺术所凭借以表现的感觉，分别艺术的门类如下：1. 目所见的空间中表现的造型艺术：建筑、雕刻、图画。2. 耳所闻的时间中表现的音调艺术：音乐、诗歌。同时在空间时间中表现的拟态艺术：跳舞、戏剧。”宗白华“美学与艺术略谈”，原载《时事新报 · 学灯》1920 年 3 月 10 日。见：宗白华全集（第一卷）[M]. 合肥：安徽教育出版社，1996：205.

图 1–13
莱辛（1729—1781 年），1771 年肖像，Anton Graff 绘

图 1–14
古典时期雕像“拉奥孔与儿子们”（局部），梵蒂冈博物馆

在这一艺术分类体系中，建筑和音乐分居空间与时间两头。它们二者不是像建筑 / 雕塑，或音乐 / 诗那样的相近门类的关系，而是一种对比与类比的关系。空间可被视作凝固的时间，这便为后来“建筑是凝固的音乐”这一比喻的诞生打下了基础。

实质上，尽管建筑归入空间艺术，但其中也存在着时空交叉的审美体验；音乐虽然归入时间艺术，但又有空间因素包含在内。以建筑而论，建筑艺术的空间层次随着人们视点的移动在时间过程中逐步展开，通过不同的序列结构形成节奏很强的视觉韵律，这就使时间渗透到空间之中，使建筑艺术有了四维空间特性，建筑空间序列越丰富，时间因素的发挥越充分，在时空交汇中构成的艺术形象也就越鲜明。以音乐而论，乐音通过空气波动传到人的耳朵里，在这个过程中，人耳辨别出声源空间位置的能力，就会产生一种空间感。并且，一些音乐作品中往往运用多种节奏的交错、极为广阔的音域、各种音程的结合，以及充分发挥音色的效果，从而让听众在头脑知觉中塑造出宏大、深邃的音乐空间形象。

（三）黑格尔的贡献：形式美与艺术起源

一位英国建筑师沃特豪斯 1921 年撰文探讨“音乐与建筑”，称“哲学家中无人能及黑格尔在此领域猎获之丰”。[①] 的确，黑格尔极富创见地剖析了建筑与音乐之间的关系，这里可以从两方面来归纳。

1. 创造表现与形式美

黑格尔按理念内容与物质形式相统一的原则，将艺术划分为象征型艺术（建筑）、古典型艺术（雕塑）和浪漫型艺术（绘画、音乐、诗）三类。他在比较各艺术门类时声称：“音乐尽管和建筑是对立的，却也有一种亲属关系。”[②]其理由有二：

一是建筑与音乐同属创造表现，不拘于摹仿再现。据黑格尔所言，建筑形式表现的内容是作为一种和形象有别的外在围绕物，建筑所采用的一些形状不是来自现成事物而是来自精神创造；音乐也类似，是用情感的乐曲声响来环绕精神，缺乏内在意义与外在存在的统一。反观雕塑和绘画作品则与此不同，它们是要把全部表现内容纳入形象里。

二是建筑与音乐都遵循一定的形式美原则。建筑塑造形状一方面按照重力规律，另一方面按照对称与和谐的规则；音乐则一方面遵照以量的比例关系为准而与情感表现无关的和声规律，另一方面在拍子和节奏的回旋上以及在对声音本身的进一步发展上，大量运用整齐对称的形式。

19 世纪法国文艺评论家丹纳（Hippolyte Adolphe Taine，1828—1893 年）对艺术分类有类似的看法。他以艺术是否模仿事物的外表为准则，把诗歌、雕塑、绘画归为一类，把建筑和音乐归为另一类。他认为，建筑与音乐都是运用数学的关系将元素组合起来。[③]

2. 艺术的历史发展阶段

在黑格尔之前，谢林对艺术分类的探讨已初具一种思路，即认为艺术各个门类是依次发展的。这种想法渗透在谢林的整个艺

① 沃特豪斯（Paul Waterhouse，1861—1924 年），“Music and Architecture”[J]. *Music & Letters*，Vol. 2，No. 4（10/1921）：323-331.

② 黑格尔 . 美学（第三卷）[M]. 朱光潜，译 . 北京：商务印书馆，1979：334-336.

③ 丹纳 . 艺术哲学（Philosophie de l'Art）[M]. 傅雷，译 . 天津：天津社会科学院出版社，2007：13-14，26-28.《艺术哲学》一书实为丹纳论艺术的多本讲学著作汇成。

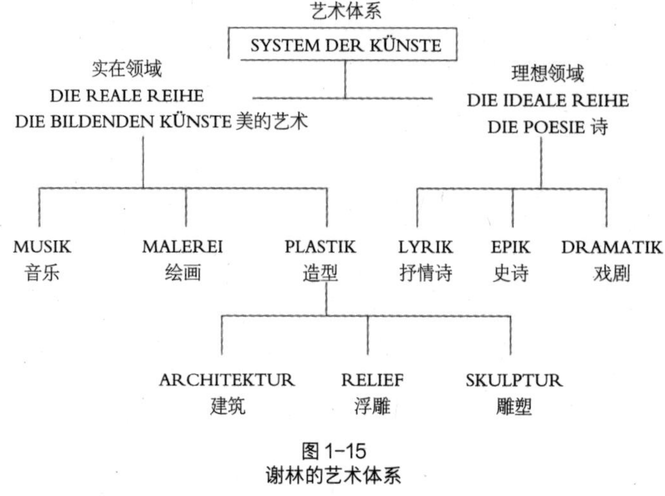

图 1-15
谢林的艺术体系

术分类体系中：在第一层级，艺术被划分为实在领域的艺术（美的艺术）与理想领域的艺术（诗）两大类；在第二层级，在“美的艺术”下按从实在性到理想性的排序分出音乐、绘画、造型艺术三种，而“诗”这一大类也按从实在性到理想性分出抒情诗、史诗、戏剧三种；在第三层级，在“造型艺术”下同样按从实在性到理想性细分出建筑、浮雕、雕塑三种。①

① 《凝》文：100.

不难看出，在这种分类体系下（图 1-15），音乐居于“美的艺术”之首，建筑则位列“造型艺术”之首。故而谢林自然而然作出类比结论：建筑是“造型艺术中的音乐”，是“具象的音乐”。

黑格尔将谢林的思路推向完善，他在美学史上第一个明确从历史的起源探讨艺术分类，将艺术类型的逻辑序列和艺术发生的历史环节联系起来。他认为人类“绝对精神”要经由不同发展阶段，而艺术作为美，作为“绝对精神的感性显现”，开始超越“逻辑阶段”和“自然阶段”，正向“绝对阶段”进发。艺术“绝对精神”

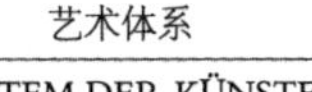

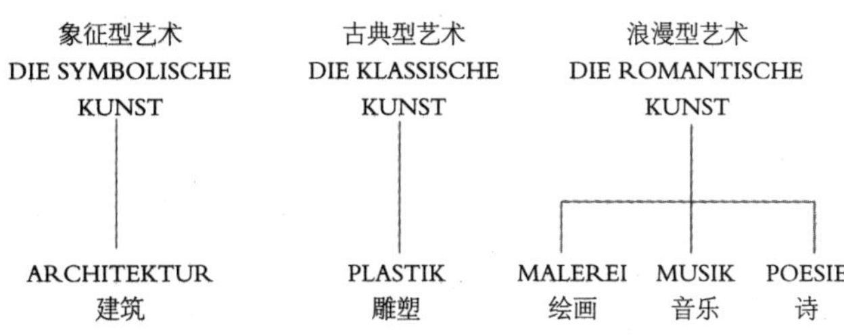

图 1-16
黑格尔的艺术体系

按照一系列历史环节和逻辑顺序不断发展，从而形成三种艺术类型：象征型艺术（建筑）、古典型艺术（雕塑）和浪漫型艺术（绘画、音乐、诗）。这三个历史阶段和艺术类型，体现了艺术对于"真正的美的概念"的三种历史性关系："始而追求，继而达到，终于超越"。

按照黑格尔构建的"建筑—雕塑—绘画—音乐—诗歌"这一排序（图 1-16），建筑为人类艺术的起源，而音乐、诗歌则是艺术发展的顶峰。黑格尔对艺术发展规律的论证，对艺术分类的研究，以及对建筑、音乐等各种具体艺术的深刻观察，标志着西方近代艺术理论最终形成了完整的体系。

四

西方文化中的建筑与音乐共通源流

（一）“音”的神话概念到“数”的理性思维

谢林和歌德各自将建筑比作“凝固的音乐”时，都不约而同地寻求古希腊神话故事作为历史依据，从而使得该比喻自诞生起就融入西方远古以降的建筑与音乐共通源流中。

谢林的提法如下：

> 一般说来，建筑是凝固的音乐；这种见解与希腊人之想法并非格格不入。试以安菲翁的里拉琴这一众所周知的神话为例，——相传，他以琴声使巨石自动叠置，忒拜城垣遂告建成。①

谢林描述的安菲翁（Amphion）的事迹，在古希腊悲剧作家欧里庇得斯的作品《腓尼基的妇女》（约公元前 410 年）②中传诵如是：

> 时光逝去，天神的众子在女神哈耳摩尼亚的婚礼上云集，忒拜的城墙应里拉琴音乐而生成，塔楼随安菲翁的演奏而矗立……③

据古希腊神话传说，安菲翁与其孪生兄弟泽托斯（Zethos）同为宙斯之子，也同为忒拜（Thebes）城的统治者。安菲翁精于音乐，赫尔墨斯以金色里拉琴（lire）相赠，弹奏它时石块便自动砌成了忒拜的城墙。该传说的以下细节戏剧性地强调了音乐在建筑活动中的魔力：力大无穷的泽托斯搬石砌墙，而富有艺术天赋的安菲翁只需拨奏着琴弦歌唱，巨石就自行移来，乖乖地叠在一起（图 1-17）；里拉琴有七根弦，安菲翁因而建成七座城门。④

① 德文原句见《凝》文：37。中文译句据弗 · 威 · 谢林．艺术哲学 [M]．魏庆征，译．北京：中国社会出版社，2005：218。笔者结合原文对译文用词有个别调整。

② 欧里庇得斯（Euripides，公元前 480 年—公元前 406 年）与埃斯库罗斯和索福克勒斯并称为希腊三大悲剧大师，其作品《腓尼基的妇女》（*The Phoenician Women*）为一部悲剧。

③ Euripides. Phoenissae（*The Phoenician Women*）[M]. tr.（prose）E. P. Coleridge, 1891. eBooks@Adelaide 2004 : “In days gone by the sons of heaven came to the wedding of Harmonia, and the walls of Thebes arose to the sound of the lyre and her towers stood up as Amphion played [...]” .

④ Edward Tripp. *Crowell's Handbook of Classical Mythology* [M]. New York : Thomas Crowell Company, 1970 : 44.

图 1-17
“安菲翁用里拉琴音乐建起忒拜的城墙”，Bernard Picart 绘，1733 年蚀刻画原作，1754 年印刷版

歌德在 1827 年的某次讲演中讲了另一个传说故事，他说：

一位尊贵的哲学家曾说建筑艺术如凝固的音乐，许多人知道这种说法后摇头反对。他们觉得这些美好的想法提出得够多了，就好像有人称建筑为无声的音乐艺术。想想俄耳甫斯，有一次被引至一片荒原，他睿智地走到一个合适的地方坐下来，以他充满活力的琴声在他周围建造一个宽敞的集市。受到他庄严有力而又温暖诱人的琴声的操纵，岩石从巨大的整块中剥落，它们热情地移动近前，充满艺术和工艺地构造起来，然后适当地分布为韵律般的地层和墙面。(《箴言和沉思》IX）①

① 德文原句出自歌德遗著《箴言和沉思》(*Maximen und Reflexionen*,1833),IX,转引自《凝》文：48。由笔者自译为中文。英译本据 Johann Wolfgang von Goethe ; trans. by Elisabeth Stopp，Peter Hutchinson，*Maxims and reflections*[M]. London: Penguin Classics，1998: 143-144. No. 1133.

图 1-18
"众鸟兽环绕俄耳甫斯"，古罗马地板马赛克画
意大利巴勒莫地区考古博物馆，Giovanni Dall'Orto 于 2006 年摄

在希腊神话传说里，跟安菲翁类似，俄耳甫斯（Orpheus）[①] 也拥有非凡的音乐才能。他的演奏和歌唱能驱使木石，驯服鸟兽（图 1-18），能打动冥王哈得斯，甚至压倒了海妖塞壬的艳迷歌声。不过据考证，在希腊神话的原本里找不到"音乐凝冻成市场"这一故事[②]，或许，这是文豪歌德即兴的口头创作?

① 俄耳甫斯又译"奥尔菲斯"，美学家宗白华对同一故事的转述版本如下："歌者奥尔菲斯，他是首先给予木石以名号的人，凭借这名号催眠了它们，使它们像着了魔，解脱了自己，追随他走。他走到一块空旷的地方，弹起他的七弦琴来，这空场上竟涌现出一个市场。音乐演奏完了，旋律和节奏却凝住不散，表现在市场建筑里。市民们在这个由音乐凝成的城市里来往漫步，周旋在永恒的旋律之中。"见 宗白华．"中国古代的音乐语言与音乐思想"．美学散步 [M]. 上海：上海人民出版社，2001：191.

②《凝》文：47-48.

a b

图 1-19
乐师夔的音乐事迹：
a.“凤皇来仪”；b.“百兽率舞”
清光绪三十一年（1905 年）《钦定书经图说》

① 《尚书·舜典》：“帝曰：‘夔！命汝典乐。教胄子，直而温，宽而栗，刚而无虐，简而无傲。诗言志，歌咏言。声依永，律和声。八声克谐，无相夺伦，神人以和。’夔曰：‘於！予击石拊石，百兽率舞。’”又据《尚书·益稷》：“夔曰：‘戛击鸣球、搏拊、琴瑟、以咏。’祖考来格，虞宾在位，群后德让。下管鼗鼓，合止柷敔，笙镛以间。鸟兽跄跄。箫韶九成，凤皇来仪。夔曰：‘於！予击石拊石，百兽率舞。’”
春秋时音乐家师旷也有神异的音乐演奏水平，譬如说“师旷鼓琴，通于神明。玉羊、白鹊翾翔，坠投”（《北堂书抄》卷一百九 / 乐部九），又说“师旷鼓琴，有玄鹤二双而下，衔明珠舞于庭。一鹤失珠，觅得而走，师旷掩口而笑”（《渊鉴类函》卷三百六十四 / 珍宝部珠三）。

② 陈艳霞．华乐西传法兰西 [M]. 耿昇，译．北京：商务印书馆，1998：225-226；又，《凝》文第 46 页也曾提及《尚书》记载。

不管怎么样，上述传说故事体现了初民的认识：音乐拥有一种造物主般的非凡魔力。其实中国远古也有类似传说，如乐师夔的音乐可使“凤皇来仪”（图 1-19a）、“百兽率舞”（图 1-19b）[①]，这与安菲翁、俄耳甫斯的本领不相上下。而实际上，中西方这一相似点在 18 世纪已被欧洲学者注意到。当中国音乐思想被介绍到欧洲时，即有法国音乐理论家卞雅闵·德拉博尔德（Benjamin de La Borde）在《论古今音乐》（1780 年）一书中，将夔的事迹与安菲翁及俄耳甫斯相提并论。[②] 通过对照图 1-18 和图 1-19，可以对中西古代音乐思维的相似性有直观的认识。

图 1-20
“箫韶九成”，清光绪《钦定书经图说》

① 《凝》文：44-46.

② 关于古代中国与希腊的音乐观比较，可参见以下两篇文章：Aphrodite Alexandrakis. The Role of Music and Dance in Ancient Greek and Chinese Rituals: Form versus Content[J]. Journal of Chinese Philosophy, volume 33, no. 2, 2006/6: 267-278; Li Chenyang. The Ideal of Harmony in Ancient Chinese and Greek Philosophy[J]. Dao, 2008.7: 81-98, © Springer Science + Business Media B.V. 2008.

希腊与中国的古代音乐传说背后反映出一点共同认识，即音乐有内在的秩序，其和谐的组织结构可以投映到其他事物上——这其实是人类早期的普遍思维，在古代中东地区和印度也有类似的神话传说。[①] 而古希腊和中国音乐观的不同点也很明显：古希腊人理想中的和谐形态是在音乐实体中预设的，人们“探寻”它的物质规律，并使心灵遵循它；中国古人所说的“八声克谐，无相夺伦，神人以和”（《尚书·舜典》）则强调各因素的互动，人们“参与”到音乐中（图 1-20），潜移默化地养成“直而温，宽而栗，刚而无虐，简而无傲”（《舜典》）的人格。[②] 后章还将详述中国音乐观的特征，这里先继续讨论西方音乐观。

在古希腊神话故事里，看到的还只是对音乐内在秩序的朴素认识与神化膜拜；随后古希腊人渐渐认识到音乐秩序背后可度量的“数”。哲人毕达哥拉斯（Pythagoras of Samos，图 1-21）第一个洞悉了个中奥秘[③]——据说，他路过铁匠铺时听到铁砧传出

③ 关于毕达哥拉斯生平及其音乐理论创见，参见 Christoph Riedweg. *Pythagoras: His Life, Teaching and Influence*[M]. Cornell: Cornell University Press, 2005.

a

b

图 1-21
毕达哥拉斯（约公元前 580—公元前 500 年）：a. 胸像，意大利罗马卡比托利欧博物馆；b. 毕氏讲授音乐，黑板上画有音阶，出自拉斐尔绘《雅典学派》（1509 年）细部，梵蒂冈博物馆

图 1-22
毕达哥拉斯发现音乐规律：a. 观察铁砧；b. 调试一组钟及水杯；c. 奏单弦琴；d. 吹律管。木刻版画，Franchino Gaffurio《音乐理论》（*Theorica musicae*，1492 年）

悦耳的声音，于是他观察铁砧，发现音调的和谐来自铁砧长度的简单整数比例关系 [见图 1-22（左上）]。毕氏进而发现，把两根同样绷紧的弦并置在一起，如果一根弦的长度仅为另一根弦的一半，则它的音调会比后者听起来高一个八度；如果弦的长度比是 2 ∶ 3 的关系，则二者之间的音调是纯五度的关系；以此类推，弦长比为 3 ∶ 4 对应的音程关系为纯四度。① 这一发现令毕达哥拉斯惊奇不已，觉得自己窥见了宇宙和谐的数理秩序（西方语言中的“cosmos”[宇宙] 一词据说就是毕氏从“cosmos”的本义“和谐的秩序”引申而来，另见第三章）。

① 鲁道夫 · 维特科尔 . 人文主义时代的建筑原理（原著第六版）[M]. 刘东洋，译 . 北京：中国建筑工业出版社，2016：105，119.

毕达哥拉斯把音乐中和谐的道理移向其他艺术领域，结果发现，在音乐上令人悦耳的比例数，同时又是令人悦目的，在人体、动物、植物及几何图案中处处存在。其中最富于艺术性、和谐性的比例数，就是据称为毕达哥拉斯学派研究正五边形作图时发现的“黄金比”（Golden Ratio），将一条线段划分为不等长的两段，短边 b 比长边 a 等于长边 a 比全长 a+b（图 1-23），数学名词称“外中分割”（Medial Section），取值 0.618。建筑学家童寯 1974 年曾著《外中分割》一文详论。[①]

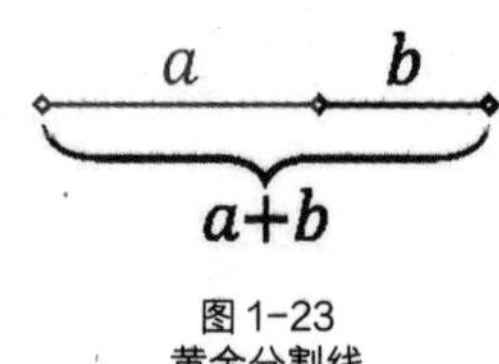

图 1-23
黄金分割线

“黄金比”也称黄金节、黄金数、黄金律。在建筑设计中，“黄金比”有广泛的应用（图 1-24、图 1-25）。

① 童寯．外中分割 [J]．建筑师，1979. No.1：145-149.

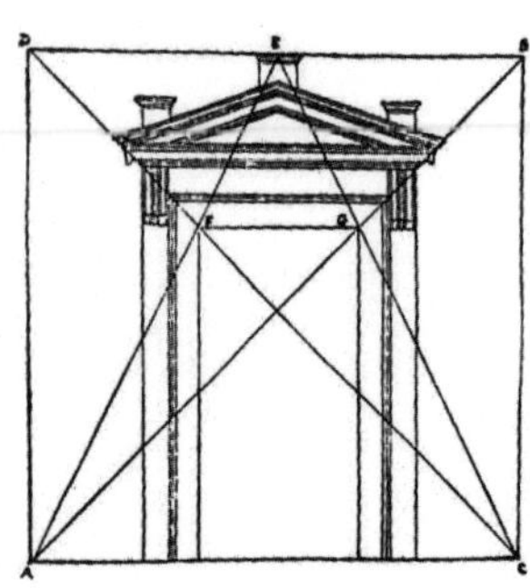

图 1-24
门的构造，塞利奥《建筑全书》之第一书（1545 年）

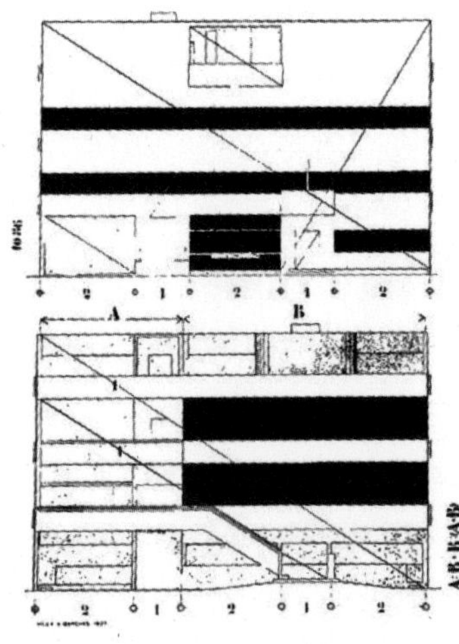

图 1-25
Garches 的斯坦别墅，勒·柯布西耶 1927 年设计，其立面遵循 A：B = B：（A + B）黄金比

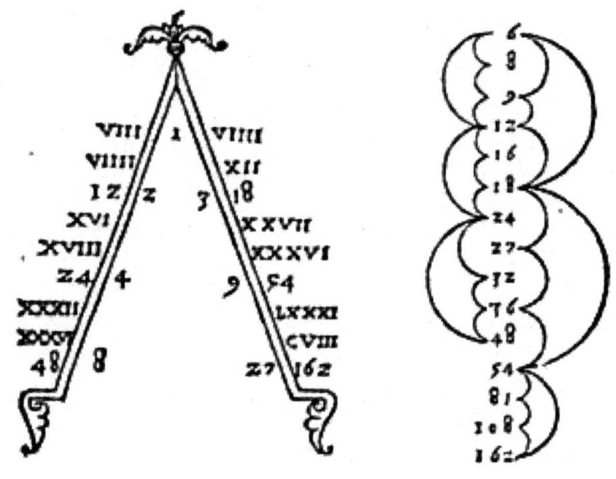

图 1-26
Francesco Giorgi 著《世界之和谐》（De Harmonia Mundi，1525 年）图示，完全体现柏拉图数字理论

对毕达哥拉斯来说，尽管他运用抽象的理性思维认识到事物的和谐规律，但神话概念并未从其意念中褪去。最能体现神话概念与理性思维的这种交织状况的，就是他的“天体音乐”（*Musica universalis*）说。在理性思维下，他认为七大天体（即太阳、月亮、火星、水星、木星、金星、土星）的距离同音乐中悦耳的比例数相一致，各天体运动中会发出一种未必能听到，却具有数理和谐的音乐和声；同时，他又认为七大天体由赫尔墨斯的七弦竖琴生成——此想法与前述安菲翁神话同出一源，在那个故事里由七弦琴生成的是七座城门。毕氏之后还有人认为，天体音乐是由海妖塞壬的歌喉发出的。

“天体音乐”之说由哲学家柏拉图（Plato，公元前 425—前 347 年）继承宣扬，他声称：宇宙和谐的规律隐藏在特定的数中，世界的和谐全部体现在 1、2、3、4、8、9、27 这七个数中（图 1-26），其中包含着不可听闻的最高音乐与人的心灵之构造。[①]

① 鲁道夫·维特科尔．人文主义时代的建筑原理（原著第六版）[M]. 刘东洋，译．北京：中国建筑工业出版社，2016：105.

图 1-27
开普勒（1571—1630 年），1610 年
肖像，佚名绘

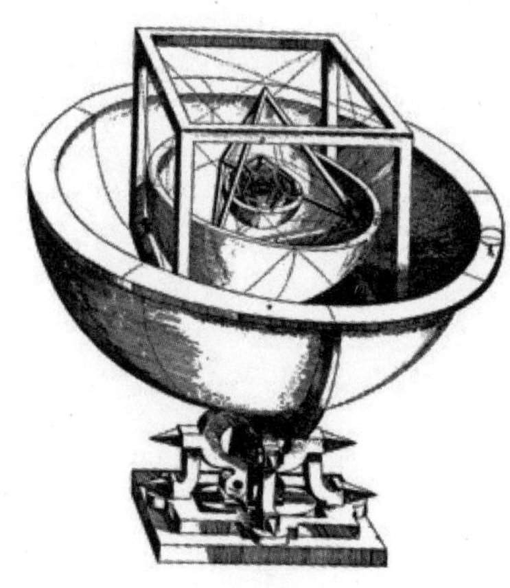

图 1-28
开普勒的太阳系正多面体模型
（1596 年）

总之，古希腊人形成了“音乐的法则即创造世界的法则”这一观念，这对后世的西方艺术思维与科学思维产生了深远的影响。进入中世纪，在全部学识基督教化的背景下，整个宇宙被认为充满着一种基于和谐整数比的理性秩序，越能洞悉那些数字本真，就越能感知到物质世界中造物主之力。[①] 意大利数学家费波那契（Fibonacci,约 1170—约 1250 年）引出了著名的序列级数——1、1、2、3、5、8、13……，序列中每一项都是前两项之和；两个连续项的比，1/1、1/2、2/3、3/5、5/8、8/13……除 1/1、1/2 之外，皆为趋近于 0.618 的黄金比，这大大深化了古希腊人的创见。

17 世纪德国天文学家开普勒（Johannes Kepler，图 1-27）汲取从古希腊至中世纪以来的“天体音乐”说，推出了太阳系正多面体模型（图 1-28）。他于 1619 年写成《世界之和谐》一书[②]，在第六章“论行星运动中表现出的音调和谐”中，将行星的最大与最小角速度差谱写成音阶，例如地球的此两者差，即被谱为 mi—fa—mi（图 1-29）。正是这一章里阐述了行星运动“第三定律”，连同之前他发现的两条定律，构成后来被称为“开普勒定律”的行星三大定律。由此天文学进入一个新的阶段，为牛顿发现万有引力定律打下了基础。

① 菲尔·赫恩．塑成建筑的思想 [M]. 张宇，译．北京：中国建筑工业出版社，2006：109.

② 开普勒著《世界之和谐》原书为拉丁文名 *Harmonice Mundi*，今英译本见 Johannes Kepler. *The Harmony of the World*[M]. Tr. Charles Glenn Wallis. Chicago：Encyclopedia Britannica，Inc.，1952.

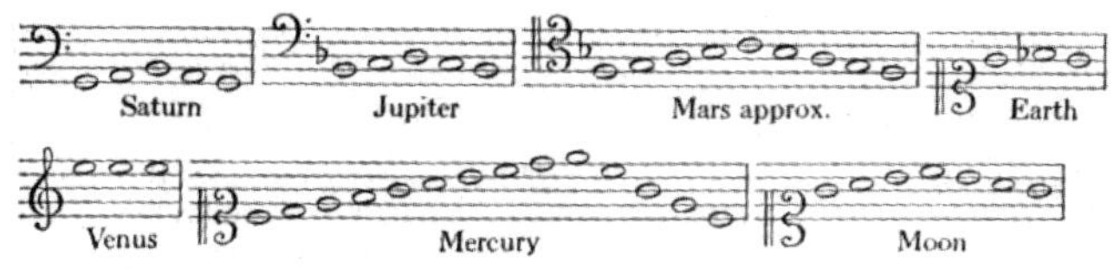

图 1-29
开普勒为七大天体谱写的音阶（1619 年）

图 1-30
维特鲁威（生于约公元前 80—70 年，卒于约公元前 15 年以后）

（二）建筑学：从求诸音乐到自律

古希腊人关于“音”与“数”的观念在相当程度上塑就了后世的建筑学面貌。在涉及建筑与音乐共通的理论或实践历史中，可以看到维特鲁威、阿尔伯蒂、帕拉第奥、柯布西耶等熠熠生辉的名字。

古罗马建筑师维特鲁威所著《建筑十书》中引述了颇多希腊文献内容，其中当然也包括了希腊人对建筑与音乐的看法。维特鲁威（图 1-30）为建筑师培训指定了 11 门学科，音乐课位列其中。在他眼中，建筑师学习音乐课的重点不在于学会演奏乐器，而在于通过数的训练，更好地掌握建筑的和谐比例。[①] 在讨论圆形剧场的声学设计时，维特鲁威很在行地写到和谐音程的整数比，并用了大量希腊语名称来描述这些音程。尽管他最终没把它们和建筑尺度联系起来，但这段文字暗示了：建筑中奉行的比例关系可以向音乐上的和谐音程学习，并由此体现宇宙秩序的和谐。

① 与此相似的还有开设天文课，目的也是为了让建筑师更好地理解宇宙的和谐。

在中世纪，以数学为基础的音乐理论属于精英研习的“博雅教育”或曰“自由七艺”（*Artes liberales*）[①]范畴之一（图 1-31），遵循和谐比例的音乐为公认的美之权威；建筑虽然尚未被视为一种艺术，但在基督教文化视野下，一座带有和谐比例的建筑物将被赋予神性的光辉，体现了宇宙间的根本秩序。

至文艺复兴时期，建筑师地位提升，建筑亦跻身艺术之列。这时建筑学自身理论尚未充分完善，因而文艺复兴建筑师普遍将目光转向地位崇高的音乐，以音乐中的和谐比例作为构思依据，将其转化为视觉美。

例如 15 世纪建筑师阿尔伯蒂（图 1-32）在《建筑十说》（图 1-33）中写道：“音乐用以愉悦我们听觉的数，与愉悦我们视觉的数等同。我们应当从熟知数的关系的音乐家们那里借鉴和谐的法则，因为自然已经在这些法则中体现出自身的杰出和完美。”他提出，音乐上的音程比例关系可以用到宽度和长度的尺寸上，例如那些神殿台座或城市广场。除了比例关系为 3 ： 2 的五度音程外，还有 4 ： 3 的四度音程、2 ： 1 的八度音程、3 ： 1 的十二度音程、4 ： 1 的十五度音程。[②]

① 其七大范畴被分为“三道”（初等级）和“四道”（高等级）两类。“三道”包括语法、修辞学及辩证法。“四道”包括算术、几何、天文及音乐。这成了中世纪大学核心课程。博雅教育的“博雅”（*liberales*）的拉丁文原意是“适合自由人”（在奴隶社会里的自由人或后来社会及政治上的精英），这代表博雅教育正是精英所需要的学识及技能。

② Leon Battista Alberti，*Ten books on architecture*：Book IX，5，6.

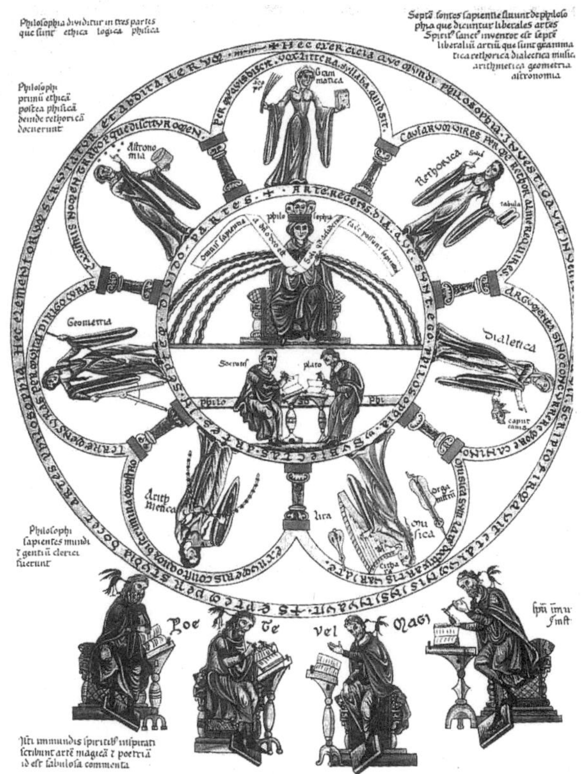

图 1-31
“自由七艺”，“音乐”即右下方拨奏竖琴之图环修女 Herrad von Landsberg 撰《悦乐园》（*Hortus deliciarum*，约 1180 年）

[LE]ONIS BAPTISTE ALBERTI DE RE AEDIFICATORIA INCIPIT LEGE FELICITER. [M]VLTAS ET VARIAS ARTES QVE AD VITAM BENE BEATEQVE AGENDAM FACIANT SVMMA INDVSTRIA ET DILIGENTIA CONQVISITAS NOBIS MAIORES NOSTRI TRADIDERE.

图 1-32
阿尔伯蒂（1404—1472 年），意大利佛罗伦萨乌菲兹宫广场塑像，Frieda 于 2004 年摄（左）

图 1-33
《建筑十说》（1452 年写成，1485 年出版）（右）

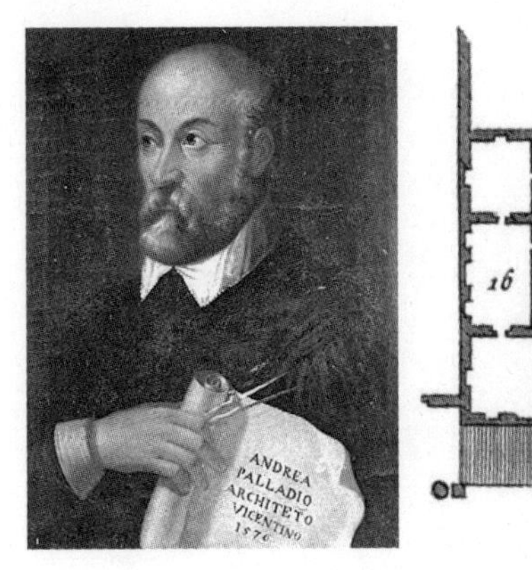

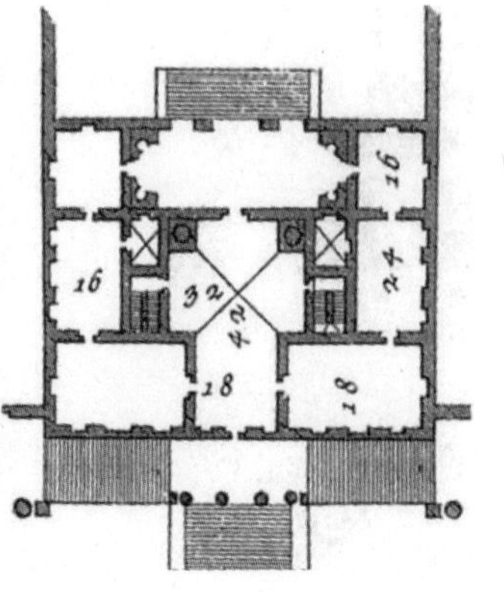

图 1-34
帕拉第奥（1508—1580 年），1576 年肖像，Copista del sec. XVIII，G. B. Maganza 绘（左）

图 1-35
Bagolo 的 Pisani 别墅，帕拉第奥《建筑四书》（右）

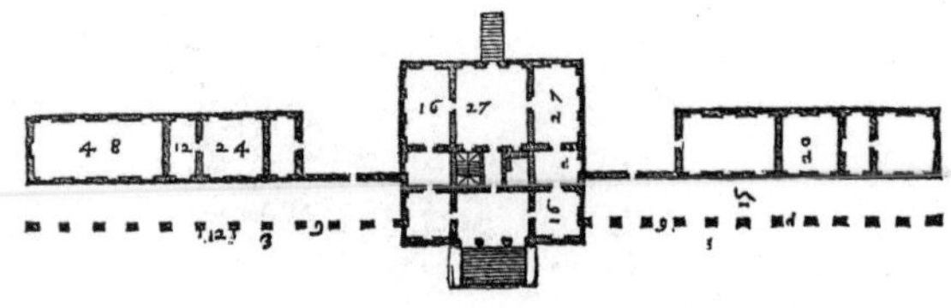

图 1-36
Fanzola 的 Emo 别墅，帕拉第奥《建筑四书》

又如 16 世纪建筑师帕拉第奥（图 1-34）著《建筑四书》，他提出：声音的比例是和谐于耳朵的，正如度量的比例是和谐于眼睛的。据今人考察发现，在帕拉第奥的别墅房间设计中，度量尺寸 12、16、18、20、24、30 显现得特别频繁，而且用在各种组合中（图 1-35、图 1-36）。例如 18 × 30 或 12 × 20，其比是 3 ∶ 5，这可能代表着音乐上的大六度音程；12 × 24，其比是 1 ∶ 2，则代表一个八度音程。①

① 鲁道夫·维特科尔．人文主义时代的建筑原理（原著第六版）[M]. 刘东洋，译．北京：中国建筑工业出版社，2016：121-127.

建筑求诸音乐的他律原则到了文艺复兴后期渐渐僵死，甚至认为跳出和谐音程比例之外就不存在美。进入17—18世纪，随着建筑学的自律原则得到充分发展，由音乐转译建筑的合理性开始受到质疑。① 如小布隆代尔（Jacques-François Blondel）②提出，音乐的和谐现象不能直接译成建筑的比例。又如著《帕拉第奥传》（1762年）的泰曼扎（Tommaso Temanza）不认同帕拉第奥所说的“房间长宽高要符合特定和谐比例”，他指出，房间的长宽高比例不能同时被视觉察觉，而观察者的视角变换也会改变建筑呈现出来的比例，因此建筑的比例法则不能是绝对的教条，而应是相对且灵活的。就这样，文艺复兴时期普遍求诸音乐的建筑设计方法走向衰微。

① 鲁道夫·维特科尔.人文主义时代的建筑原理（原著第六版）[M].刘东洋，译.北京：中国建筑工业出版社，2016：130-137.

② 小布隆代尔（1705—1774年）为更出名的法国建筑师老布隆代尔（François Blondel，1618—1686年）之孙。

现代建筑大师勒·柯布西耶于20世纪中期出版了《论模度》《论模度2》（*Modulor*，1948年；*Modulor 2*，1955年），提出了与书同名的“模度人”（Modulor，图1-37、图1-38）。“模度人”按照一系列比例逐级细分，可以视为古希腊学说中黄金比的翻版；它又与和谐音程比例非常相似（图1-39），可算建筑求诸音乐的余绪。柯布西耶对音乐思维中的和谐推崇备至，他说：

> 我们当中有多少人知道，在视觉领域里，我们的文明还没有达到它在音乐里所达到的水平？没有一座分解为长度、宽度或者体积的构筑物，利用了音乐所拥有的那种量度，这种量度是为音乐思维服务的工具。③

③ Le Corbusier. The *Modulor* and *Modulor 2*（2 volumes）[M]. Basel：Birkhäuser，2000； 中文段落转引自：陈志华.关于“建筑是凝固的音乐”[J].建筑师，1980，2：171-172.

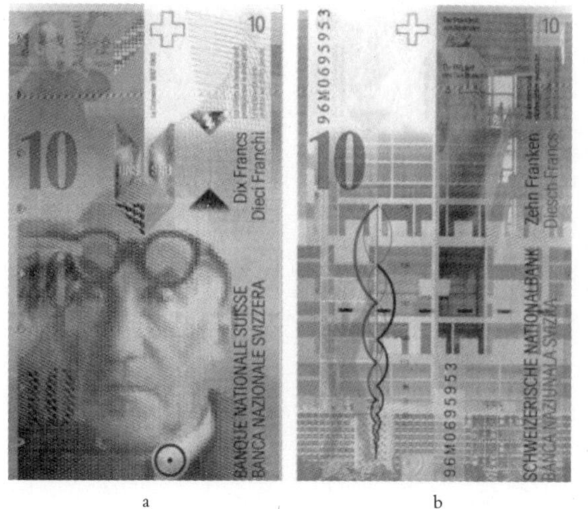

图 1–37
10 瑞士法郎纸币，1996 年版：a. 正面图案为勒 · 柯布西耶（1887—1965 年）; b. 背面图案为“模数人”及勒 · 柯布西耶在印度昌迪加尔设计的建筑

图 1–38
马赛公寓及“模数人”在公寓建筑中的应用，勒 · 柯布西耶 1952 年设计

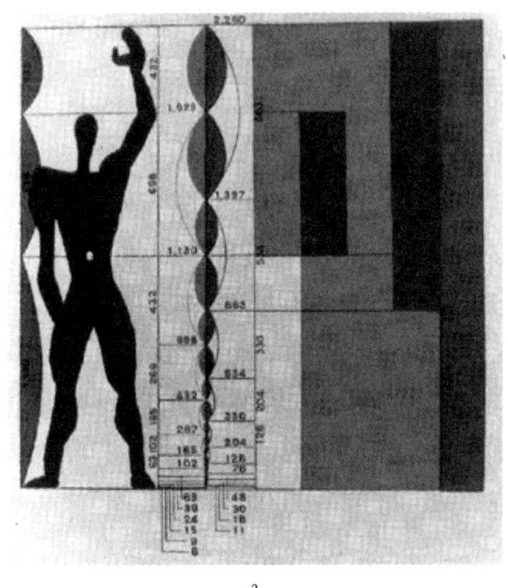

a

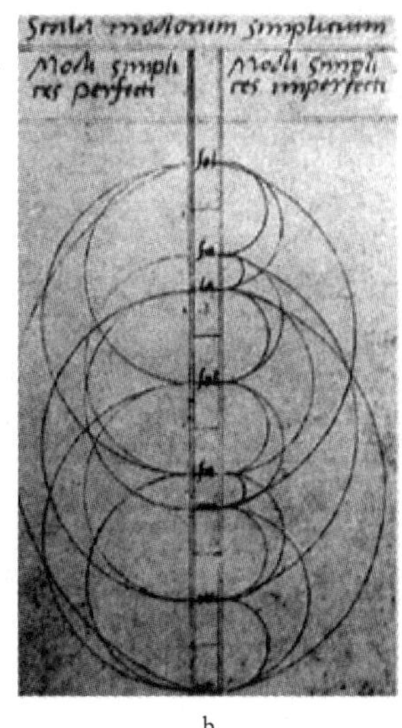

b

图 1-39
a. 勒·柯布西耶“模数人”通过一系列比例关系逐级细分，
这与 b. 文艺复兴时期音乐理论中对音程比例的逐级细分非常相似

同样在20世纪中期，还出版了一本艺术史著作《人文时代的建筑原理》(*Architectural Principles in the Age of Humanism*，1949年)，作者威特考尔（Rudolf Wittkower）将文艺复兴建筑设计与古希腊以降的人文思想放在一起考察，其中专以一章揭示出，帕拉第奥的建筑作品中有一套普遍的和谐比例与音乐音程相联系——本书前面论述中已有多处引用到该书的研究结论。其面世后的影响力令作者始料未及，这本纯粹研究文艺复兴史的理论书在20世纪50年代唤起了整整一批英国建筑师的热情，促使他们在设计中积极应用和谐比例。[①] 这表明，尽管建筑学早已度过求诸音乐的他律时期，但音乐中富含的美与和谐仍是赐予建筑师创作灵感的重要源泉。

① Henry A. Millon. Rudolf Wittkower, *Architectural Principles in the Age of Humanism*: Its Influence on the Development and Interpretation of Modern Architecture[J]. *Journal of the Society of Architectural Historians*, Vol. 31. 1972 : 83-91.

五
小结：建筑艺术的特征

通过回顾建筑与音乐之间的“广阔类比天地”，可归纳出建筑艺术有两方面本质特征：

第一，正如黑格尔指出，建筑是创造表现的产物，有自身形式美，是各门艺术的起源。

第二，建筑为空间艺术，人们通过对空间的限定来创造建筑，通过对空间的认识来体验建筑。

进一步说，“凝固的音乐”比喻贴切地照应了西方建筑传统的几点特性。

首先，西方建筑在形式美方面，有维特鲁威提出的布局（arrangement）、协调（eurhythmy）、对称（symmetry）、合宜（propriety）等评判标准。[①] 阿尔伯蒂继而强调了“美观”在建筑中的首要地位，其具体评判方面则在于各构成部分的数量和排列、比例的运用，以及形式的产生等。[②]

其次，西方思维的重要基石之一便是令希腊人自豪不已的欧几里得几何，由此塑成的建筑空间特征有二：一是静态；二是几何化。相对而言，一直未能充分发掘时间因素，正如建筑学者赛维（Bruno Zevi）指出：“人们花了好几千年来领会建筑空间。而在建筑中体验时间因素的时日尚浅，且只是偶一为之。”[③] 据其分析，在古希腊罗马时期，建筑空间是静止的；只有在中世纪教堂中，行进（movement）的时间性才得以强调；文艺复兴时代来临后，时间因素被抑制，“纯净空间”（pure space）再次盛行于世；这以后的教堂空间往往在动静之间维系着一种游移不定的平衡；直至现代主义建筑兴起，时间因素才被充分引入到建筑空间中。

① 还有两个评判标准是法式（order）和经营（economy），前者涉及功用，后者涉及造价。见：菲尔·赫恩．塑成建筑的思想[M].张宇，译．北京：中国建筑工业出版社，2006：25-26.

② 同上。

③ Bruno Zevi. “Space in Time”, *The Modern Language of Architecture*[M]. Seattle, London: University of Washington Press, 1978: 47-53.

最后，西方建筑汲取了古希腊人关于“数”的抽象思维体验，将和谐的数字比大量应用到立面、平面的几何构图中。

综上，“凝固的音乐”与西方建筑的传统特性相符，且深植于相应的文化氛围和思维背景中。因而显然，不宜照搬它来描述中国传统建筑。在后面章节关于中国材料的详细讨论中，将借鉴本章的梳理思路，即：列陈关于中国建筑与音乐的共通意识表述，探讨其背后的艺术认识，分析历史上的文化、思想背景，以及阐明音乐因素在建筑中的具体表征。

第二章

『乐』的审美教育

1

2 3

4 5 6

一

术语“乐”的敷陈

（一）“美的艺术”与中国之“乐”的现代衔接

在开展中国建筑与音乐共通研究之际，值得先问这样一个问题：中国传统话语中，与西人所谓“fine arts”即“美的艺术”对应的概念框架是什么？其实，当19—20世纪之交西方艺术体系被介绍到中国来时，翻译家严复（图2-1）、文史大家王国维（图2-2）等对此已有作答。

由严复于1904—1909年翻译的孟德斯鸠《法意》[①]，有“按语”对“美的艺术”概念作了如下阐述：

> 夫美术者何？凡可以娱官神耳目，而所接在感情，不必关于理者是已。其在文也，为词赋；其在听也，为乐，为歌诗；其在目也，为图画，为刻塑，为宫室，为城郭园亭之结构，为用器杂饰之百工，为五彩彰施玄黄浅深之相配，为道涂之平广，为坊表之崇闳。[②]

稍早的王国维《孔子之美育主义》（1904年）一文论及“观美”（即今谓“审美”），更是系统地参照了西方艺术分类的观念：

> 夫岂独天然之美而已，人工之美亦有之。宫观之瑰杰，雕刻之优美雄丽，图画之简淡冲远，诗歌、音乐之直诉人之肺腑，皆使人达于无欲之境界。[③]

王国维所举出的宫观（建筑）、雕刻、图画、诗歌、音乐，恰构成西方“美的艺术”体系中的五种基本门类。

可留意的是，严复和王国维尝试将中国传统话语植入现代形态的艺术体系时，不约而同地举出传统“乐”概念来沟通现代意

① 严复《法意》，商务印书馆1909年出版，现或译为《论法的精神》。原书为孟德斯鸠（Montesquieu）著《*De l'esprit des lois*》，1748年出版。

② 社会剧变与规范重建——严复文选[M]. 上海：上海远东出版社，1996：431.

③ 王国维."孔子之美育主义". 王国维哲学美学论文辑佚[M]. 佛雏校，辑. 上海：华东师范大学出版社，1993：255.

图 2-1
严复
（1853—1921 年）

图 2-2
王国维
（1877—1927 年）

义上的“美的艺术”概念及审美思想。严复论曰：

> 《记》有之：安上治民以礼，而移风易俗以乐。美术者，统乎乐之属者也。[①]

王国维则援古论今说：

> 《论语》曰：“小子何莫学夫诗？诗可以兴，可以观，可以群，可以怨。迩之事父，远之事君，多识于鸟兽草木之名。”又曰：“兴于诗，立于礼，成于乐。”其在古昔，则胄子之教，典于后夔；大学之事，董于乐正。然则以音乐为教育之一科，不自孔子始也。[②]

由以上严复、王国维会通中西之见，古今相类概念得以衔接：中国传统文化中的“乐”可大致对应现代概念的“美的艺术”体系，而乐教即古之审美教育。

① 严复．社会剧变与规范重建——严复文选 [M]．上海：上海远东出版社，1996：431.

② 王国维．王国维哲学美学论文辑佚 [M]．佛雏校，辑．上海：华东师范大学出版社，1993：255.

图 2-3
许慎（约公元 58—147 年）

图 2-4
说文解字（公元 100 年）
十五卷，白棉纸线装，
30cm×17.5cm，署年：
汲古阁刻本

（二）“乐”与音乐的关联

“乐”，跟音乐又是什么关系呢？文史大家郭沫若于 1943 年撰《公孙尼子与其音乐理论》一文，对此作了简明扼要的阐述：

> 中国旧时的所谓“乐”（岳），它的内容包含得很广。音乐、诗歌、舞蹈，本是三位一体可不用说，绘画、雕镂、建筑等造型美术也被包含着，甚至连仪仗、田猎、肴馔等都可以涵盖。所谓“乐”（岳）者，乐（洛）也，凡是使人快乐，使人的感官可以得到享受的东西，都可以广泛地称之为“乐”（岳），但它以音乐为其代表，是毫无问题的。大约就因为音乐的享受最足以代表艺术，而它的术数是最为严整的原故吧。①

对上文谈到的快乐之“乐”与音乐之“乐”，学者们还曾从文字学角度加以分析，就“乐”字本义及其衍化提出种种假说。传统解释为东汉许慎（图 2-3）《说文解字》（图 2-4）所说的“乐”字“象鼓鞞木虡也”（《说文》卷六上木部），也就是以“乐”字（正

① 郭沫若.“公孙尼子与其音乐理论”（1943）. 青铜时代 [M]. 北京：中国人民大学出版社，2005: 141.

体字作“樂”）上半部中间的“白”和两旁的“幺”象一面大鼓和四面小鼓（“鞞”通“鼙”，小鼓），下半部的“木”象悬挂鼓的架子。近代以来，古文字学家罗振玉也曾分析“乐”字，以其“从丝附木上，琴瑟之象也”（《增订殷墟书契考释》）。现代学界又有观点认为“樂”之“幺”部象谷穗，“乐”表现的是农作物成熟收获带给人的喜悦。①

近年来，学者周武彦等对以往学说进行了逐一回顾②，并提出了合理质疑，其中指出：在已出土的甲骨文含“乐”字卜辞中，尚未发现一例与“音乐”或乐器有关的卜辞，因此鼓鞞、琴瑟等“乐器说”难以成立；甲骨文中凡与粮食有关的字，皆无“幺”这个义符或声符，所以“谷穗说”也有疑点。本文采纳周武彦的新解，以“乐”字源于“栎”，其涵义有如下演变：

① 修海林．中国古代音乐美学[M]. 福州：福建教育出版社，2004：65-72.

② 周武彦．中国古代音乐考释[M]. 长春：吉林人民出版社，2005：1-12；陈双新．“乐”义新探[J]. 故宫博物院院刊，2001，3. 总第95期：57-60.

1.“乐”字一开始很可能是“栎”之本字（表2-1），其字形“樂”为“丝附木”，从栎叶可饲蚕之义。先民以“乐”树为“社树”，所以在甲骨文卜辞中“乐”字皆作地名解；

“乐”字与“栎”字的字源　　表2-1

	乐	栎
甲骨文	[illegible]	[illegible]
小篆	[illegible]	[illegible]

2. 因为先民以“乐树”所在场地举行祭祀、歌舞、饮食、男女合欢等活动，而引申出“快乐”之义；

3. 后来以音乐为诸种“快乐”之首，“乐”字遂逐渐分化出专指音乐的义项。

以上概观了术语“乐”与艺术、音乐的对应关系。“乐”既然泛指各类艺术，又以音乐为代表，那么顺理成章地，音乐方面的审美标准便可延伸到建筑艺术上。下面考察的就是这种审美共通在历史上的发生。

二
建筑与音乐的形式美：共通用辞之涌现

（一）描述建筑与音乐的早期相似用辞

从公元前6世纪的史料中提取出两段记载片断，并置如下：

> 文本（1）：
>
> 夫美也者，上下，内外，小大、远近皆无害焉，故曰美。
>
> 文本（2）：
>
> 小大，短长，……高下，出入，周疏，以相济也。

两段文字用辞何其相似！将两段文字补全，可发现其实文本（1）在探讨建筑审美，而文本（2）在探讨音乐审美。

文本（1）载述的是楚灵王六年（公元前535年）章华台落成之时，楚国大夫伍举（活动于前540年左右）与楚灵王的对话：

> 灵王为章华之台，与伍举升焉，曰：“台美乎！”对曰：“臣……不闻其以土木之崇高、雕镂为美，……不闻其以观大、视侈、淫色以为明，……夫美也者，上下，内外，小大、远近皆无害焉，故曰美。……故先王之为台榭也，榭不过讲军实，台不

图 2-5
晏婴（？—前 500 年），临淄齐国历史博物馆内塑像

过望氛祥，故榭度于大卒之居，台度于临观之高。”（《国语·楚语上》）

伍举对建筑之美所下的定义——“夫美也者，上下，内外，小大、远近皆无害焉，故曰美”，是中国古代文献记载中最早关于美的明确定义。它强调“上下，内外，小大、远近”等建筑构成要素的合宜尺度，以满足人的生理、心理以及社会伦理的需要。

文本（2）记载了齐国卿相晏婴（图 2-5）与国君讨论音乐的话：

> ……五声，六律，七音，八风，九歌，以相成也。清浊，小大，短长，疾徐，哀乐，刚柔，迟速，高下，出入，周疏，以相济也。君子听之，以平其心，心平德和。（《左传·昭公二十年》）

这番乐论可以算作中国文献中最早（前 522 年）对音乐审美的全面表述，它讲到“清浊、小大、短长、疾徐、哀乐、刚柔、迟速、高下、出入、周疏”这十组相对的概念，首次完整归纳出音乐美存在的诸要素，涉及音乐的音程、音量、篇幅、节奏、情感特征、曲调变化、曲式规律等。通过协调这些变化对立因素，达到相互和谐。

图 2-6
季札

可注意到，上述两段关于建筑或音乐的讨论在用辞上高度相似，表现出明显的形式美共通。而与这两段讨论的发生大致同时，还有更多类似的审美论述。如公元前 544 年，鲁襄公请吴国公子季札（图 2-6）观周乐，季札对其中的《颂》乐有如下评论：

> 至矣哉！直而不倨，曲而不屈，弥而不逼，远而不携，迁而不淫，复而不厌，哀而不愁，乐而不荒，用而不匮，广而不宣，施而不费，取而不贪，处而不底，行而不流，五声和，八风平，节有度，守有序，盛德之所同也。（《左传·襄公二十九年》）

季札的话涉及艺术形象的结构、尺度、节奏、韵律、运动。所谓“直而不倨，曲而不屈”等，追求的是结构上井然有序而又变化丰富且生动，既是赞美音乐之美，实际上也是当时建筑艺术的审美标准。

又见晏婴论乐的同一年（前 522 年），周景王想铸造一口大钟，其卿士单穆公反对说：

> 夫目之察度也，不过步武尺寸之间；其察色也，不过墨丈寻常之间。耳之察和也，在清浊之间；其察清浊也，不过一人之所胜。……夫乐不过以听耳，而美不过以观目。若听乐而震，观美而眩，患莫甚焉。夫耳目，心之枢机也，故必听和而视正。听和则聪，视正则明。（《国语·周语下》）

单穆公从人的知觉生理和心理的角度，批评过度感官刺激的危害，主张审美活动应以人身心健康发展的生理规律为基础。他在倡导以“和”为美时，兼而强调了视觉和听觉、建筑和音乐两方面：考虑到视觉效果，建筑尺度需控制在一定范围内；而考虑听觉效果，音乐也不应过响、过尖或过低，超过人耳舒适度。

综合季札、伍举、晏婴、单穆公的审美论述，可见早在公元前 6 世纪，建筑与音乐的审美观已从“和”出发，形成密切的共通照应。下面试归纳出中国传统建筑审美与音乐审美共通的三点：

1. 重视从整体上去把握。音乐艺术中，每一个音都在一定的内容之中，在一定的位置之上，在一定的演奏作用之下，因之可以呈千差万别、千变万化；但若离开音乐作品而单独去奏某音，即使有至深的艺术修养和至高的技巧，也奏不出太多的变化。建筑艺术同样如此，讲求全方位观察大小高低、远近离合、主从虚实、阴阳动静等等视觉效果，不能单看局部。在外部空间里各建筑单体必须彼此照应，或相互遮掩，或相互映衬，或形成过白，或借景，才能形成有机统一，引人入胜而又余味无穷。[①]

① 王其亨．“风水形势说和古代中国建筑外部空间设计探析”．王其亨，主编．风水理论研究 [M]．天津：天津大学出版社，2005：117-137.

2. 强调在动态中把握，融入时间因素。音乐中“小大、短长、高下、出入”说的是演奏随时间行进产生的动态变化；而建筑审美时，不断变动观察点来欣赏“上下，内外，小大、远近”，带动了欣赏者身体盘桓移动，目光上下流动，视线远近推移，这实质上就是一种音乐欣赏式的审美。

3. 要在事物多样性的对立统一中，讲求适宜的“度”，以“和”为美。音乐不是通过一味追求乐音热烈来宣泄情感；建筑也不是追求尺度超人的夸张。都要创造合乎“人情”，适于人及人际间情感交流的亲切尺度，以此求取艺术上的成功。这种艺术标准能够感化和陶冶人的心性和情志，促进人的精神在社会伦理道德上向“善”的理想追求。

（二）《礼记·乐记》中的形式美共通描述

《礼记》中的《乐记》篇，是集儒家艺术审美观之大成的著作。学界对《乐记》的作者问题尚无定论，如郭沫若认为《乐记》始出自战国时期的公孙尼子之手[①]，而蔡仲德等当代音乐学家则认为《乐记》是西汉刘德、毛生等人在汇集先秦诸子音乐思想的基础上著成。[②] 建筑学者萧默在《中国建筑艺术史》（1999 年）中，曾多次引用《乐记》语句（如“乐统同，礼辨异”“中正无邪，礼之质也”等）阐述中国建筑艺术，他指出，中国建筑对“和”美的追求“颇与古代音乐思想相类”。[③] 而实际上，通过分析《乐记》中对乐之“形”本身的描述[④]，可发现它正与建筑形式美范畴相通。

③ 萧默 . 中国建筑艺术史 [M]. 北京：文物出版社，1999：184-185，1068-1070.

④ 参见：苏志宏 . 秦汉礼乐教化论 [M]. 成都：四川人民出版社，1991：127-155.“乐者，所以象德”的乐教论。

① 郭沫若 .“公孙尼子与其音乐理论”（1943）. 青铜时代 [M]. 北京：中国人民大学出版社，2005：137-151.

② 人民音乐出版社编辑部 .《乐记》论辩 [M]. 北京：人民音乐出版社，1983：233-264.

前一章讨论古希腊音乐观时曾简要提及中国音乐观，要言之，中国古人强调人心与音乐的互动，也就是《乐记》所谓的音乐“可以善民心，其感人深，其移风易俗，故先王着其教焉”。《乐记》又有言，“使亲疏贵贱、长幼男女之理，皆形见于乐”，为了使音乐能更好地传达道德义理，就要有一套得体的音乐形式，其形式美评判标准如下：

> 使其声足乐而不流，使其文足论而不息，使其曲直、繁瘠、廉肉、节奏足以感动人之善心而已矣。

这句话中，除“论而不息”是指歌词内容外，其余描述都着眼于音乐形态。与前节引春秋时吴公子季札的评乐描述互校，“乐而不流”可对应季札所言“乐而不荒”“行而不流”，“曲直”对应“直而不倨，曲而不屈”，“繁瘠”对应“迁而不淫，复而不厌”，“廉肉”对应“用而不匮，广而不宣，施而不费，取而不贪”，“节奏”对应“弥而不逼，远而不携”“处而不底，行而不流”——可以说，两者评判标准如出一辙。

《乐记》中对于音乐形式美，还有一段更鲜活的通感认知：

> 故歌者上如抗，下如队（坠），曲如折，止如槁木，倨中矩，勾中钩，累累乎端如贯珠。孔颖达《疏》：“上如抗”者，言歌声上响，感动人意，使之如似抗举也。“下如队”者，言声音下响，感动人意，如似坠落之意也。“曲如折”者，言音声回曲，感动人心，如似方折也。“止如槁木”者，言音声止静，感动人心，如似枯槁之木 止而不动也。“倨中矩”者，言其音声雅曲，感动人心，如中当于矩也。“勾中钩”者，谓大屈也，言音声大屈曲，感动人心，如中当于钩也。“累累乎端如贯珠”者，言声之状累累乎感动人心，端正其状，如贯于珠，言声音感动于人，令人心想形状如此。

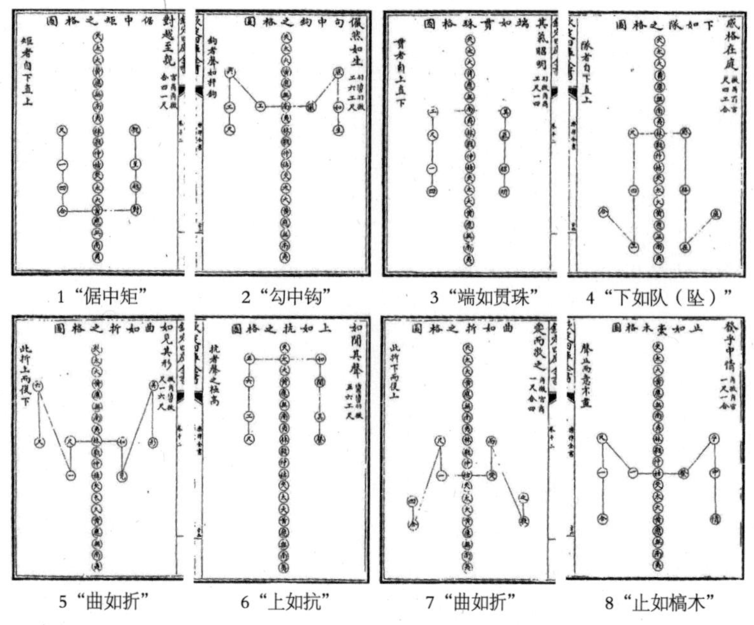

图 2-7
“对越至亲”一曲的八个乐句“格图”，朱载堉《乐律全书》（1606 年）卷十二

这里以视觉形象阐述了音乐中的旋律、节奏、音色等听觉效果。歌声上扬时高亢，下探时如东西下坠，转折时如东西弯曲，停止时如枯木般干涩，宛转变化时符合乐理秩序，连续演唱时如一串贯穿的珍珠。通过这些通感描述，将音乐形式美与视觉变化运动（上下、曲折、回旋、行止等）结合在一起，而后者恰适用于建筑艺术审美。

在后世，这种通感理念又继而物化为一种音乐记谱法。见诸明代朱载堉（1536—约 1610 年）《乐律全书》（刻版、印刷始于 1595 年，完工于 1606 年）卷十二所录“太常乐谱”，其中一首歌曲的旋律被逐句表示为“格图”（图 2-7），从而“加固”了《乐记》中描绘的音乐“视觉”形象。

图 2-8
南朝宋墓室砖画“竹林七贤与荣启期”中的嵇康（223—262 年）（左）和阮籍。南京西善桥刘宋大墓出土，南京博物院藏。

（三）形式美共通的文学典范：嵇康《琴赋》选析

中国古代文献中关于建筑与音乐形式美的共通用辞，除前述诸例外，还尤其典型地反映在魏晋时文学家、音乐家嵇康（图 2-8）[①]的《琴赋》中。清人何焯评点《琴赋》曰：“音乐诸赋，虽微妙古奥不一，而精当完密，神解入微，当以叔夜（嵇康）此作为冠。”[②]《琴赋》中一些段落致力以视觉形象描摹音乐艺术，国学大家钱钟书曾指出这是“巧构形似”（visual images）的手法。[③] 下

① 嵇康，字叔夜，三国时期魏谯郡铚县（今安徽宿县）人。官拜中散大夫，世称嵇中散。与阮籍、山涛、向秀等作“竹林之游”，世有“竹林七贤”之称。嵇康崇尚自然，鄙薄名教，对司马氏诛杀异己、图谋篡位却又盛倡名教极为不满。于魏景元三年（262 年）被司马昭杀害，时年 40 岁。据《世说新语·雅量篇》说：“嵇中散临刑东市，神气不变，索琴弹之，奏《广陵散》，于今绝矣。”又臧荣绪《晋书》曰：“嵇康，字叔夜，谯国人。幼有奇才，博览无所不见。拜中散大夫。以吕安事诛。”其所著文字全本收入《嵇中散集》十卷，另有今人鲁迅校本《嵇康集》（载《鲁迅全集》）、戴明扬《嵇康集校注》（1962 年 7 月）。现代版本《琴赋》作者有署为嵇康、嵇叔夜或嵇中散的三种情况；在西文文献里以拼 Xi Kang / Hsi Kang 的情形为多。

②《琴赋》见于《嵇康集》，南朝梁时全篇录入昭明太子萧统（501—531 年）所辑《文选》之卷十八。《文选》是中国现存最早的一部文学作品总集，按类而辑。它收录了从东周到南朝萧梁时期（公元前 4 世纪一公元 6 世纪）130 位作者的 761 篇韵文和散文。选集中包括了自汉魏晋宋齐梁以来最优秀的辞赋、诗歌及有代表性的各种文体。《文选》将音乐题材的赋单独划为赋作中的子类之一，计收录音乐赋六篇：西汉王褒《洞箫赋》，东汉傅毅《舞赋》、马融《长笛赋》，曹魏嵇康《琴赋》，西晋潘岳《笙赋》、成公绥《啸赋》。何焯（1661—1722 年），清代文选学家，著《文选评》。

③ 钱钟书 . 管锥编 [M]. 北京：中华书局，1986 年 第 2 版：1086-1088“八九 全三国文卷四七”.

① 近代以来已有颇多关于《琴赋》文本的学术研读成果，为本文进一步展开分析提供了很大便利。本文参阅的校注本为：（1）我国台湾“中央研究院”汉籍电子文献 2.0 版 / 人文数据库师生版 1.1/ 古籍三十四种 / 文选 / 赋壬 / 第十八卷 / 音乐下 / 嵇叔夜琴赋并序 http: //www.sinica.edu.tw/~tdbproj/handy1/，勘录的是以李善注《文选》胡克家重刊本为底本、参校尤袤原刊本的标点整理本；（2）戴明扬．嵇康集校注 [M]. 北京：人民文学出版社，1962：82-111“琴赋一首并序”；（3）文化部艺术研究院音乐研究所编．中国古代乐论选辑 [M]. 北京：人民音乐出版社，1981：112-115，所辑版本是据鲁迅手抄辑校《嵇康集》，文学古籍刊行社 1956 年版。参阅的白话译注和解读本为：（4）夏明钊．嵇康集译注 [M]. 哈尔滨：黑龙江人民出版社，1987：224-254“琴赋一首并序”；（5）陈宏天，赵福海，陈复兴主编．昭明文选译注（共两册）[M]. 长春：吉林文史出版社，1987：970-994“琴赋并序”；（6）吉联抗译注．嵇康·生无哀乐论 [M]. 北京：人民英雄出版社，1964：56-71“琴赋”及“琴赋探绎”。另据英文译本为（7）Xiao Tong，*Wen Xuan Or Selections of Refined Literature*，Volume III[M]，translated by David Knechtges，Princeton University Press，1996：279-303，“*Rhapsody on the Zither*”.

面就对这些段落进行选析。[①]

美妙的演奏开始，奏响了《白雪》《清角》等琴曲，此时的音乐丰富感人：

> 粲奕奕而高逝，驰岌岌以相属，沛腾遻而竞趣，翕韡韡而繁缛。状若崇山，又象流波，浩兮汤汤，郁兮峨峨。怫慨烦冤，纡余婆娑。陵纵播逸，霍濩纷葩。
>
> （白话译文：如光华四溢的流星在天际消逝，如连绵的高山在奔驰一样；以很快的速度奔腾向前，既伟大华美又丰富细微。形状像崇高的山峰，又像滔滔的流水，像水一般浩浩荡荡，像山一般峨峨巍巍。有时忐忑不安、心烦意乱，有时婆娑扶疏、曲折迂回，有时昂扬激越、声闻遐迩，有时涛声大作、扣人心扉。）[②]

② 白话译文据夏明钊译注“琴赋一首并序”。下同。

当这些序曲告一段落后，描述视角暂时切换到冬夜弹琴的居室环境——“高轩飞观，广夏闲房”。很快，视角又切回音乐本身，这时换了另一种曲调奏响新曲，“改韵易调，奇弄乃发”，从而进入《琴赋》描摹音乐的核心段落，嵇康结合着弹琴的手法，反复描述音乐的动人形象[①]：

或曲而不屈，直而不倨。或相凌而不乱，或相离而不殊。

（白话译文：有的婉转却不软弱，直率明朗却有余味。有的相互交织却不凌乱，有的相互分离却不违背。）

或参谭繁促，复迭攒仄，从横骆驿，奔遁相逼。

（白话译文：有的声多音促、紧紧相随，反复咏叹、集中思维，纵横驰骋、不绝络绎，紧追猛赶、彼此相通。）

疾而不速，留而不滞，翩绵飘邈，微音迅逝。远而听之，若鸾凤和鸣戏云中；迫而察之，若众葩敷荣曜春风。

（白话译文：节奏很快但毫不含糊，有时休止又好似余音缭绕，飘飘然在远处翩翩不断，一刹那间又在风中消失了。站在远处听这琴音，就像鸾凤在云中和鸣；立在近处仔细察看，就像百花在春风里大吐芳馨。）

通读以上诸段的原文及白话译文，华丽的视觉形象便跃然眼前。再看以上原文中包含有众多通感关键词：高、崇、曲、直、凌、离、繁、促、远、迫等，它们既可以指代听觉形象，也可以指代视觉形象。在嵇康的另一篇音乐名篇《声无哀乐论》中，其实也有类似的词，如大小、单复、高埤等，可兼指听觉与视觉的形式美。

若进一步分析《琴赋》上引段落，可发现嵇康用以描摹音乐的视觉用辞并非自创，它们多是有用典的[②]，盖出自西汉司马相如《上林赋》、东汉张衡《西京赋》、王延寿《鲁灵光殿赋》（162 年）、曹魏何晏《景福殿赋》（232 年）等章句。这几篇赋与《琴赋》同录于梁代萧统所辑《文选》。《琴赋》归在其中“音乐”类；《上林赋》归在“畋猎”类，《西京赋》归在“京都”类，《鲁灵光殿赋》《景福殿赋》归在“宫殿”类——这后三类在今日眼光下都可归为与建筑有关的作品。[③] 具体用典情况可列陈如下[④]：

① 又据明人王世贞《艺苑卮言》：“‘扬和颜，攘皓腕’以至‘变态无穷’数百语，稍极形容，盖叔夜善于琴故也。”即视此段文字为《琴赋》描摹音乐的核心段落。

② 吉联抗译注．嵇康·生无哀乐论 [M]: 61：“汉魏诸赋，有着连串用典的习传。《琴赋》也正是这样。”

③ 参考：刘雨婷．先唐与建筑有关的赋作研究 [D]. 同济大学，2004.

④ 以下对司马相如《上林赋》、张衡《西京赋》、王延寿《鲁灵光殿赋》、何晏《景福殿赋》四篇赋文的理解，参考了陈宏天、赵福海、陈复兴主编的《昭明文选译注》（共两册）（长春：吉林文史出版社，1987）.

1.“翕韡晔而繁缛”。言琴声既伟大华美又丰富细微。“韡晔”为美盛之貌，见于《西京赋》“流景曜之韡晔”，用以描述未央宫建筑明丽辉煌的样子。

2.“状若崇山，又像流波”。以山水空间审美语言描述音乐感受。“崇山”即高山，《上林赋》描绘上林苑景观时称“崇山矗矗，巃嵸崔巍”;《景福殿赋》描述宫殿，称走近看大殿，如“仰崇山而戴垂云”。这里还包含了“高山流水”典故,见《吕氏春秋》载：“伯牙鼓琴，钟子期听之，方鼓琴而志在太山，钟子期曰：‘善哉乎鼓琴,巍巍乎若太山’。少选之间,而志在流水。钟子期又曰：‘善哉乎鼓琴，汤汤乎若流水。’”(《吕氏春秋·孝行览·本味》)

3.“纡余婆娑”。形容琴声曲折回旋。《上林赋》有“酆镐潦潏，纡余委蛇，经营乎其内”一句，描述上林苑内的酆水、镐水、潦水、潏水等河流曲曲弯弯，萦回盘旋。

4.“霍濩纷葩”。指散发繁乱的琴音。“霍濩”见于《鲁灵光殿赋》“瀖濩磷乱，炜炜煌煌”，形容宫殿的前堂看起来五色缤纷，霞光闪闪。

5.“参谭繁促，复叠攒仄”。是描述声多音促的演奏高潮，这时音乐紧紧相承、重重叠叠。亦见何晏《景福殿赋》:“桁梧复叠，势合形离”，是讲建筑的斗栱重重叠叠，既保持各自形体独立又做到整体结构上有机统一。

6.“从横骆驿，奔遯相逼”。言琴声纵横相连、络绎不绝。王延寿《鲁灵光殿赋》曰“纵横骆驿，各有所趣”，描述建筑梁架相连不绝，纵横交错。

7.“远而听之，若鸾凤和鸣戏云中；迫而察之，若众葩敷荣曜春风”。描述美妙的琴声在风中飘散的情形。其实这类“远望”“近察”句式在汉魏赋中不胜枚举，可见西汉王褒《甘泉赋》(仅存残篇):“却而望之，郁乎似积云；就而察之，霁乎若太山。”又见何晏《景福殿赋》:“远而望之，若摛朱霞而耀天文；迫而察之，若仰崇山而戴垂云”。对这种审美观照方式，下一章还要论及。

综上，“崇山”本修饰山势之高，如《上林赋》中用法，而《景福殿赋》和《琴赋》分别将它引申比喻殿堂的高耸与音乐的起伏形象。描述苑囿内山水曲折姿态的“纡余”，被拿来比拟琴声的曲折回旋。用来形容建筑色彩缤纷的“韡晔”“霍濩”，形容建筑结构精巧的“复叠”“纵横骆驿”，被借之描摹音乐的华美繁杂。由此，形成了可兼指建筑视觉形式美与音乐听觉形式美的通感用辞。循着《琴赋》的文字之流，读者在感受变化万千的音乐形象的同时，也藉由典故的引入联想到其他赋文中所勾勒出的上林苑山水之气派，未央宫、甘泉宫、鲁灵光殿、景福殿等建筑之华美。

此外，在《琴赋》以上引文中，还有“曲而不屈，直而不倨”“疾而不速，留而不滞”等语，不难看出其用典援自吴公子季札对《颂》乐的评论：“直而不倨，曲而不屈，……处而不底，行而不流。”正如本书前面已述，这些描写既是赞美音乐之形态，同时也是当时建筑艺术的审美标准。

总之，《琴赋》中的共通描述是如此之全面，乃至嵇康在结束一大段对琴声的描述后，仍然从建筑赋作中寻找典故，赞叹美妙宏丽的琴声与变化无穷的旋律。他写道：“嗟姣妙以弘丽，何变态之无穷！”这句话出典在张衡《西京赋》，写的是：“命般尔之巧匠，尽变态乎其中”，意即命令鲁班（公输般）、王尔那样的能工巧匠，使后宫的建筑形态各异变化无穷。把对宫殿建筑群形态的赞美转用于对音乐旋律的赞美，《琴赋》极为典型地体现了古人关于建筑形式美与音乐形式美的共通意识。

三

共通发生的历史背景：礼乐场所与乐仪训练

（一）礼乐文化作为历史背景

关于建筑与音乐的形式美，历史上为什么会有如此突出的共通用辞出现呢？这主要应归因于肇自远古、兴于周代的礼乐文化影响。[①]

礼乐起源可追溯到远古社会钟鸣鼎食的巫祀歌舞——乐用以歌舞娱神，此所谓“钟鸣”；礼用以供物奉神，此所谓“鼎食”。[②]至西周时，逐渐发展出成熟的礼乐文化，系统渗透到贵族生活中，用以规范上层阶级的各种活动。乐在社会方面被竭力推行，视为生活要素之一；在教育方面被竭力提倡，为人生修养不可缺少。[③]具体针对建筑与音乐而言，一方面，在建筑场所中，往往有音乐与之相伴，建筑与音乐由此同时成为审美对象；另一方面，作为审美主体的人——国子、学士和平民，则通过长期乐教，学会在建筑场所中表现得体，由此养成建筑与音乐相通的审美评判标准。

② 杨华．先秦礼乐文化 [M]. 武汉：湖北教育出版社，1997：11-47“礼乐文化的原始形态”.

③ 杨荫浏．中国音乐史纲 [M]. 台北：乐韵出版社，1996：18，40.

① 从礼乐文化的影响探讨中国古代建筑和园林思想，可参见天津大学的如下研究成果：

· 王蔚．不同自然观下的建筑场所艺术：中西传统建筑文化比较 [M]. 天津：天津大学出版社，2004.

· 王其亨，刘彤彤．情深而文明，气盛而化神——试论“乐”与中国古典园林 [J]. 规划师，1997，1：38-41.

· 王其亨．官嵬．礼乐复合的居住图式 [J]. 规划师，1997（3）：19-23.

相关的天津大学学位论文：

· 官嵬．松桧阴森绿映筵，可知凤阙有壶天：清代皇家园林内廷园林研究 [D]. 天津：天津大学，1996.

· 王蔚．不同自然观下的建筑场所艺术：中西传统建筑文化比较 [D]. 天津：天津大学，1996.

· 赵春兰．周裨瀛海诚旷哉，昆仑方壶缩地来：乾隆造园思想研究 [D]. 天津：天津大学，1998.

· 刘彤彤．问渠哪得清如许，为有源头活水来：中国古典园林的儒学基因 [D]. 天津：天津大学，1999.

· 苏怡．平地起蓬瀛，城市而林壑：清代皇家园林与北京城市生态研究 [D]. 天津：天津大学，2001.

· 吴莉萍．中国古典园林的滥觞——先秦园林探析 [D]. 天津：天津大学，2003.

· 庄岳．数典宁须述古则，行时偶以志今游：中国古代园林创作的解释学传统 [D]. 天津：天津大学，2006.

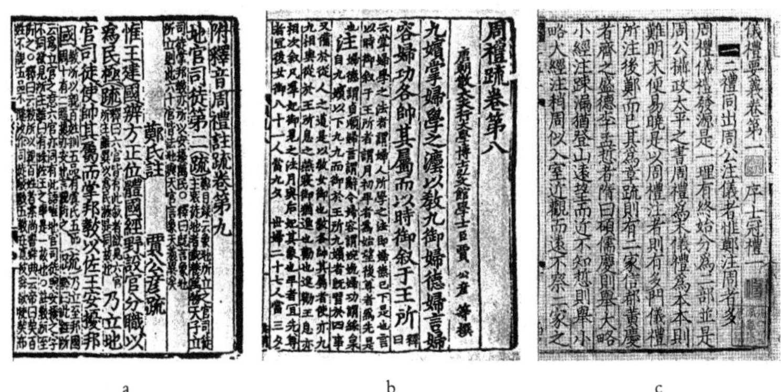

a　　b　　c

图 2-9
“三礼”传世版本：
a. 附释音《周礼注疏》，宋建阳刊、元明修补十行本；b.《周礼疏》，南宋初年两浙东路茶盐司刊、南宋中叶暨元明递修本；c.《仪礼要义》，宋淳祐十二年魏克愚徽州刊本。台北故宫博物院藏

推行和提倡礼乐文化，离不开有效的制度和机构颁布与礼典相偕配的乐、舞以及规定乐教的内容。相关的记载除见于《诗经》、《左传》、《国语》所述的一些史实外，更大量、全面地见于“三礼”——即《周礼》、《仪礼》和《礼记》，其用笔各有侧重。

1.《周礼》(图 2-9a、图 2-9b）中的《大司乐》一篇，系统记载了周代的音乐机构和乐舞制度，明代朱载堉更认为,《大司乐》篇就是古代佚亡的《乐经》,“乐经未尝亡也”(朱载堉《乐律全书·乐学新说》)。①

2.《仪礼》(图 2-9c）一书共十七卷，涉及的是除祭礼以外周代宗族内部的日常礼典，如冠、婚、丧、乡、射，等等，其中乡饮酒礼、乡射礼、燕礼、大射仪等四卷详细描述了礼典中的用乐。

3.《礼记》重在解经，除有《乐记》通篇论乐外，在若干篇目中也散见关于用乐的阐释。

① 另参见：陈万鼐．中国上古时期的音乐制度——试释《古乐经》的涵义 [J]. 东吴文史学报 No.4. 1982（4）: 35-70.

“三礼”所叙情况为一种经儒家整理后的理想的礼乐状态，音乐史家杨荫浏将其概括为：“礼与乐密切相关而不能分立。儒家所想象的周代的制度，是与这种思想相合的。理想的礼，似乎是充满乐的空气的礼；理想的乐，也似乎是适合着礼的形式的乐。”① 一方面，经学著作这种理想化的记载湮没了礼乐在历史上的进化轨迹，实际上，根据出土青铜器的铭文记载来分析，周代礼乐制度是在西周中期以后，逐步系统涉及贵族生活的各个方面的。② 另一方面，“三礼”的文字也并非脱离历史实情，至少在西周中期至春秋中叶，礼乐典章发展到完备而鼎盛的阶段，此时贵族生活中应用礼乐的情况是基本符合“三礼”描述的。③

① 杨荫浏．中国音乐史纲 [M]. 台北：乐韵出版社，1996：18.

② 刘雨．西周金文中的“周礼”[J]. 燕京学报，1997（新 3 期）：62-78.

（二）礼乐机构与乐教内容

《周礼》原名《周官》，全书分天官、地官、春官、夏官、秋官、冬官六篇，即分别描述周室的六种职官部门。“春官”为专管礼乐的部门，由大宗伯 1 人负责，以下设大司乐机构，即国家音乐机构。这一机构规模庞大，职位繁多，见“表 2-2”所列，若按在机构中从事的工作来分，可概分为四大类。④

③ 礼乐兴盛期的年代划定，参见：杨华．先秦礼乐文化 [M]. 武汉：湖北教育出版社，1997：60-68“关于制礼作乐的时间考察”.

④ 本表在陈万鼐研究表格基础上改动完成。陈万鼐将瞽矇、视瞭归为官，但本书认为，因《周礼》未明示其对应何等贵族级别，且人数众多，故应将其单列。对各职位的含义和职能解释，除《周礼·春官宗伯》外，参见：陈万鼐．中国上古时期的音乐制度——试释《古乐经》的涵义 [J]；陈万鼐．雍穆和平——西周时期的音乐文化 [J]. 故宫文物月刊，1990，(86)：20-36.

周代官方礼乐机构人员设置 表 2-2

分组	中大夫	下大夫	上士	中士	下士	府	史	胥	徒	其他
教师 官 42 工 146	大司乐 2 人	乐师 4 人	乐师 8 人		乐师 16 人	府 4 人	史 8 人	胥 8 人	徒 80 人	
				大胥 4 人	小胥 8 人	府 2 人	史 4 人		徒 40 人	
技师 官 6 工 144 盲 600		大师 2 人	小师 4 人			府 4 人	史 8 人	胥 12 人	徒 120 人	上瞽 40 人 中瞽 100 人 下瞽 160 人 视瞭 300 人
乐舞师 官 58 工 327 舞 16+				典同 2 人		府 1 人	史 1 人	胥 2 人	徒 20 人	
乐舞师 官 58 工 327 舞 16+				磬师 4 人	磬师 8 人	府 4 人	史 2 人	胥 4 人	徒 40 人	
				钟师 4 人	钟师 8 人	府 2 人	史 2 人	胥 6 人	徒 60 人	
				笙师 2 人	笙师 4 人	府 2 人	史 2 人	胥 1 人	徒 10 人	
				镈师 2 人	镈师 4 人	府 2 人	史 2 人	胥 2 人	徒 20 人	
					韎师 2 人	府 1 人	史 1 人		徒 40 人	舞者 16 人
					旄人 4 人	府 2 人	史 2 人	胥 2 人	徒 20 人	舞者众寡 无数
				籥师 4 人		府 2 人	史 2 人	胥 2 人	徒 20 人	
				籥章 2 人	籥章 4 人	府 1 人	史 1 人	胥 2 人	徒 20 人	
					鞮鞻氏 4 人	府 1 人	史 1 人	胥 2 人	徒 20 人	
管理师 官 6 工 118					典庸器 4 人	府 4 人	史 2 人	胥 8 人	徒 80 人	
					司干 2 人	府 2 人	史 2 人		徒 20 人	
小计	2 人	6 人	12 人	24 人	68 人	34 人	40 人	51 人	610 人	616 人
合计	官 112 人，工 735 人，其他至少 616 人，共 1463 人以上									

（1）教师负责对“国子”（贵族子弟）和“学士”（民间优异子弟）进行音乐教育；

（2）技师负责训练音乐技术人员及歌唱、诵诗，为宫廷乐队中的骨干；

（3）乐舞师负责制造乐器，演奏乐器，跳雅、俗、夷各种舞，为宫廷乐队的主力；

（4）管理师负责掌管乐器、舞器。

可见大司乐机构并非单一的宫廷乐队编制，这一机构除训练音乐技术人员以服务于宫廷礼乐外，同时也掌管国家教育，培育国家统治所需的未来人才。大司乐既是乐官之首，同时兼掌学政，即如前引王国维《孔子之美育主义》所称“大学之事，董于乐正[①]”；而溯其前身，则有“胄子之教，典于后夔”（图 2-10a）。这种音乐与学政的密切结合，也照应了传统的“审音知政”理念（图 2-10b），见《尚书·益稷》，帝舜有言“予欲闻六律、五声、八音，在治忽，以出纳五言，汝听”，即要从音乐中听出政治的得失。

以今而言，大司乐乃兼行文化部长与教育部长兼国立大学校长的职能。[②] 在教学职位方面，由大司乐、乐师“顺先王礼、乐、《诗》、《书》”四门学术来教育学生。[③] 大司乐教贵族子弟乐德、乐语、乐舞（大舞）；乐师“掌国学之政”，教贵族子弟小舞和乐仪；大胥教民间优异子弟学舞、乐。又由大司乐教舞干戚、合语辞令，乐师（大胥为助教）教干舞[④]，籥师（籥师丞为助教）教戈舞，大胥教鼓乐，大师教诵诗和弹琴。

①《周礼·春官宗伯·大司乐》曰：“大司乐掌成均之法，以治建国之学政，而合国之子弟焉。”“成均”本指音律乐调，又指天子大学之南学。又按《礼记·王制》，由大乐正为乐官之长，总管学政，清人孙诒让以大司乐即《礼记》大乐正，本文从其说。《礼记》以大乐正、小乐正、大胥、小胥为负责乐政之官，若与《周礼》官制对照，似可将大司乐对应大乐正，乐师对应小乐正。下文概取《周礼》官制名称。

② 一个有意思的跨文化类比是法国当代教育体系，虽然大部分高等院校由教育部下辖，但包括建筑在内的诸艺术院校却划归文化部管理。或可说，法国的艺术院校同时体现有文化与教育方面的职能。

③《礼记·王制》：“王大子、王子、群后之大子、卿大夫元士之嫡子、国之俊选，皆造焉。”本段涉及《礼记》“大乐正”“小乐正”，均以《周礼》大司乐、乐师替换之，下同。

④ 按《春官宗伯》“乐师……以教国子小舞。凡舞，有……干舞”，正与《文王世子》“小乐正学干”相合。

a

b

图 2-10
《尚书》中的乐教：
a.“后夔典乐”；b.“审音知政”，审音者为帝舜、大禹与夔。清光绪三十一年（1905 年）《钦定书经图说》

图 2-11
战国嵌错纹铜壶（展开纹样），成都百花潭中学 10 号墓出土

在督学职位方面，大胥、小胥负责征召民间优异子弟入学，小胥负责对他们的日常惩戒，“觵其不敬者，巡舞列而挞其怠慢者”（《周礼·春官宗伯》）。将要毕业时，小胥、大胥、乐师将不遵循教导的子弟报告大司乐，由大司乐报告给王，对这些子弟重新教化，若仍不改则严惩之；大司乐又将子弟中优秀者报告给王，称为“进士”，下一步视其能力提拔之。

要之，即如清代学者俞正燮所概言：“大司乐、乐师、大胥、小胥皆主学。”① 除了大司乐机构的教育外，还另设有保氏，“养国子以道。乃教之六艺：一曰五礼，二曰六乐，三曰五射，四曰五驭，五曰六书，六曰九数”（《周礼·地官司徒》）。② 即对贵族子弟还有专门的“六艺”教育，以礼乐与射御互为表里。例如 1965 年四川成都百花潭中学战国墓出土的嵌错纹铜壶（图 2-11）将宴乐（第二层右组）与习射（第一层左组、第二层左组）、攻战（第三层）图像编织在一起，可视为礼乐与射御相结合的观念之具象体现。

礼乐以音乐教育为主，自不待言；射（射箭）、御（驾车）为古代作战的基本技能，士兵结阵进退，一击一伐，都以金鼓为节，所谓“存亡死生，在枹之端”（《尉缭子·兵令上》），全凭音乐来指挥军队。因而俞正燮感言曰：“通检三代以上书，乐之外无所谓学。”③

按《春官宗伯·大司乐》记载，周代官学“乐教”内容可概分为乐德、乐语、乐舞。

1. 乐德有六：“中、和、祗、庸、孝、友”，即通过乐的感染力，塑就自身性情，善待父母朋友。

2. 乐语有六：“兴、道、讽、诵、言、语”，即学会运用诗歌酬唱应答的能力，这在周代上层阶级许多礼仪、娱乐活动中必不可少，所谓“不学诗，无以言”（《论语·季氏》）。

3. 乐舞则有六大舞（《云门》《咸池》《大韶》《大夏》《大濩》《大武》，图 2-12）、小舞、干舞、戈舞，等等。既有让学子养成得体容貌威仪的作用，又让学子在演练史诗性乐舞的过程中学习

① 俞正燮（1775—1840 年）. 癸巳存稿 [M]. 沈阳：辽宁教育出版社，2003：65.“君子小人学道是弦歌义”.

② 又见《礼记·文王世子》：“凡三王教世子必以礼乐。乐，所以修内也；礼，所以修外也。……入则有保，出则有师。……保也者，慎其身以辅翼之而归诸道者也。”

③ 俞正燮 . 癸巳存稿 [M]. 沈阳：辽宁教育出版社，2003：65.

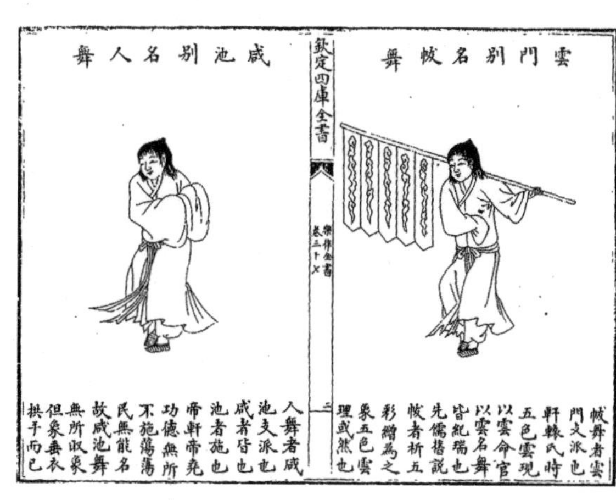

雲門別名帔舞

帔舞者雲門文派也軒轅氏時五色雲現以雲命官以雲名舞皆紀瑞也先儒舊說帔者析五彩繒爲之象五色雲理或然也

咸池別名人舞

人舞者咸池支派也咸者皆也池者施也帝軒帝堯功德無所不施蕩蕩民無能名故咸池舞無所取象但象舞衣拱手而已

欽定四庫全書　樂律全書　卷三十七

b　a

大韶別名皇舞

皇舞者簫韶支派也舜時鳳皇來儀乃作簫象鳳翼執簫以舞故曰皇舞左傳季札觀舞韶箾即此舞也皇古凰字箾古簫字

大夏別名羽舞

羽舞者大夏支派也書曰羽畎夏翟記曰夏籥序興籥翟皆以夏爲名者以舞大夏所執故也詩曰左手執籥右手秉翟是也

欽定四庫全書　樂律全書　卷三十七

d　c

大濩別名旄舞

旄舞者大濩支派也持旄以舞蓋象成湯東征西怨南征北怨救護萬民故名曰濩樂記曰干戚羽旄謂之樂旄即此舞是也

大武別名干舞

干舞者大武支派也古之天子朱干玉戚以舞大武諸侯已下非謂不敢舞干戚也但不敢以朱玉爲飾耳用黑漆爲飾可也

欽定四庫全書　樂律全書　卷三十七

f　e

图 2-12
六大舞：
a.《云门》; b.《咸池》; c.《大韶》; d.《大夏》; e.《大濩》; f.《大武》。朱载堉《乐律全书》卷三十七

历史知识和培养民族文化意识。

在整个乐教过程中，注重按不同年龄段学生的学习能力来安排教学进度。把《勺》《象》《大夏》三套乐舞按先易后难，分在13、15、20岁三个年龄段传授。[①] 各阶段安排的教师也不同，乐师教小舞，大司乐教大舞。而《鹿鸣》《四牡》《皇皇者华》三首乐诗作为对技术要求最高的"升歌"表演，要放在大学阶段才学。[②]

另一方面，注意按不同季节时段安排不同的教学内容——"必时"。相关记载甚多，如"春夏学干戈，秋冬学羽籥……春诵，夏弦，……秋学礼，……冬读《书》"(《礼记·文王世子》)，"春秋教以礼乐，冬夏教以《诗》《书》"(《礼记·王制》)，等等。又据《周礼·春官宗伯》，大胥负责安排民间优异子弟"春，入学，舍采，合舞。秋，颁学，合声"。按"舍采"也作释菜，为敬师道之礼，是以植物幼苗作为"符箓"，昭示新生。再据《礼记·月令》更详细的规定，春天第一月（孟春）乐正（即大司乐与乐师）到太学里教学生练习乐舞，第二月上旬（仲春上丁）乐正自己练习乐舞，同月中旬（仲春仲丁）乐正又到太学里教学生练习乐舞。作为汇报成果，在春天第三月底（季春之末）"择吉日，大合乐，天子乃率三公、九卿、诸侯、大夫亲往视之"。秋天第三月（季秋）乐正到太学里教学生练习吹奏乐器。作为年终汇报成果，冬天第三月(季冬)，"乐师大合吹而罢"。以上各记载中的教学时序互有出入，这应是周代数百年学校教育内容发展变动所带来的结果。[③]

① 《礼记·内则》:"十有三年，学乐，诵《诗》，舞《勺》；成童，舞《象》，学射御；二十而冠，始学礼，可以衣裘帛，舞《大夏》。"按十五岁谓"成童"，故孔子说"吾十有五而志于学"(《论语·为政》)。

②《礼记·学记》:"大学始教，皮弁祭菜，示敬道也；《宵雅》肄三，官其始也。"

③ 相关研究分析见：杨荫浏．中国音乐史纲[M]. 1996: 41；吴莉萍．中国古典园林的滥觞——先秦园林探析[D]. 天津：天津大学，2003: 51-65.

（三）礼乐场所：建筑与音乐相伴

关于建筑场所与音乐相伴的历史情形，以《诗经》所述史实较古，诗句所绘形象也颇鲜活。以下介绍其中三首。

1.“大雅”之《緜》

这首颂诗讴歌了周室先祖亶父率族迁居岐山后经营都城宫室的辉煌业绩，其中详细描绘营建宗庙的段落如下：

乃召司空，乃召司徒，俾立室家。

其绳则直，缩版以载，作庙翼翼。

捄之陾陾，度之薨薨，

筑之登登，削屡冯冯，

百堵皆兴，鼛鼓弗胜。

乃立皋门，皋门有伉。

乃立应门，应门将将。

乃立冢土，戎丑攸行。

这段话中传递了很多建筑信息。比如，它反映了古代工官制度中的“司空”“司徒”等职；它揭示出古人思维中对墙与门的看重；“翼翼”“将将”等则抒发了人们对建筑艺术的审美意向。不过，尚有一条涉及音乐的诗句——“百堵皆兴，鼛鼓弗胜”，不甚明显地居于段落中。按字面理解，当工匠热火朝天地筑起墙堵的时候（图 2-13），乒乒乓乓的声音甚至盖过了鼛鼓（一种大鼓）（图 2-14）的鸣响。此处的“鼛鼓”似乎不单纯为修辞，而很可能是营建场景中实际存在的，那它是做什么用的呢？在以往研究中，英国科学史家李约瑟曾对此句有一注释，认为大鼓是用来设定营建工作进程之节奏的。① 倘若此说成立，则这种在乐声中墙堵渐次筑成的场面，就颇像前章提及希腊神话故事中的安菲翁以琴歌引导石块自行叠成城墙。

① Sir Joseph Needham. *Science and Civilisation in China*, Vol. 4, Physics and Physical Technology, Part III, Civil Engineering and Nautics (d) Building Technology[M]. London: Cambridge University Press, 1971: 124.

2.“大雅”之《灵台》

这首颂诗描述的是周文王建成灵台，游赏奏乐的情形：

经始灵台，经之营之。

庶民攻之，不日成之。

经始勿亟，庶民子来。

王在灵囿，麀鹿攸伏，

a

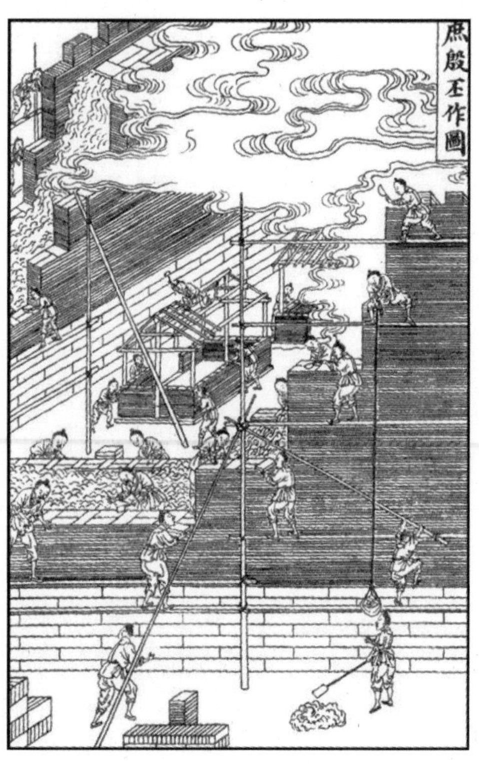

b

图 2-13
古代的营造工程场景：
a.“洛汭成位”；b.“庶殿丕作”清光绪《钦定书经图说》

a

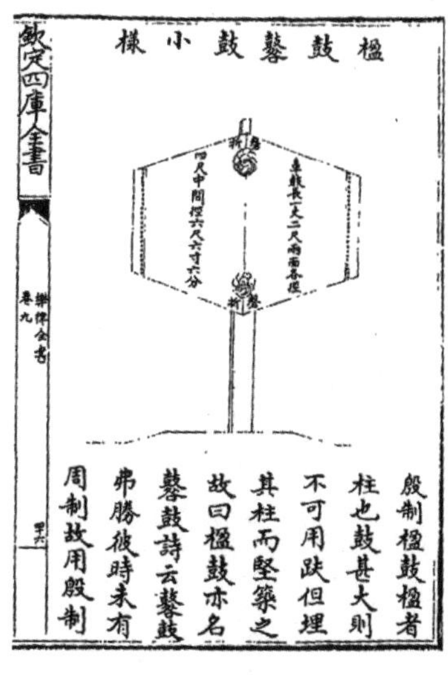

欽定四庫全書

楹鼓鼛鼓小樣

鼓長一丈二尺兩面各徑四尺中間徑六尺六寸六分

殷制楹鼓楹者柱也鼓甚大則不可用趺但埋其柱而堅築之故曰楹鼓亦名鼛鼓詩云鼛鼓弗勝彼時未有周制故用殷制

樂律全書 卷九

b

	甲骨文	铜器铭文	简书刻辞类	秦篆
鼓				

c

图 2-14
鼓的意象：
a. 建鼓舞，山东沂南北寨出土汉画像石；
b. 楹鼓鼛鼓小样，朱载堉《乐律全书》卷十二；c.“鼓”的古文字

麀鹿濯濯，白鸟翯翯。

王在灵沼，于牣鱼跃。

虡业维枞，贲鼓维镛。

于论鼓钟，于乐辟雍。

于论鼓钟，于乐辟雍。

鼍鼓逢逢，矇瞍奏公。

灵台指高地上的建筑，灵囿指有鸟兽集居的园林，灵沼指四周环绕的水池，这些既都是早期的园林形式，同时也构成周代的教育场所。① 在这一场所中，设有热闹的鼓乐。虡、业是悬挂乐器的横竖木架，矇瞍指盲人乐师。钟鼓齐鸣构成了音乐之“乐”（图 2-15）；连同有鹿有鸟有鱼、充满一派生机活力的园林景象，又构成了欢乐之“乐”（图 2-11）。

3.“周颂”之《有瞽》

这首颂诗描写了周王室祭祀时奏乐的宏大场面，它是《诗经》中少有的一篇纯描写奏乐场面的诗②，全诗如下：

有瞽有瞽，在周之庭。

设业设虡，崇牙树羽，

应田县鼓，鞉磬柷圉。

既备乃奏。箫管备举。

喤喤厥声，肃雝和鸣，先祖是听。

我客戾止，永观厥成。

“瞽”与《灵台》诗中“矇瞍”意同,均指盲人乐师；前面《緜》诗中的“鼛鼓”即盲人敲奏的大鼓。业、虡为乐器架，牙、羽为乐器架的装饰（图 2-16）。应、田、鞉为各种鼓，柷、圉（又作“敔”）为示意乐声起止的打击乐器，此外还有箫、管等吹奏乐器，整套乐器都亮相在建筑庭院中（图 2-17）。③

① 参见：吴莉萍．中国古典园林的滥觞——先秦园林探析 [M]. 天津：天津大学，2003：57.

②《诗经·周颂》中还有一首《执竞》写到作乐场景：“钟鼓喤喤，磬筦将将，降福穰穰，降福简简。”

③ 这可对应于《周礼·春官宗伯》所载“瞽矇掌播鼗、柷、敔、埙、箫管、弦歌”。关于乐器陈设的空间意象，将在后章继续阐发。

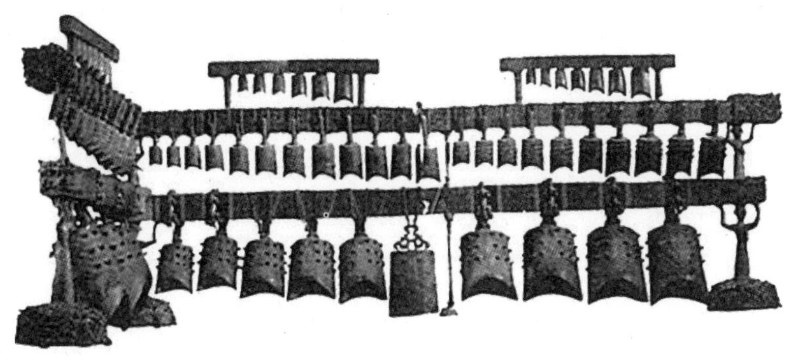

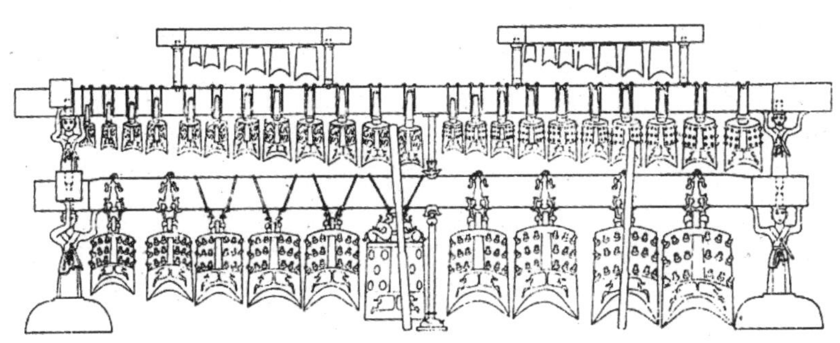

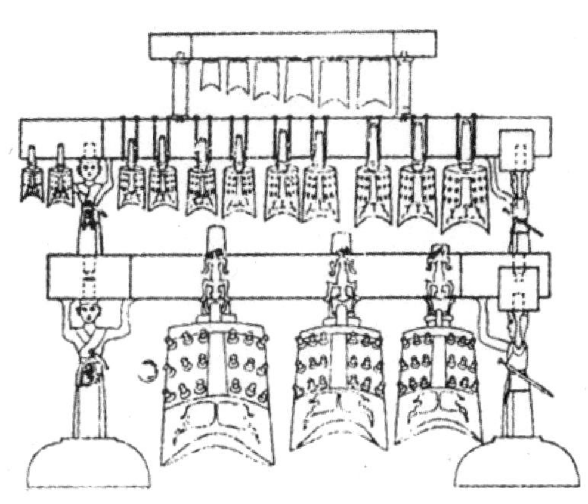

图 2-15
湖北随县曾侯乙墓出土战国编钟，实景与展开图

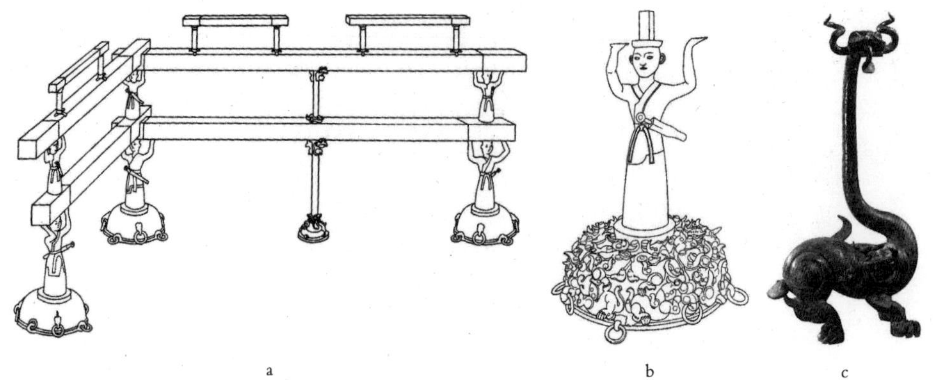

a　　b　　c

图 2-16
曾侯乙墓出土战国编钟
a. 编钟筍虡；b. 钟虡青铜武士；c. 青铜磬架座装饰

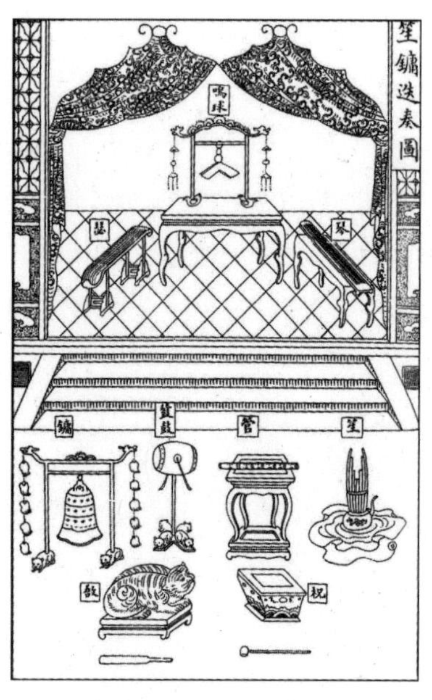

图 2-17
“笙镛迭奏”，清光绪《钦定书经图说》

图 2-18
“皇受育民”，清光绪《钦定书经图说》

按以上三首颂诗所载，音乐在宗庙、园林中均为不可缺少的构成要素。由于周代的宗庙、园林亦为教育场所，因此这里再对教育场所中分布的音乐作一通述。周代的教育场所以中央官学规模最为庞大，有五学之称，即中“辟雍”（环水而建，又称太学，图 2-18）、南“成均”、北“上庠”、东“东序”、西“瞽宗”。①前小节已述不同季节安排有不同的乐教内容，类似地，这些内容也分散在五学中进行。②

辟雍居中，为意义极其重大的活动场所，安排有天子为政、为学、游乐等众多功能。这一建筑场所中乐声不辍，即如前引《灵台》所述，“于乐辟雍”。在辟雍举行的献俘庆功礼上，又有恺乐、恺歌。③又见《礼记·月令》规定，乐正（即大司乐与乐师）一年中有三次要入太学（即辟雍）教学生吹奏乐器、练习乐舞，分别在春天第一月（孟春）、第二月中旬（仲春仲丁）、秋天第三月（季秋）。

东序在东，是学习音乐的主要场所，大学开学时即在这里用“释菜”乐舞祭先师。学子“春夏学干戈，秋冬学羽籥……春诵，夏弦……舞干戚，语说，命乞言”（《礼记·文王世子》），以及由大司乐、乐师、大胥、籥师、籥师丞、大师等传授这些乐礼，都是在东序。东序又为养老之处，天子来此视察之礼亦当用乐。④

① 诸侯则只设大学一学，曰“泮宫”，学宫只有南面的一半环水，北边一半无水，以示等级低于“辟雍”。

② 对五学的功能详解，参见：吴莉萍．中国古典园林的滥觞——先秦园林探析 [D]. 天津：天津大学，2003：55-65.

③《左传·僖公二十八年》记载城濮之战晋国获胜后，“振旅恺以入于晋，献俘授馘，饮至大赏”。“恺”通“岂”，《说文》：“岂，还师振旅乐也。”

④《礼记·文王世子》：“天子视学，大昕鼓征，所以警众也。众至，然后天子至。乃命有司行事。兴秩节，祭先师先圣焉。有司卒事，反命。始之养也：适东序，释奠于先老，遂设三老五更群老之席位焉。适馔省醴，养老之珍，具；遂发咏焉，退修之以孝养也。反，登歌清庙，既歌而语，以成之也。言父子、君臣、长幼之道，合德音之致，礼之大者也。下管《象》，舞《大武》。大合众以事，达有神，兴有德也。正君臣之位、贵贱之等焉，而上下之义行矣。有司告以乐阕，王乃命公侯伯子男及群吏曰：‘反！养老幼于东序。’终之以仁也。”

成均在南，按“成均”本指音律乐调，场所与音乐的关联自不待言。史载大司乐总五学之教，而教乐德、乐语、乐舞，都必在成均，以此处地位之尊仅次于辟雍。①

瞽宗在西，“瞽”即盲人乐师，从命名即可知场所亦与音乐有关。按《周礼》记载，大司乐死后被奉为“乐祖”，祀于瞽宗。②瞽宗为秋天学礼之处。

上庠在北，为冬天学习《尚书》之处。③

综上，在五学中除“上庠”外，其余四处场所都与音乐有明显关联。建筑与音乐长期相伴的局面，使两者往往同时成为审美对象，就像前引《诗经》多首颂诗中表现出的那样。如此一来，也就易于产生描述建筑与音乐的相似用辞了。

（四）进退有节：建筑场所中的乐仪训练

在乐教中，乐官还特别注重训练学子在建筑场所的行趋、登车，要求进退得体，与音乐节奏相谐配。经由这种乐仪训练，建筑与音乐的共通审美被更紧密地结合在一起。“三礼”原典中有如下规定：

> 乐师：掌国学之政，以教国子小舞。……教乐仪，行以《肆夏》，趋以《采荠》，车亦如之，环拜以钟鼓为节。（《周礼·春官宗伯》）
>
> 大驭：凡驭路，行以《肆夏》，趋以《采荠》。凡驭路仪，以鸾和为节。（《周礼·夏官司马》）
>
> 趋以《采荠》，行以《肆夏》，周还中规，折还中矩，进则揖之，退则扬之，然后玉锵鸣也。故君子在车，则闻鸾和之声，行则鸣佩玉，是以非辟之心，无自入也。（《礼记·玉藻》）

①《周礼正义》卷四十二：“金鹗云，‘五学以辟雍居中，为最尊，成均在南，亦尊。承师问道，必在辟雍，辟雍之尊可知。大司乐总五学之教，而教乐德、乐语、乐舞，必于成均，成均之尊亦可知。故统五学可名为辟雍，亦统五学可名为成均。’”另见韩国史例，高丽王朝忠宣王（1308—1313年）时，据《周礼》“大司乐掌成均之法，以治建国之学政”，将都城文庙与国子监统称为“成均馆”，其名沿用至今。

②《周礼·春官宗伯》：“大司乐：……死则以为乐祖，祭于瞽宗。”

③ 瞽宗、上庠两处场所的学习功能据《礼记·文王世子》载：“瞽宗秋学礼，执礼者诏之；冬读书，典书者诏之。礼在瞽宗，书在上庠。”

对此几句，历代的注解甚多甚详，在此不必一一列陈，可择其要义剖析。

第一，《肆夏》《采荠》各为诗乐，前者节奏舒缓，后者轻快。

第二，在乐教中，由乐师训练国子们踏着《肆夏》的节奏慢步走（“行”），踏着《采荠》的节奏快步走（“趋”）；国子们的拜仪，是由乐师敲钟打鼓来控制节奏，所谓“鼓以作之，钟以止之，作止应于钟鼓，则其仪不忒矣”（元代陈友仁辑《周礼集说》卷五）（图 2-19）。

第三，在乐教的另一项训练中，由大驭（亦即前文提到的“保氏”）教国子“五驭”，务使车子行驶的速率也切合《肆夏》《采荠》的节奏。车、马上系有铃，行驶时，衡（车辕前端的横木）上鸾鸣，轼（设在车厢前面供人凭倚的横木）上和应（图 2-20），“一唱一应，一徐一疾，皆秩然而不紊”（南宋王与之《周礼订义》卷五十四）。

第四，“君子”在出行时，身上要佩玉（图 2-21），行走时佩的这些玉相碰，发出锵锵的鸣响。经由乐师的乐教训练，无论有无乐曲响起，人在慢走与快走时，都自觉地遵照《肆夏》《采荠》的节奏。前进时步伐快，这时用手将佩玉撮拢，使其相碰节奏加快，符合《采荠》的节奏；后退时步伐慢，这时用手将佩玉扬开，使其相碰节奏减慢，符合《肆夏》的节奏。佩玉就像随身携带的小型乐器——仿佛现代通勤族上下班路途上的“随身听”。《礼记·曲礼下》将以下三句话并置：“君无故玉不去身；大夫无故不彻县，士无故不彻琴瑟”，正是将玉视同乐器的理念之体现。

第五，在音乐节奏下，人行走时而像圆规画圆圈，时而像矩尺画折线。又见孔子云：“行中规，还中矩，和鸾中《采荠》。”（《礼记·仲尼燕居》）这里可对“规矩”在中华文化中的意象稍加阐发。

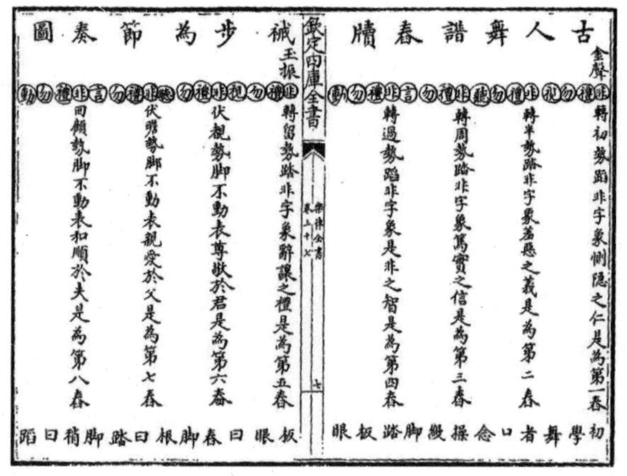

欽定四庫全書

古人舞譜春牘裓步為節奏圖

金聲　玉振

非禮勿視　非禮勿聽　非禮勿言　非禮勿動

轉初勢蹈非字象惻隱之仁是為第一春

轉半勢踏非字象羞惡之義是為第二春

轉周勢踏非字象篤實之信是為第三春

轉過勢蹈非字象是非之智是為第四春

初學舞者口念操縱脚踏板眼

非禮勿視　非禮勿聽　非禮勿言　非禮勿動

轉留勢踏非字象辭讓之禮是為第五春

伏覩勢脚不動表尊敬於君是為第六春

伏睇勢脚不動表親愛於父是為第七春

回顧勢脚不動表和順於夫是為第八春

板眼曰春脚根曰踏脚稍曰蹈

樂律全書　卷三十七　七

a

b

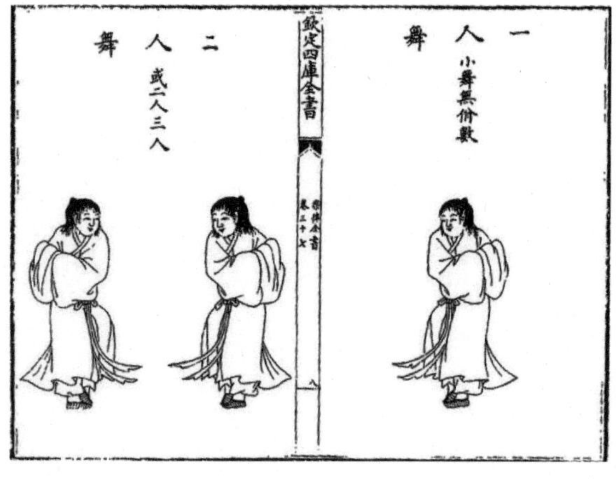

c

图 2-19
乐舞步伐说明：
a.“古人舞谱春牍裓步为节奏图”；b、c. 一人舞至四人舞（从右至左）。朱载堉《乐律全书》卷三十七

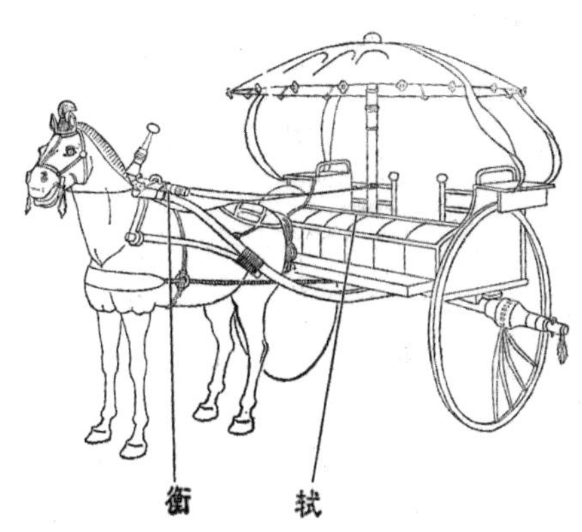

图 2-20
汉代马车的衡与轼

图 2-21
战国玉佩，湖北随县曾侯乙墓出土
a. 四节龙凤玉佩，共雕刻有 7 条卷龙、4 尾凤及 4 条蛇，全长 9.5 厘米，宽 7.2 厘米；
b. 十六节龙凤玉佩，共雕刻有 37 条龙、7 尾凤及 10 条蛇，全长 48 厘米

a

b

c

d

图 2-22
以伏羲、女娲手执规矩为题的古代画像：
a. 山东嘉祥东汉武梁祠画像石，后石室第五室局部；
b. 武梁祠画像石，左石室第四室局部；
c. 天帝与伏羲、女娲山东沂南北寨出土汉画像石；
d. 唐代伏羲女娲麻布画，新疆吐鲁番出土古人用规矩二器制作方圆，其表述略如“轮匠执其规矩，以度天下之方圆”（《墨子》卷七 / 天志上 / 第二十六）；“离娄之明，公输子之巧，不以规矩，不能成方圆”（《孟子》卷四 / 离娄章句上）；“圆者中规，方者中矩”（《荀子》赋篇第二十六）；“方者中矩，圆者中规”（《庄子》徐无鬼第二十四）；“圜者中规，方者中矩”（《周礼·考工记》舆人）。此外还留下了以伏羲、女娲手执规矩为题的大量古代画像实物（图 2-22）。

通过分析古代文献与字源，可以发现规矩与音乐有密切联系，体现在乐器与乐师两方面。按传说，规矩二器为伏羲所制定[①]；可巧的是，琴据说也是伏羲所制（图 2-23）。从这传说中可窥见规矩与乐器之远古渊源，二者同为通神之礼器。又有现代学者周武彦据甲骨文判断，“工”字初义有二，一为匠人所用之矩，一为弦乐器；“巫”字初文为两个“工”字交叉，表象音乐（弦乐器）能通神，与天地沟通。[②] 而由许慎《说文解字》，（1）“巫”字“与工同意”，（2）“工”字释义为“巧饰也，象人有规矩也，与巫同意”，（3）“巨”字释义为“规矩也，从工，象手持之”。可见在上古，执规矩者与奏乐者本系于一身，巫师亦即乐师。

从先秦文献的大量论述可见，规矩与建筑又有不可分割的关系。[③] 墨子说：“轮匠执其规矩，以度天下之方圆”（《墨子》卷七 / 天志上 / 第二十六）；孟子说：“离娄之明，公输子之巧，不以规矩，不能成方圆”（《孟子》卷四 / 离娄章句上），又说“梓匠轮舆，能与人规矩，不能使人巧”（《孟子》卷七 / 尽心章句上）；韩非说：“巧匠目意中绳，然必先以规矩为度”（《韩非子》卷二 / 有度第六），等等。此外另见一说，称规矩为倕所制，“古者倕为规矩，准绳，使天下倣焉”（《尸子》卷下）。汉王符称：“昔倕之巧，目茂圆方，心定平直，又造规、绳、矩、墨，以诲后人。”（《潜夫论》卷一 / 赞学第一）以上诸句中，公输子即鲁班，倕即工垂（图 2-24），合称“班垂”，为中国古代首推的两位建筑哲匠。[④]

① 另一说是规矩为倕所制，详见稍后正文。

② 周武彦．中国古代音乐考释 [M]. 长春：吉林人民出版社，2005：58-64。

③ 以下有关“规矩”的章句都见录于北宋大型类书《太平御览》之“工艺部”，亦可表明规矩为建筑工程之重要基础。

④ 详见：张良皋．匠学七说 [M]. 北京：中国建筑工业出版社，2002：189-199“六说班垂——中国大匠之学的缔造者群”．

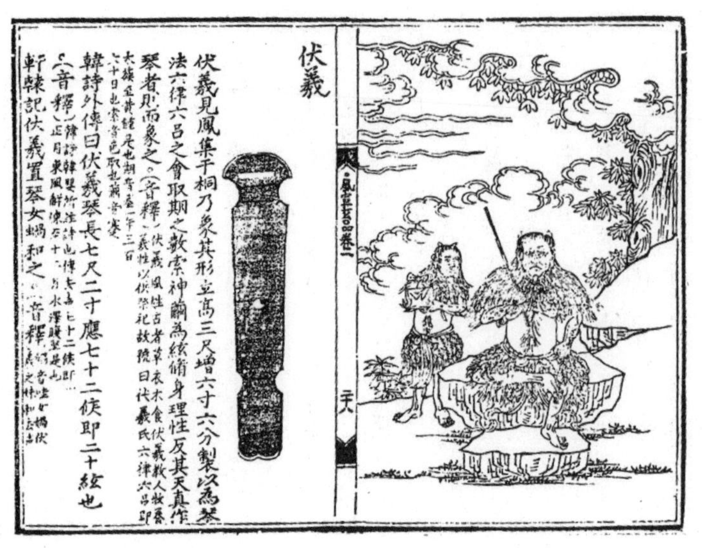

伏羲

伏羲見鳳集于桐乃象其形立高三尺增六寸六分製以為琴法六律六呂之會取期之數索神繭為絃循身理性反其天真作琴者取而象之。（音釋）伏羲 風姓古者草衣木食伏羲教人牧畜義牲以供祭祀故號曰伏羲氏 六律六呂即大簇至黃鐘是也 期音基一年三百六十日也 索音色取也 繭音蹇

韓詩外傳曰伏羲琴長七尺二寸應七十二候即二十絃也（音釋）韓詩韓嬰所注詩也 傳去聲 七十二候即正月東風解凍至十二月水澤腹堅是也

軒轅記伏羲置琴女媧和之（音釋）女媧音哇 女媧伏羲之妹 和去聲

a

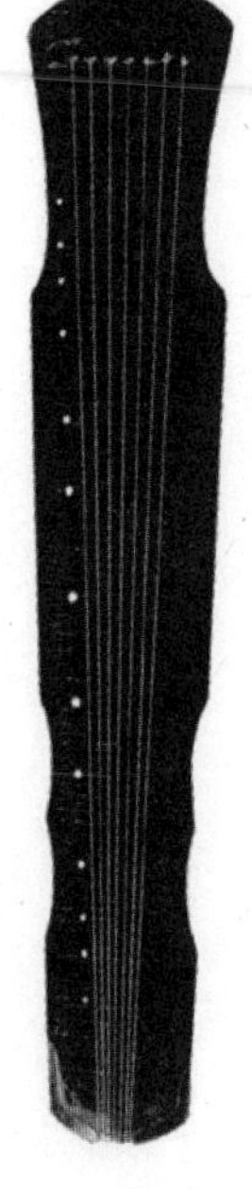

b

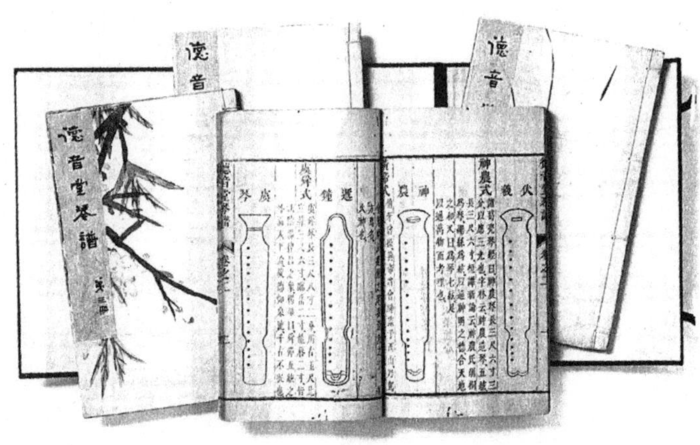

c

图 2-23
琴学著作中的伏羲及以其命名的古琴样式：
a. 琴谱《风宣玄品》(1539 年)；b.“伏羲式”，古琴中很常见的一种样式；c.《德音堂琴谱》(1691 年)，书页右边为“伏羲式”古琴

图 2-24
“垂典百工”，清光绪《钦定书经图说》

要之，建筑营造“必先以规矩为度”，而“小大、短长、高下、出入”等“相济”的音乐无疑是“度”之最佳范式。故而“中规中矩”的建筑空间与《肆夏》《采荠》的节奏正好谐配。经过这番训练，“则王之进退有可观之容，可则之象矣”（陈友仁《周礼集说》卷五）。移动的身姿成为可观赏、可度量的审美对象，既能使“直而不倨，曲而不屈”等音乐听觉体验具象化、视觉化，又能使建筑空间中“远近、高下、出入”等动态意象得以连续显现。顺理成章地，便源源涌现出季札、伍举、晏婴等人的共通用辞。

四

从审美意识的自觉到艺术人生追求

（一）享乐与导节：审美意识的自觉

以上阐述了共通审美兴起的礼乐文化背景。此外还可注意到，季札、伍举、晏婴、单穆公等人的审美论述集中分布在从公元前544年到公元前522年短短20多年。何以如此？结合当时大环境来看，正值春秋后期礼乐制度开始瓦解，出现了“礼崩乐坏”的局面。一方面，各国统治者的享乐之欲日益膨胀；另一方面，接踵有大臣劝导国君追求“和”美、适“度”，由此带来了审美意识的自觉——例如在公元前535年，伍举第一个对美（尤其是建筑美）作出了明确定义；公元前522年，由晏婴首次全面表述了音乐美的诸要素。

这种双面现象，正好照应后世儒家的论断，见诸《礼记·乐记》，称：“君子乐得其道，小人乐得其欲。”以享乐之欲为较低的一层次，导节之道为较高的一层次。两个层次的“乐”又都以音乐为典型代表。

在享乐的层次，尽管可供享受的对象很多（图2-25），包括音乐、诗歌、舞蹈、绘画、雕镂、建筑、仪仗、田猎、肴馔，等等[①]，但往往以音乐打头。其典型的例证，一个是成语“声色犬马”，另一个便是西汉枚乘的赋文《七发》，赋中铺排了音乐、饮食、车马、宫苑游观、田猎、观涛、论道七事，除最后的论道一事为枚乘所肯定的精神追求外，前六事均为作者要批判的享乐。从用语思维来说，均把音乐排在享乐的首位。

在导节的层次，仍以音乐最适于被导入“道”。按照儒家音乐理论，可将对音乐的爱好分为三个层次：声、音、乐。《乐记》谓：“感于物而动，故形于声。声相应，故生变；变成方，谓之音；比音而乐之，及干戚羽旄，谓之乐。”又谓：“声成文，谓之音。”又载子夏将音分为“德音”与“溺音”，以“德音”为乐。按现在的话讲，

① 郭沫若．“公孙尼子与其音乐理论”（1943）．青铜时代[M]．北京：中国人民大学出版社，2005：141.

a

b

c

d

图 2-25
古代的“声色”享乐
a. 田猎，陕西绥德出土；
b. 歌舞与杂技表演，其中下栏两乐师演奏的是琴与箫，许阿瞿祠堂汉画像（公元 170 年）；
c. 宴会典礼上的管弦乐队与杂技表演，山东沂南古墓雕（公元 193 年）；
d. 商纣王“沉湎冒色”，清光绪《钦定书经图说》

"音"是由合乎艺术条件的许多"声"构成,"乐"则是由许多"音"结合成的艺术的体。《乐记》里颇决绝地宣称:"知声而不知音者,禽兽是也;知音而不知乐者,众庶是也。"在这一价值判断之外,儒家还给出了具体的改善办法,也即是提出了艺术形式美的具体要求。

这里不妨引述音乐史家杨荫浏的透辟论述:

> 儒家提倡乐教,是想充分的应付,并且进一步利用声的欲望。而音的物质方面——如高下、轻重、迟速、音色等等——都被用为教育的工具,由音乐中间,选择地表现出来,有意地导节人们的欲望。色的狭义,似乎仅包含颜色和女色二者,但在实际方面,它的广义,却除二者以外,也可包含静的方面的线条、形象,动的方面的进退周旋等等。儒家从色字的广义,提倡礼教,以充分地应付,并且进一步利用色的欲望。而色的物质方面——如颜色、线条、形象、进退、周旋等等——都被用为教育的工具,由车服、宫室、器用、行列、秩序、礼仪等等中间,选择地表现出来,有意地导节人们的欲望。①

① 杨荫浏.中国音乐史纲[M].台北:乐韵出版社,1996:24.

上文列出的"高下、轻重、迟速、音色"与"颜色、线条、形象、进退、周旋",正是季札、伍举、晏婴的审美论述中提到的。为欲望进行导节的过程,实质上也就是审美意识的自觉过程,艺术形式美规律由此得以初步确立。

(二)孔子的乐识与审美观

在古代大思想家中,孔子(公元前551—公元前479年)对音乐有着罕见的挚爱,且精谙于音乐(图2-26、图2-27)。他曾从当时的音乐名家师襄学古琴,由"得其曲"、"得其数"到"得其志"、"得其人",音乐领悟力令师襄大为佩服。② 他积极投入音乐活动,"子与人歌而善,必使反之,而后和之"(《述而》)。③ 哪怕面临厄境,困于陈蔡绝粮多日,他仍"弦歌不绝"(《孔子家语·在厄》)。

②《史记·孔子世家》:"孔子学鼓琴师襄子,十日不进。师襄子曰:'可以益矣。'孔子曰:'丘已习其曲矣,未得其数也。'有间,曰:'已习其数,可以益矣。'孔子曰:'丘未得其志也。'有间,曰:'已习其志,可以益矣。'孔子曰:'丘未得其为人也。'有间,有所穆然深思焉,有所怡然高望而远志焉。曰:'丘得其为人,黯然而黑,几然而长,眼如望羊,如王四国,非文王其谁能为此也!'师襄子辟席再拜,曰:'师盖云《文王操》也。'"

③ 本小节引自《论语》的章句,例如出自《论语·述而》,将略作《述而》,类此下同。

图 2-26
孔子的音乐事迹：学琴师襄（a）；访乐苌弘（b）；昼息鼓琴（c）；瑟儆孺悲（d）；作猗兰操（e）；武城弦歌（f）；杏坛礼乐（g）；琴吟盟坛（h）

a

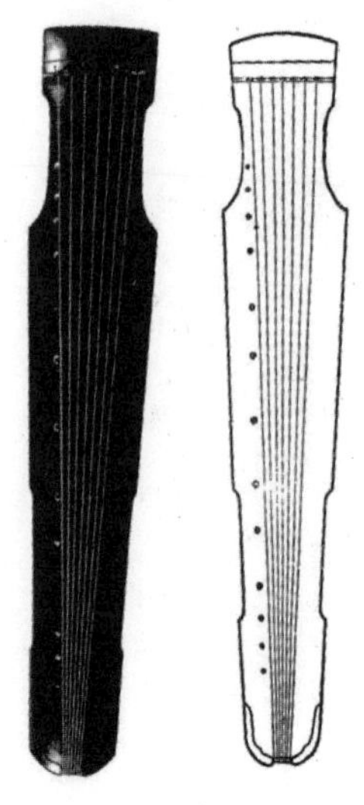

b

图 2-27
琴学著作中的孔子及以其命名的古琴样式：
a. 琴谱集《风宣玄品》（1539 年）；b.“仲尼式”，古琴中最常见的一种样式

孟子曾评价孔子说：“孔子之谓集大成。集大成也者，金声而玉振之也。金声也者，始条理也；玉振之也者，终条理也。”（《孟子·万章下》）可注意到，这一评价完全是一套音乐语汇，把孔子比作一部完备的合奏乐曲，钟鸣标志着合奏开始，磬响标志着合奏告终，各种乐器奏响得井井有条。大概，只有孔子才配得上被看作乐的化身吧！

孔子关于音乐的见解大致可归纳为两方面：

（1）关于音乐本身形式美。

孔子能充分欣赏音乐的妙处，“子在齐闻《韶》，三月不知肉味”（《述而》），而且还能精审地评价音乐妙在何处。如他评价《关雎》一曲“乐而不淫，哀而不伤”（《八佾》）；又评乐师挚演奏的乐曲开头和《关雎》一曲结尾“洋洋乎，盈耳哉”（《泰伯》）；又尝通论音乐之形式美，曰：“乐其可知也：始作，翕如也；从之，纯如也，皦如也，绎如也，以成。”（《八佾》）意即：音乐开始时，必

[让五音或人的各种感受]同时涌现；展开时，充满了应和，纯净明亮，源源不绝，以此而成就。从当代哲学视野析读，这是对“境域”感受的纯描写，乐境中阴阳、彼此的相交构成了更大的意境，令人生的种种感受回荡应和，而不能定于一处，因而能养成人的分寸感和对时机的领会。①

而实际上，孔子曾专门论及“分寸感”：“宫室得其度，量鼎得其象，味得其时，乐得其节，车得其式，……凡众之动得其宜。”（《仲尼燕居》）以“人”的行为恰到好处为要旨。孔子既是这么主张，也是这么身体力行的，见载于《论语·乡党》的一段精彩描述：

> 君召[孔子]使摈，色勃如也，足躩如也。揖所与立，左右手。衣前后，襜如也。趋进，翼如也。宾退，必复命曰：“宾不顾矣。”入公门，鞠躬如也，如不容。立不中门，行不履阈。过位，色勃如也，足躩如也，其言似不足者。摄齐升堂，鞠躬如也，屏气似不息者。出，降一等，逞颜色，怡怡如也。没阶趋，翼如也。复其位，踧踖如也。

以上描述了孔子在建筑空间中一系列充满尺度感、节奏感的活动。躩如，足步盘旋的样子；襜如，摇动而整齐的样子；翼如，如鸟展翅的样子；踧踖，恭敬的样子。② 孔子的步伐时而迅速，时而整齐，时而轻快，时而慎重。尽管在场并未奏《肆夏》《采荠》，也未见得孔子身上有佩玉鸣响，但孔子心中当有丰富的乐感为节，从而在行为上充分展现出“君子”之美，其所谓“喜怒哀乐之未发谓之中，发而皆中节谓之和。”（《礼记·中庸》）

（2）关于乐与礼的关系。

在孔子之前，礼、乐是不分的。自周公“制礼作乐”以来，一直礼乐并称。乐为礼的载体与手段，礼通过不同形式的乐加以固定。乐自身即作为礼的内容之一，乐的施行亦是礼的施行，乐自身的独立性不突显。孔子第一个认识到礼、乐的区别。他提出

① 张祥龙．从现象学到孔夫子[M]．北京：商务印书馆，2001：214，236-238．

② 宗文举．《论语》注译与思想研究[M]．天津：天津人民出版社，1998：82-84．

的“兴于诗，立于礼，成于乐”（《泰伯》），可以看作儒学“礼乐分殊”、乐高于礼的宣言。“成于乐”就是要通过乐的陶冶来造就一个完全的人，以乐为个体精神的最高境界。按照美学家李泽厚的分析，“兴于诗，立于礼，成于乐”应分属三个层次：

> “成于乐”之所以在“兴于诗”（学诗包括有关古典文献、伦理、历史、政治、言语以及各种知识的掌握，和由连类引譬而感发志意）、“立于礼”（对礼仪规范的自觉训练和熟悉）之后，是由于如果“诗”主要给人以语言智慧的启迪感发（“兴”），“礼”给人以外在规范的培育训练（“立”），那么，“乐”便是给人以内在心灵的完成。前者是有关智力结构（理性的内化）和意志结构（理性的凝聚）的构建，后者则是审美结构（理性的积淀）的呈现。不论是智慧、语言、“诗”（智慧通常经过语言而传留和继承），或者是道德、行为、“礼”（道德通常经过行为模式、典范而表达和承继），都还不是人格的最终完成或人生的最高实现。因为它们还有某种外在理性的标准或痕迹。最高（或最后）的人性成熟，只能在审美结构中。①

在这种“立于礼，成于乐”的理想人生中，乐塑成了人的内在本性和个体修养，它就此区别于一般声色物欲，而体现为人生的艺术化、美学化。正如美国比较哲学学者郝大维、安乐哲指出，“要理解孔子哲学中‘乐’的地位，很重要的一点是要懂得，美学的和谐在人们的生活中是无处不在的。”②

① 李泽厚．“华夏美学”．美学三书[M]. 合肥：安徽文艺出版社，1999：263.

②（美）郝大维，安乐哲．孔子哲学思微[M]. 蒋弋为，李志林，译．南京：江苏人民出版社，1996：215.

（三）孔门的乐教：美学秩序与艺术人生

作为中国文化史上最伟大的教育家，孔子全面汲取周的礼乐文明，将乐教予以改造发扬。他说：“周监于二代，郁郁乎文哉，吾从周。”（《论语·八佾》）“文”的本义是纹饰，这里可特指礼乐。孔子办私学，与周代官学一脉相承，以“礼、乐、射、御、书、数”

等“六艺”为教学科目。[①] 按孔子自云：“吾不试，故艺”(《子罕》)，又云：“志于道，据于德，依于仁，游于艺”(《述而》)。他正是以“六艺”来构建美学秩序，培养弟子们掌握其中的规律与技能，从中获得一种自由愉悦的审美感受。

在教学中，孔子格外重视审美表达这方面。他启发弟子注意到，诗、舞、乐与礼仪相结合具有准确的表意功能。孔子对弟子说：“慎听之！汝三人者，吾语汝：……古之君子，不必亲相与言也，以礼乐相示而已。”(《礼记·仲尼燕居》)郝大维、安乐哲等学者指出，孔子将乐视为交流的最根本中介，借此，人们在所处群体遵照的美学秩序下表达自己，从中取得乐趣。[②] 人们从“乐”中汲取意义，又通过“乐”来传达意义，从而使得美学秩序下的表达同时体现出延续性和创造性。[③] 这种表达兼顾新旧、适可而止，亦即孔子说的“乐而不淫，哀而不伤”(《八佾》)和“文质彬彬”(《雍也》)。若言及建筑，所谓“彬彬”也就是文（造型、装饰）与质（材料、结构）的谐和，这正是中国建筑艺术风格的重要特征。

“成于乐”是孔子乐教体系的最终完成阶段，即通过乐的审美情感活动，成就一种乐观愉悦而具有审美意义的精神境界。如孔子与子路谈自己的为人，是“发愤忘食，乐以忘忧，不知老之将至”(《述而》)。又如孔子向诸弟子发问将有何为，惟赞赏曾点回答的“暮春者，春服既成，冠者五六人，童子六七人，浴乎沂，风乎舞雩，咏而归”(《先进》)。这种对“乐”的理解，充满了生趣盎然、天机活泼、俯仰自得的人生审美意趣。

由此，作为审美主体的“人”得以养成。不论审视对象为何，均能自觉以审美意识去把握之。宋儒程颐（1033—1107年）阐释说：“天下无一物无礼乐，且置两只椅子，才不正便是无序，无序便乖，乖便不和。”(《二程集》)正是道出了个中真谛。这种自觉的思维显然会对建筑审美及营造实践时时起到指导作用，使建筑不仅要满足物质性的使用功能，同时也要符合形式美标准，并在更高层次上体现出一定倾向性的思想意识。[④]

① 可观照前引《周礼 · 地官司徒》，保氏一职“养国子以道。乃教之六艺：一曰五礼，二曰六乐，三曰五射，四曰五驭，五曰六书，六曰九数”。

② 在古代，“说”“悦”两字相通，“悦”“乐”同音，可为“乐以表意”说的佐证。

③ 郝大维，安乐哲．孔子哲学思微[M]. 蒋弋为，李志林，译．南京：江苏人民出版社，1996：212-215.

④ 萧默．中国建筑艺术史[M]. 北京：文物出版社，1999：185.

第三章

时空观与五行说

1

2 3

4 5 6

一

以往论述：中国建筑与时间艺术的亲近

中国建筑看重的是沿水平方向的群体组合及由群体围合的庭院空间，这在学界已广为论述，譬如有"水平空间是中国建筑的'基调'"[①]"'群'是中国建筑艺术的灵魂"[②]等精辟的总结。中国建筑这一显著特色造就了它对空间程序组织的讲究，李允鉌《华夏意匠》一书对此有详细的讨论。李允鉌指出，中国建筑的设计注意力正是主要落在"一个总的组织程序"上，"设计创作的意图就是控制人在建筑群中运动（movement）时所感受到的'戏剧性'的效果"。[③] 这与美国著名规划师埃德蒙·培根的看法不谋而合，培根赞叹说："建筑上最宏伟的关于'运动'（movement）的例子就是北京明代皇帝的陵墓。"（图 3-1）[④]

由此出发，李允鉌将中国的建筑艺术与其他艺术门类进行了比较：

> 在西方的艺术观念中，建筑、绘画和雕塑是同一性质的艺术，它们被称为"美术"或者说"造型艺术"（fine art）。在传统的意念中，它们都着重于静止的物形的美的创造。设计一座建筑物和设计一件工艺品在视觉效果的要求上基本上是相同的。但是，中国对建筑艺术的要求却更多地与文学、戏剧和音乐相同。建筑所带来的美的感受并不只限于一瞥间的印象，人在建筑群中运动，在视觉上就会产生一连串不同的印象，从一个封闭的空间走向另一个封闭的空间时，景物就会完全变换。正如文学作品那样一章一节地展开；也正如戏剧那样，一幕一幕地不同；当然也如音乐一样，一个乐章接一个乐章地相继而来。[⑤]

如本文第一章所论，按照西方的本体论艺术分类模式，建筑、绘画、雕塑为空间艺术，音乐、文学为时间艺术，戏剧或归为时

① Sir Joseph Needham（李约瑟）. "The Spirit of Chinese Architecture"（中国建筑的精神），*Science and Civilisation in China*，Vol. 4，Physics and Physical Technology，Part III，Civil Engineering and Nautics（d）Building Technology[M]. London：Cambridge University Press，1971：60-66.

② 萧默 . 中国建筑艺术史 [M]. 北京：文物出版社，1999：1106-1107.

③ 李允鉌 . 华夏意匠：中国古典建筑设计原理分析 [M]. 天津：天津大学出版社，2005：153.

④ Edmund N. Bacon. *Design of Cities*. Rev ed [M]. London：Thames and Hudson. 1974：20；转引自：王其亨主编 . 风水理论研究 [M]. 天津：天津大学出版社，2005：175.

⑤ 李允鉌 . 华夏意匠：中国古典建筑设计原理分析 [M]. 天津：天津大学出版社，2005：154.

a

b

图 3-1
明长陵
a. 建筑群鸟瞰；b. 建筑群空间组合之“过白”，由祾恩门看祾恩殿

空艺术。然而中国建筑艺术的要求却使得它更接近时间艺术，与音乐、文学、戏剧等类似。

同样把中国建筑同其他艺术门类作比较的论述，还可见于梁思成著作。梁先生说：

> 一般地说，一座欧洲建筑，如同欧洲的画一样，是可以一览无遗的；中国的任何一处建筑，都像一幅中国的手卷画，手卷画必须一段段地逐渐展开看过去，不可能同时全部看到。走进一所中国房屋，也只能从一个庭院走进另一个庭院，必须全部走完，才能全部看完。①

这里虽然将建筑与绘画相类比，但梁先生认为中国建筑与中国画的布局都着意于在时间上连续不断，因而有鲜明的时间属性；并不像欧洲的建筑与画那样，是颇纯粹的空间艺术。

当然，建筑本质上还是要通过空间来表现，不过，中国建筑却是与时间艺术非常亲近的空间艺术②，时间和空间因素在这里并不像 19 世纪德国文艺理论家莱辛《拉奥孔》所界分的那样分明。或者毋宁说，中国建筑是时空交叉的艺术。而要阐释中国建筑这种时空观的由来，就需要追根到中国文化中的时空意识。

① 梁思成．中国古代建筑史六稿绪论．建筑历史与理论（第一辑）[M]. 南京：江苏人民出版社，1981；转引自：萧默．中国建筑艺术史 [M]. 北京：文物出版社．1999：1107.

② 孟彤．中国传统建筑中的时间观念研究 [D]. 北京：中央美术学院，2006.

二

中国人时空意识阐微：宇宙观及五行说

对于中国人的时空意识，以往学者已有大量文论。其中代表性专题著作，可举刘文英《中国古代的时空观念》（1980 年初版，2000 年修订）[①]及海外学者的研究论文集《中国文化中的时间与空间》（1995 年）。[②]正如后一本文集的主编黄俊杰等评述说，中国文化中的时空观念至为宏博，又极具体而微地活跃在中国人至今的生活中[③]，因而本章在有限篇幅中拟只撷取部分议题来阐述，以此作为后文讨论中国建筑的时空观之背景基础。本书第一章曾略涉“古希腊与中国音乐观异同”，本节讨论时将承继这一跨文化比较思路。

① 刘文英．中国古代的时空观念（修订本）[M]. 天津：南开大学出版社，2000.

② Chun-chieh Huang（or Junjie Huang 黄俊杰），Erik Zürcher ed. Time and space in Chinese Culture[M]. Leiden：Brill Academic Publishers，1995. 该书收录有 15 篇研究中国时空意识的文章。

③ Chun-chieh Huang，Erik Zürcher. “Cultural notions of time and space in China”. Time and space in Chinese Culture[M]，1995：3-14.

（一）从“宇宙”字源看时空意识

中文的“宇宙”概念，从字源来看，来自“宇”与“宙”的结合。先秦著作《文子·自然》曰：“往古来今谓之宙，四方上下谓之宇。”[④]《尸子》曰：“上下四方曰宇，往古来今曰宙。”《庄子·杂篇·庚桑楚》云：“有实而无乎处者宇也，有长而无乎本剽者宙也。”即言宇是整个空间，宙是整个时间。就现知材料来看，庄子还是第一个将宇、宙二字连用的人，见于《庄子·齐物论》：“旁日月，挟宇宙，为其吻合。”意指宇宙应该是全部时间和空间的综合。

④ 文子为老子学生，据称这两句话源自老子的说法，但它们并不见于已知的《老子》各个本子。同样两句话也见于西汉初《淮南子·齐俗训》。

又见先秦著作《管子》“宙合”篇，提到“宙合有橐天地”。明末方以智（1611—1671 年）对此有精彩的诠释：“《管子》曰宙合，谓宙合宇也。灼然宙轮转于宇，则宇中有宙，宙中有宇。春夏秋冬之旋转，即列于五方。”（《物理小识》卷二）把时间比成轮子，认为时间的推移在空间中进行，时间与空间二者浑然一体。

综上，在中国古人创造“宇宙”这一词汇的时候，已经把时间和空间统一看待，并为宇宙。

作为对比，西方的宇宙概念出自古希腊词汇 cosmos。该词原义为“井然有序”（与“混沌”相对），据说是毕达哥拉斯首先用它来指星空乃至宇宙；在神学观念下，这个词也可理解为“尘世/此岸”（与“来生/彼岸”相对）。[①] 要之，这一用词体现出的是一种强调永恒的宇宙观，时间和变化在其中是缺失的。

而单看汉字的“宇”和“宙”，其初义又分别为何呢？许慎《说文》谓：“宇，屋边也”，又谓宙曰“舟车所极覆也，下覆为宇，上覆为宙。”《淮南子·览冥训》云：“燕雀以为凤皇不能与争于宇宙之间。”东汉高诱《淮南子注》解曰：“宇，屋檐也；宙，栋梁也。”栋梁在上，称“宙”，屋檐在下，称“宇”，二者合起来便构成了建筑的核心，对此可观照《易·系辞》所说“上栋下宇，以待风雨”；在北宋李诫《营造法式》序中，首句也正是“上栋下宇”。综上，“宇”和“宙”原本是从建筑概念引申得来。

进一步看“宙”字，其初义表示的栋梁既为房屋的最后落成部分，也是最重要的部分，是房屋安危之所在。一间庐舍中，屋檐常损而常修，而栋梁通常耐久而不换。房屋不仅自己居住，其子孙也将居于此，这种子孙延续对房屋的依赖很自然地演变为对时间延续的关注思考。因栋梁之经久不易，今日建筑学家为一座古建筑断代，其中一条重要依据就是观察栋梁上的古代工匠落款题记。推想古人当时在栋梁上题款的行为，不能不说早已包含了“以示后人”的历史责任感和时间意识。

由“宙”赋予的时间意识，使得“宙”与音相近的“久”意义可通。《墨经》中，《经》言“久，弥异时也；宇，弥异所也”“宇域徙，说在长宇久”“无久与宇”，《经说》谓“久，合古今旦莫（暮）；宇，冢东西南北”。[②]《墨经》以“久”和“宇”相提并论，久即时间，宇即空间，虽通篇无“宙”字，但显然“久”即“宙”义。[③]

按清《康熙词典》“宙”字条引五代宋初学者徐铉注《说文》的释义，“凡天地之居万物，犹居室之迁贸而不觉”，即把“宙”的时间意识从“栋梁”扩散到整个建筑乃至天地之间。这正照应美学家宗白华的精到见解：

① 据：英语词源在线，© 2001 Douglas Harper.

②《墨经》原文作“久，古今旦莫；宇，东西家南北”，上下两句字数弗调。顾千里、王引之、章太炎等认为“家”系衍字，当删，上下句遂能成对。胡适、孙诒让、谭戒甫等在上句添“合”字，下句中改“家”为“冢”，并移至句首，全句因之改为“合古今旦莫”对“冢东西南北”。转引自：刘文英．中国古代的时空观念[M]. 天津：南开大学出版社，2000：37-38. 本文取后一种改动。

③《墨经集解》引刘昶之说，谓假久作宙。转引自：刘文英．中国古代的时空观念[M]. 天津：南开大学出版社，2000：36-37.

中国人的宇宙观念本与庐舍有关。“宇”是屋宇，“宙”是由“宇”中出入往来。中国古代农人的农舍就是他的世界。他们从屋宇得出空间观念。从“日出而作，日入而息”（击壤歌），由宇中出入而得到时间观念。[①]

（二）时间性的中国宇宙观

对于中国人的宇宙观念，宗白华用诗性的语言进而指出：

> 空间、时间合成他的宇宙而安顿着他的生活。他的生活是从容的，是有节奏的。对于他，空间与时间是不能分割的。春夏秋冬配合着东南西北。这个意识表现在秦汉的哲学思想里。时间的节奏（一岁十二月二十四节气）率领着空间方位（东南西北等）以构成我们的宇宙。所以我们的空间感觉随着我们的时间感觉而节奏化了、音乐化了！[②]

简言之，这种宇宙观具有两个特点：其一，空间与时间不可分割；其二，时间率领空间。归根结底，即“时间”是中国宇宙观的根本。

宇宙是人们生活的背景，一种宇宙观在生成时往往受到特定生活环境的限制。上述时间性的宇宙观的生成，应不止受到前引所谓“中国古代农人的农舍”环境之影响，它还反映中华民族所处的地理、气候背景的特性。

在中国人生活的亚洲大陆东部，雨热同期的气候非常有利于粮食作物的生长，集中在夏季的降雨成为作物生长的关键，由此造就了极看重时令的习惯；作为对比，另一个古代文明发源地——环地中海地区雨热不同期，冬雨夏旱，与此气候相适应的则是种植橄榄、葡萄等经济作物，并辅以发达的灌溉，农业对时令的依赖性于是相对降低了。把北京、雅典分别作为华北气候和地中海气候的典型代表，将两地的年平均气温、降雨量进行比较（图 3-2），可以直观地揭示两种气候特征的差别。

① 宗白华．“中国诗画中所表现的空间意识”（1949）．美学散步 [M]. 上海：上海人民出版社，2001：106.

② 宗白华．宗白华全集 [M]. 合肥：安徽教育出版社，1996.

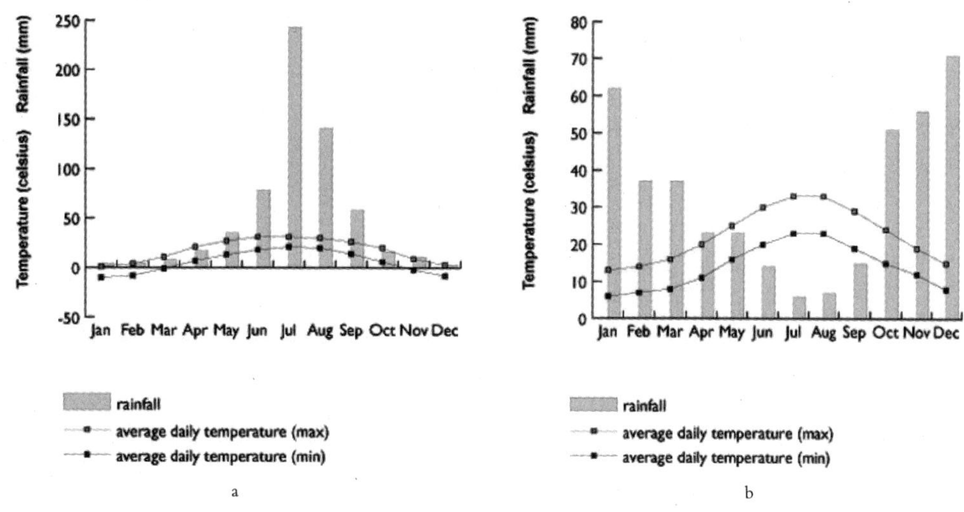

图 3-2
两地年平均气温（各点连线）、降雨量（竖条）图示：
a. 北京，雨热同期；b. 雅典，雨热不同期

对于中国农民的生活节奏，美国著名的中国研究专家费正清有一段纪实报告性质的描述，可与宗白华的审美话语互为参照：

> 农民家庭中的个人生命循环，是和精耕细作土地的农业季节循环紧密交织在一起的。人们生存和死亡所依循的节奏，与作物的种植收获交相渗透。迄今仍然构成中国社会根基的农村，是由家庭单位建立起来的；村落、家庭、个人，随着季节和作物的节奏而生育、婚媾、死亡。①

中国传统农学取得辉煌成就，注重农时是其第一法宝，“得时之稼兴，失时之稼约”（《吕氏春秋·审时》）。自然界的光照、热量、水分、大气等随时节不同而呈现不同的规律性变化，因而中国人对“天”的感受是“时”，称“天时”。古代文献中对“时”的论述俯拾皆是，如《诗经·小雅·鱼丽》：“物其有矣，唯其时矣。”《论语·阳货》有言：“天何言哉？四时行焉，百物生焉，天何言哉？”

① 费正清（John King Fairbank）. 美国与中国 [M]. 孙瑞芹，陈泽宪，译 . 北京：商务印书馆，1971：32.

《孟子·万章上》进一步说："天不言，以行与事示之。"从一岁之"天行"中示自然之法则，万事万物所遵循的规律具有明显的时间性特征。"时"由此成为中国宇宙观的中心概念。

推而广之，"天时"不止意味着物理自然的时间表现，而是作为原发的时间体验，在儒家的经书及另一些先秦子书中有着远为丰富精微的阐发。以孔子的"中庸"表述为例，谓"喜怒哀乐之未发，谓之中；发而皆中节，谓之和；中也者，天下之大本也；和也者，天下之达道也。致中和，天地位焉，万物育焉。"（《礼记·中庸》）按哲学学者张祥龙解读，中庸的终极含义正是"时中"，即"随时以处中"，或"总在最佳的时机中"；所谓"中和"是"对原发天时最合适的一种领会和表达"。[①] 前章所述孔子在建筑空间中充满节奏感的一系列"如也"动作，正可参照这种"时中"观加以审视，从而精审理解与剖析中国古代建筑接近时间艺术的特质。

作为对比，今天的西方常识观点继承了希腊人的传统，认为"时间是持续，而空间是外延——时间是一个维度地向前运行，而空间是立体地静止着。"[②] 据宗白华分析，西方"纯粹空间之几何境、数理境，抹杀了时间，柏格森乃提出'纯粹时间'（排除空间化之纯粹绵延境）以抗之"，但"近代物理学时空仍为时间之空间化"。[③] 的确，尽管近代物理学提出了"四维时空"（fourth dimension）理论，将三维空间附加了一条时间轴，但时间只是作为第四维数，而不是像中国人观念中的"时间率领空间"。甚而，这一额外的维数在当代数学领域也被直接理解为纯空间性的第四维，即第四空间维数，几何学家考克斯特（Coxeter）就曾写道："把时间作为第四维数带来的好处即使有的话也是微不足道的。"[④]

其实，单看"时空"一词本身的中英文构词次序对比，亦能以小见大，反衬出中国宇宙观之注重时间性。英文里的"时空"一词称"space-time"，直译为"空－时"，与中文词序正好相反。英文这一构词次序显露出的西方思维是，先有三维空间，然后才是这之外的第四维——时间。

① 张祥龙．从现象学到孔夫子[M]．北京：商务印书馆，2001：204-228．"中国古代思想中的天时观"．

② 安乐哲（Roger T. Ames）著，温海明，编．和而不同：比较哲学与中西会通[M]．北京：北京大学出版社，2002：121-126.

③ 宗白华．"形上学"．《宗白华全集》第一卷[M]．合肥：安徽教育出版社，1996：611.

④ H. S. M. Coxeter. Regular Polytopes[M]. Dover Pablications, Inc.，1975：119.

（三）五行说中的时空观及音乐要素

让我们再看一下宗白华对中国人的时空意识的总结：

> 时空之具体的全景（concrete whole），乃四时之序。春夏秋冬，东南西北之合奏的历律也，斯即“在天成象，在地成形”之具体的全景也。[①]
>
> 春夏秋冬配合着东南西北。这个意识表现在秦汉的哲学思想里。时间的节奏（一岁十二月二十四节气）率领着空间方位（东南西北等）以构成我们的宇宙。所以我们的空间感觉随着我们的时间感觉而节奏化了、音乐化了！[②]

以上两段话里谈到春夏秋冬与东南西北的相配，并提到“这个意识表现在秦汉的哲学思想里”，而未及点出的是，此哲学思想实则就是五行学说，作为一种朴素的宇宙发生论，它正鲜明地体现了“时间率领空间”的思维。

对于五行在中国传统文化中的重要性，足应加以充分强调。梁启超说，阴阳五行“二千年蟠据全国人之心理且支配全国人之行事”；顾颉刚说，“五行是中国人的思想律，是中国人对宇宙系统的信仰；二千余年来，它有极强固的势力”；庞朴说，“‘五四’以前的中国固有文化，是以阴阳五行作为骨架的，阴阳消长，五行生克的思想，弥漫于意识的各个领域，深嵌到生活的一切方面，如果不明白阴阳五行图式，几乎就无法理解中国的文化体系。”[③]

这样一个在中国传统思想文化领域留下深远影响的思想学说，其广博和精深自不待言，20 世纪以来的相关研究也极多。[④] 本小节所聚焦的，主要是五行学说中的时空观；下一章还将讨论五行数理。这里先对五行的一些基本概念作一简短交代。

1. 五行即金、木、水、火、土。现知最早的系统表述见于《尚书·洪范》：“五行：一曰水，二曰火，三曰木，四曰金，五曰土。水曰润下，火曰炎上，木曰曲直，金曰从革，土爰稼穑。”

① 宗白华 . 宗白华全集 [M]. 合肥：安徽教育出版社，1996.

② 同上 .

③ 梁启超 . 阴阳五行说之来历 [J]. 东方杂志，1923，20（10）；顾颉刚 . 五德终始说下的政治和历史 [J]. 清华学报，1930，6（1）；庞朴 . 阴阳五行谈源 [J]. 中国社会科学，1984，3. 以上诸条言论转引自：刘筱红 . 神秘的五行：五行说研究（2 版）[M]. 南宁：广西人民出版社，2003：1.

④ 殷南根《五行新论》书末附有“五行学说论著索引”，收录了民国以来下迄 1991 年年底的国内出版及译载的学者相关论著，见：殷南根 . 五行新论 [M]. 沈阳：辽宁教育出版社，1993；艾兰等主编的《中国古代思维模式与阴阳五行说探源》收录了国内外研究的多篇论文，见：艾兰，汪涛，范毓周 . 中国古代思维模式与阴阳五行说探源 [M]. 南京：江苏古籍出版社，1998。其他专著还有：（日）井上聪 . 先秦阴阳五行 [M]. 武汉：湖北教育出版社，1997；刘筱红 . 神秘的五行：五行说研究（2 版）[M]. 南宁：广西人民出版社，2003.

2. 在一个包罗万象的五行系统中，与五行相对应的系列有五季、五方、五色、五音、十天干、五帝、五佐、五神、五常、五人事、五虫、五味、五臭、五数、五气、五时、五社、五祀、五应、五脏、五腑、五体、五官、五志、五脉、五谷、五果、五菜、五畜、五虫、五石、五药，等等，后文会详列其中部分系列，此处兹不尽数展开。①

3. 五行相生相克（图 3-3）。相生次序为木生火，火生土，土生金，金生水，水生木②；相克（或称“相胜”）次序为：水克火，火克金，金克木，木克土，土克水。③

在以上概念中，显示出两方面时空观要义：

一方面，五行说体现了时空统一的思维。五行系统中最根本的是五季（春、夏、秋、冬、季夏）和五方（东、南、西、北、中），即时间与空间因素。经以往学者揭示，“五行说”可能导源于商代的东、南、西、北四方观念④，而五行的循环思想则是从春、夏、秋、冬四时推移导出。⑤ 正是通过五行说，时间与空间概念被牢固地结合起来，东与春对应，南与夏对应，西与秋对应，北与冬对应，而中央与虚设的“季夏”（又称“长夏”）或整个“四时”对应。

另一方面，五行说以时间性为主导。“五行相生相克”其本质就是生生不息、循环往复，产生无穷无尽的变化与发展。按哲学家冯友兰总结，“我们切不可将它们 [五行] 看作静态的，而应当看作五种动态的互相作用的力。汉语的‘行’字，意指 to act（行动），或 to do（做），所以‘五行’一词，从字面上翻译，似是 Five Activities（五种活动），或 Five Agents（五种动因）。”⑥

五行相生原理中有一条推理依据尤其彰显时间性——春生夏、夏生季夏、季夏生秋、秋生冬、冬又生春，正好对应木生火，火生土，土生金，金生水，水生木。下表（表 3-1）显得更为直观。

① 详表配置可见：刘筱红．神秘的五行：五行说研究（2 版）[M]. 南宁：广西人民出版社，2003：32，33，124.

② 西汉董仲舒《春秋繁露 · 五行相生》从官职名称角度对相生原理进行了阐发。后世更通行的相生原理见隋萧吉《五行大义》“卷第二 · 论相生”所录：“《白虎通》云：木生火者，木性温暖，火伏其中，钻灼而出，故木生火；火生土者，火热，故能焚木，木焚而成灰，灰即土也，故火生土；土生金者，金居石依山，津润而生，聚土成山，山必生石，故土生金；金生水者，少阴之气润泽流津，销金亦为水，所以山云而从润，故金生水；水生木者，因水润而能生，故水生木也。”这段话在今传《白虎通》中已亡佚。

③ 其表述可见班固《白虎通 · 京师》：“五行所以相害者，天地之性，众胜寡，故水胜火也；精胜坚，故火胜金；刚胜柔，故金胜木；专胜散，故木胜土；实胜虚，故土胜水也。”

④ 范毓周“‘五行说’起源考证”. 出自：艾兰，等 . 中国古代思维模式与阴阳五行说探源 [M]. 南京：江苏古籍出版社，1998：118-132，其中引述了胡厚宣、杨树达、赤塚忠等学者的相关看法。

⑤ 井上聪．先秦阴阳五行 [M]. 武汉：湖北教育出版社，1997：135-169.

⑥ 冯友兰．中国哲学简史 [M]. 涂又光，译 . 北京：北京大学出版社，1985：151.

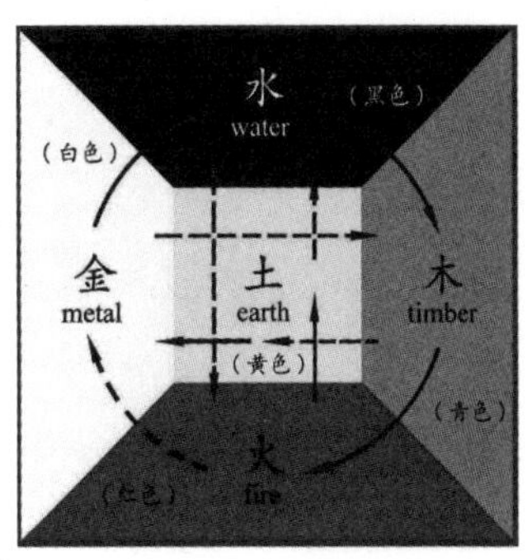

图 3-3
五行生克图，按上北、下南、左西、右东；如图所示的五色土布置，见存于北京社稷坛

表 3-1

五季	春	夏	季夏	秋	冬
五行	木	火	土	金	水

相生 ——→——→——→——→

时间性的“生克”规律被古人投映到对整个物质世界的认识上，认为所有事物发展变化都是依照它来实现的，进而由邹衍（约公元前 305 年—公元前 240 年）推出“五德终始”的历史观，主张人类社会历史的发展也有相同的规律可循。① 到汉代，“五德终始”经掺入董仲舒（公元前 179 年—公元前 104 年）② 及刘向（公元前 77 年—公元前 6 年）、刘歆（约公元前 50 年—公元 23 年）父子③的学说（图 3-4），此后在相当程度上影响了中国古代社会政

① 《汉书·艺文志》谓：“[五行]其法亦起五德终始，推其极则无不至。”“五德”即金、木、水、火、土所代表的五种德性，从开天辟地开始，社会按照五德转移的次序进行循环，一个朝代以一德为主，每一德都盛衰有时。德盛，朝代兴旺；德衰，朝代灭亡。即如《史记·孟子荀卿列传》云：“天地剖判以来，五德转移，治各有宜，而符应若兹。”按照邹衍的说法，社会历史按照五行相克的规律周而复始地循环运转，“五德从所不胜，虞土、夏木、殷金、周火”，正对应木克土、金克木、火克金。接下来的秦为水德，以水克周的火德。汉初以秦国祚太短且暴虐无道，不属于正统朝代，由汉朝接替周朝的火德，故汉为水德；到汉武帝时，又认为秦属于正统朝代，因土克水，改汉为土德。

② 董仲舒《春秋繁露》提出“三统”说，即三个相继的朝代，各以不同的颜色、时制来“一统于天下”（《繁露·三代改制质文》）。汉武帝改制将汉定为土德时，其正朔采用了“三统说”中的夏历。

③ 刘向、刘歆父子提出以五行相生方式确定朝代德性转移，并修改汉朝以前诸朝代的德性。刘歆以此说为王莽新朝篡汉的合法性造势。

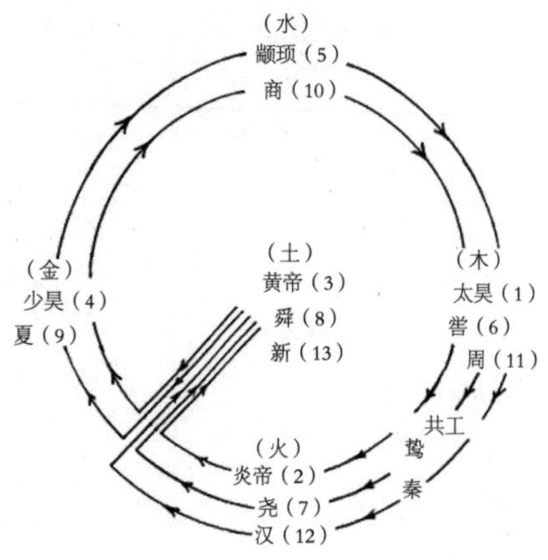

图 3-4
刘歆学说中诸朝代的德性转移

治思想的内容与形式[①]，其典型体现之一就是，“一直到辛亥革命取消帝制为止，皇帝的正式头衔仍然是‘奉天承运皇帝’。所谓‘承运’，就是承五德转移之运。”[②]

最后回到本节起初所引宗白华的话语，其中提到了四时（春、夏、秋、冬）、四方（东、南、西、北）及“合奏的历律”。前两点结合构成五行中的时空要义；但“合奏的历律”——换言之也就是音乐因素，在五行中又何从体现？宗白华没有展开阐发。实际上，且不说五声音阶本身就是五行系统的一部分（见《白虎通·卷二》明示：“五声者，何谓也？宫、商、角、徵、羽，土谓宫，金谓商，木谓角，火谓徵，水谓羽”），音乐还在五行观念早期成型过程中起到重要作用。

在以往研究中，陈梦家提出五行说是由古代历律学、地理学、天文学和阴阳学构成的；英国学者葛瑞汉（A. C. Graham）指出，到公元前 300 年以前，阴阳五行说主要是在天文家、乐师、方士等中间流行，此后才被哲学家所用；连邵名分析认为，五行说的来源跟上古的律历理论密切相关。[③] 这类见解不一而足。至于传世文献中的典型例证，可见《管子·五行》：

> 昔黄帝以其缓急，作五声，以政五钟。令其五钟，一曰青钟，大音，二曰赤钟，重心，三曰黄钟，洒光，四曰景钟，昧其明，

① 五德终始说在秦汉以降历代皇朝中的用场，见：刘筱红．神秘的五行：五行说研究（2 版）[M]. 南宁：广西人民出版社，2003：73-115.

② 冯友兰．中国哲学简史 [M]. 北京：北京大学出版社，1985：158.

③ 陈梦家．五行之起源 [J]. 燕京学报，第 24 期，1938.12；艾兰，等．中国古代思维模式与阴阳五行说探源 [M]. 南京：江苏古籍出版社，1998：1-57. 葛瑞汉．阴阳与关联思维的本质（Yin-Yang and the Nature of Correlative Thinking），1986[M]. 张海晏，译；226-244 连邵名．“甲骨刻辞所见的商代阴阳数术思想”；另参阅 2-4. 艾兰 等“前言”.

五曰黑钟，隐其常。五声既调，然后作立五行，以正天时。五官以正人位，人与天调，然后天地之美生。

调“五钟”音声被置于立“五行”之先，这表明五音确曾作为五行说的源头之一。因而，五音与五行有互相汲取对方排布规律的现象，也就不足为奇。例如《淮南子·天文训》中关于乐律相生的成文为：

徵生宫，宫生商，商生羽，羽生角，角生姑洗，姑洗生应钟，比于正音，故为和。应钟生蕤宾，不比正音，故为缪。

这里不必审视后半段不易懂的音乐术语，仅就前半段的五声相生顺序而言，“徵生宫，宫生商，商生羽，羽生角”，正好对应火生土，土生金，金生水，水生木的五行相生顺序。可制成较为直观的下表（表 3-2）。

需说明的是，徵生宫、商生羽、羽生角，两两均为四度或五度音程，本来就符合音乐上的三分损益生律法则（详见第四章）；而宫商为大二度音程，似乎无法按传统乐理相生，其确切原理尚待进一步研究。[①] 但不管怎么说，《淮南子》显示的音阶生律法与五行相生原理完全相同。一种可能情况是，淮南律产生在五行说之后，是受五行说影响而定；另一种可能情况是，淮南律比“五行相生”产生得要早，它依照自成一体的乐律法则而定，并由此作为五行相生原理的依据之一，就像前引《管子·五行》所言：“五声既调，然后作立五行。”倘若如此，五行中的时空概念便真的若宗白华所说的“音乐化了”。

① 或有音乐学者将此处“宫生商”按文本错漏处理，改为“宫生徵”，虽合乐理，但似非《淮南子》原意，亦无法与其上下文贯通。

表 3-2

五音	徵	宫	商	羽	角
五行	火	土	金	水	木

相生 ——→——→——→——→

三

中国建筑中的方位、时间及音乐统合

（一）正朝夕：方位与时间测度的统合

齐景公在历史上以“好治宫室”（《史记·齐世家》）闻名，柏寝台[①]是他钟爱的一处宫室。《晏子春秋》里有这样一段记载：

> 景公新成柏寝之台，使师开鼓琴，师开左抚宫，右弹商，曰：“室夕。”公曰：“何以知之？”师开对曰：“东方之声薄，西方之声扬。”公召大匠曰：“室何为夕？”大匠曰：“立室以宫矩为之。”于是召司空曰：“立宫何为夕？”司空曰：“立宫以城矩为之。”明日，晏子朝公，公曰：“先君太公以营丘之封立城，曷为夕？”晏子对曰：“古之立国者，南望南斗，北戴枢星，彼安有朝夕哉！然而以今之夕者，周之建国，国之西方，以尊周也。”公蹵然曰：“古之臣乎！”（《晏子春秋·内篇杂下第六·景公成柏寝而师开言室夕晏子辨其所以然第五》）

这段记载中透露了两点重要的古代建筑信息。

第一，它揭示出一套固定流程：古代营造之初，先要测定方位，国君居中择址建都，之后由司空根据都城的方位而建宫殿，由大匠根据宫殿的方位而建堂室。在这一例子里，起初的营造方位决定了数百年后的宫室殿堂方位，其影响不可谓不深远。

第二，它交代了古人测定方位的具体做法。按照晏子的说法，上古时是依靠瞻南斗星和北极星来测定南北方位的。对应《诗经·国风·定之方中》云：“定之方中，作于楚宫”，定即定星，又叫营星，此星每在立冬前后黄昏时分出现在天空中，古人认为这时可以营建宫室。《定之方中》又云：“揆之以日，作于楚室。”意思是依靠日影测定东西方位，此即所谓“土圭之法”，《周礼》中记载甚详：

① 这座台的遗址在今山东东营广饶县境。柏寝台原称“路寝”，据《汉书》颜师古注，柏寝台是“以柏木为寝室于台之上也”而得名。

以土圭之法测土深、正日景，以求地中。日南则景短多暑，日北则景长多寒，日东则景夕多风，日西则景朝多阴。（《周礼·地官司徒》）

土方氏掌土圭之法以致日影，以土地相宅，而建邦国都。（《周礼·夏官司马》）

匠人建国，水地以县。置槷以县，视以景。为规，识日出之景，与日入之景。昼参诸日中之景，夜考之极星，以正朝夕。（《周礼·考工记·匠人》）

按现代语言描述，“土圭之法”即是在水平地面上竖柱，并通过悬绳使之垂直于地面，然后观察日出与日落时柱子在水平地面上的投影，以柱立处为圆心画圆，相交于日出与日落的投影，所得两交点连线即正东西方向，再参考正午时的柱影或夜晚极星的方位来校正（图 3-5）。①

① 圭表测影的详述，见：陈遵妫．中国天文学史 [M]. 上海：上海人民出版社，2006：1221-1225；冯时．中国天文考古学 [M]. 北京：中国社会科学出版社，2007：269-278.

在上引《晏子春秋》《周礼·地官司徒》语句中，有“室夕”“景夕”“景朝”等用词值得专门提出分析。它们反映了古代时空统合的思维，以时间维度上的“朝夕”代指空间维度上的“东西”，“室夕”即室偏西。在长期观察太阳运动的过程中，古人得到了早上日出东方、晚上日落西方的认识，由此把空间方位的东西与时间维度的朝夕结合起来：

凡行人之仪，不朝不夕。（《周礼·秋官司寇》）贾公彦疏：“朝谓日出时为正，乡东，夕谓日入时为正，乡西。”

山东曰朝阳，山西曰夕阳。（《尔雅·释山》）

山东曰朝阳，山西曰夕阳，隨日所照而名之也。（刘熙《释名·释山》）

“朝夕”进而成为方位的代名词，言“端朝夕”或“正朝夕”也就是辨方正位：

a

b

图 3-5
古代测影方法：
a.“夏至致日”；
b.“土中毖祀”
清光绪三十一年（1905 年）
《钦定书经图说》

故先王立司南以端朝夕。（《韩非子·有度》）

正朝夕者视北辰。（董仲舒《春秋繁露·深察名号》）

甚至“朝夕”也用来代称测日影定方位的仪器：

不明于则而欲出号令，犹立朝夕于运均之上，檐竿而欲定其末。（《管子·七法》）尹知章注：“均，陶者之轮也。立朝夕，所以正东西也。今均既运，则东西不可准也。”

言而毋仪，譬犹运钧之上而立朝夕者也。（《墨子·非命上》）孙诒让《墨子间诂》：“言运钧转动无定，必不可立表以测景。”

综上，日影以“朝夕”相称，这一语言现象反映出中国古代观念中方位与时间的统合。事实上，对方位的测度与对时间的测度完全可以通过同一次日影观测活动来完成。当日出表影指向东西，正午表影指向南北的时候，可以自然而然地同时获得方位与时间两个概念。从初期的圭表（合圭和表于一体，圭测方位，表测时间，图 3-6），又发展出后世的晷仪（图 3-7）与罗盘（图 3-8），既定方向，也定时辰。在其盘面上刻划着象征天地、方位与时辰、节令的二十八宿①，以及由四维②、八天干③、十二地支④、十二律吕⑤等标示的二十四向或二十四时，成为集定向、测时、占候、观星等诸多用途于一身的仪器，表象了天、地、人的合同协调关系。⑥

① 古代中国将黄道和天赤道附近的天区划分为二十八个区域，又称二十八舍或二十八星。分为四组，每组七宿，与东西南北四个方位及用动物命名的四象相配。即：东方青龙（角、亢、氐、房、心、尾、箕），北方玄武（斗、牛、女、虚、危、室、壁），西方白虎（奎、娄、胃、昴、毕、觜、参），南方朱雀（井、鬼、柳、星、张、翼、轸）。

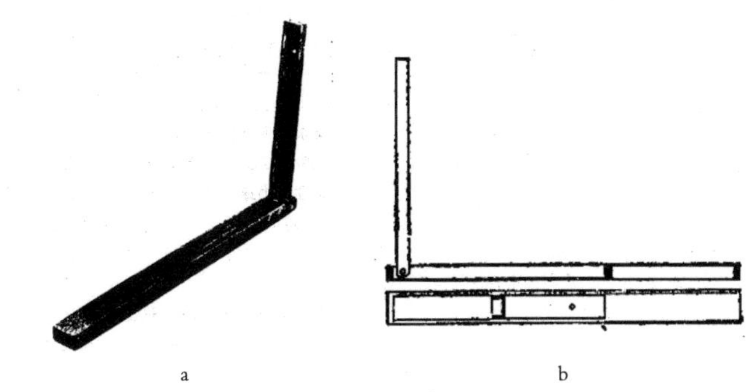

图 3-6
我国现存最早的圭表，铜质，圭中有槽，槽中容表。江苏仪征石碑村东汉墓出土

② 四维：乾、坤、巽、艮。

③ 八天干：甲、乙、丙、丁、庚、辛、壬、癸。

④ 十二地支：子、丑、寅、卯、辰、巳、午、未、申、酉、戌、亥。

⑤ 十二律吕是中国传统音乐使用的音律。律，本来是用来定音的竹管，中国古人用十二个不同长度的律管，吹出十二个高度不同的标准音，以确定乐音的高低，故这十二个标准音也就叫作十二律。从低到高依次为：黄钟－大吕－太簇－夹钟－姑洗－中吕－蕤宾－林钟－夷则－南吕－无射－应钟。十二律分为阴阳两类，奇数六律为阳律，叫作六律；偶数六律为阴律，称为六吕，合称律吕。

⑥ 相关研究详见：史箴．“从辨方正位到指南针：古代堪舆家的伟大历史贡献”．王其亨．风水理论研究 [M]. 天津：天津大学出版社，2005：214-234；陈遵妫．中国天文学史 [M]. 上海：上海人民出版社，2006：1227-1242；冯时．中国天文考古学 [M]. 北京：中国社会科学出版社，2007：278-291.

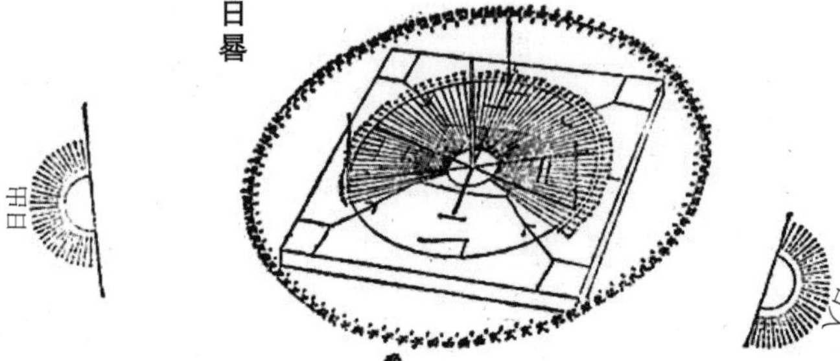

图 3-7
西汉日晷，观测情况示意图（外圈文字表示按式盘格式排出的一百刻），内蒙古自治区托克托出土

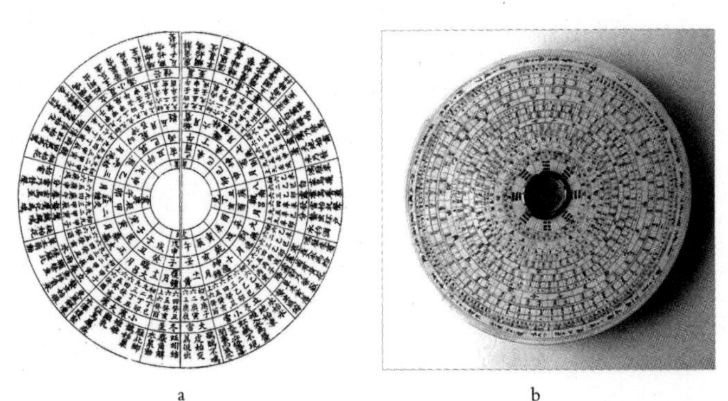

a　　　　b

图 3-8
明清罗盘：
a. 四正卦司二十四气、十二辟卦应十二律吕、七十二爻应七十二候之图；
b. 安徽休宁吴鲁衡罗经店十六层三合罗盘

（二）省风气：方位与时间测度的音乐因素

在前述柏寝台的故事中，显然还应注意到音乐扮演的重要角色。令人惊讶的是，建筑方位偏差最终竟是借助音乐手段测出的，它无疑像"'建筑是凝固的音乐'从何而来"一章谈到的西方"天体音乐"说一样，包含了科学与神话两方面思维。一方面，以回声信号来探测室内空间距离的做法，正符合现代科学原理；另一方面，琴在古代被看作一种通神灵的工具，举其一例，见春秋时"晋平公听乐"典故，平公不听劝阻，坚持要乐师弹奏商纣亡国之音，又令奏《清徵》《清角》等悲乐，结果曲未终即显异象，天色大变，随后"晋国大旱，赤地三年"，平公亦一病不起（《韩非子·十过》）。[①] 音乐既能展现它神威莫测的一面，那么当然也可用作瞻星、揆日之外的定位校核手段，此所谓"天效以景，地效以响"（《后汉书·律历上》）。

①《韩非子·十过》："昔者卫灵公将之晋，至濮水之上，税车而放马，设舍以宿，夜分，而闻鼓新声者而说之，使人问左右，尽报弗闻。乃召师涓而告之，曰：'有鼓新声者，使人问左右，尽报弗闻，其状似鬼神，子为我听而写之。'师涓曰：'诺。'因静坐抚琴而写之。师涓明日报曰：'臣得之矣，而未习也，请复一宿习之。'灵公曰：'诺。'因复留宿，明日，而习之，遂去之晋。晋平公觞之于施夷之台，酒酣，灵公起，公曰：'有新声，愿请以示。'平公曰：'善。'乃召师涓，令坐师旷之旁，援琴鼓之。未终，师旷抚止之，曰：'此亡国之声，不可遂也。'平公曰：'此道奚出？'师旷曰：'此师延之所作，与纣为靡靡之乐也，及武王伐纣，师延东走，至于濮水而自投，故闻此声者必于濮水之上。先闻此声者其国必削，不可遂。'平公曰：'寡人所好者音也，子其使遂之。'师涓鼓究之。平公问师旷曰：'此所谓何声也？'师旷曰：'此所谓清商也。'公曰：'清商固最悲乎？'师旷曰：'不如清徵。'公曰：'清徵可得而闻乎？'师旷曰：'不可，古之听清徵者皆有德义之君也，今吾君德薄，不足以听。'平公曰：'寡人之所好者音也，愿试听之。'师旷不得已，援琴而鼓。一奏之，有玄鹤二八，道南方来，集于廊门之垝。再奏之而列。三奏之，延颈而鸣，舒翼而舞。音中宫商之声，声闻于天。平公大说，坐者皆喜。平公提觞而起为师旷寿，反坐而问曰：'音莫悲于清徵乎？'师旷曰：'不如清角。'平公曰：'清角可得而闻乎？'师旷曰：'不可。昔者黄帝合鬼神于泰山之上，驾象车而六蛟龙，毕方并辖，蚩尤居前，风伯进扫，雨师洒道，虎狼在前，鬼神在后，腾蛇伏地，凤皇覆上，大合鬼神，作为清角。今主君德薄，不足听之，听之将恐有败。'平公曰：'寡人老矣，所好者音也，愿遂听之。'师旷不得已而鼓之。一奏之，有玄云从西北方起；再奏之，大风至，大雨随之，裂帷幕，破俎豆，隳廊瓦，坐者散走，平公恐惧，伏于廊室之间。晋国大旱，赤地三年。平公之身遂癃病。"司马迁《史记·乐书》大致转引了这一故事。

实际上在中国古代，“地效以响”往往被具体阐发为由乐声来查验风土、季候。在公元前 9 世纪周宣王在位之初，天子籍田仪式即早有定规：籍礼之前五日，“瞽告有协风至”；籍礼当天，“瞽帅音官以风土”(《国语·周语上》)。三国时吴人韦昭对此解释甚明，其注曰：

> 瞽，乐大师知风声者也。
>
> 协，和也，风气和，时候至也。
>
> 风土，以音律省土风，风气和则土气养也。

再参考《国语·郑语》所载：

> 虞幕能听协风，以成乐物生者也。韦昭注：协，和也，言能听知和风，因时顺气，以成育万物，使之乐生。

天子籍田礼定于春分时节举行。据考，协风即劦风，为殷代东风之名（图 3-9），东方与春分相配；协又以合和为本训，意即阴阳合和而交，乃春分之候。[①] 总之，协风应是适于春耕的温和春风，故有“籍礼前五日有协风至”之说。有音乐学者分析认为，这种有巫术意味的、以乐音测知“协风”的做法，实际上应是先民们根据长期的生活实践，得知某个乐音常与适于耕种的“协风”所发出的声音相一致，因此便用来测知“协风”的到来与否[②]；还有一种解读是，“协风”即指春耕播种的劳动歌声。[③] 总之，音乐与风土 / 风气 / 风声有着密切关系，这一观念的形成或肇始于此。

① 冯时．中国天文考古学 [M]. 北京：中国社会科学出版社，2007：241-242.

② 李纯一．先秦音乐史（修订版）[M]. 北京：人民音乐出版社，2005：3-4.

③ 周武彦．中国古代音乐考释 [M]. 长春：吉林人民出版社，2005：44-47.

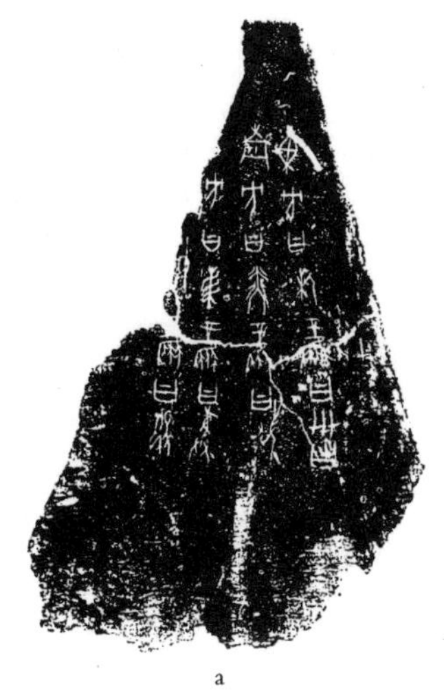
a

b

图 3-9
殷代四方风名刻辞，《甲骨文合集》14294：[①]
a. 刻辞全文，释曰："东方曰析，风曰劦。南方曰因，风曰微。西方曰𠦪，风曰彝。北方曰宛，风曰役"；
b."劦"（即"协"）字大样

与以上史料文字相呼应的是一些考古成果，将音乐与"省风土"的最早关联或可上推到新石器时代。20 世纪 80 年代中期，在河南舞阳贾湖新石器时代遗址出土了一批骨笛，它们是世界上现知出土年代最早（年代跨度大，从公元前 7000 年至公元前 5800 年）、保存最为完整、出土个数最多（共 18 支）且现在还能用以演奏的乐器实物。其中成熟期的一些骨笛开七孔（图 3-10），能吹奏出完备的六声、七声音阶旋律（其音律成就将在下一章论及，此处不赘）。从天文学角度来分析，这些骨笛的用途很可能近于后世所说的吹律听声、候气占卜。[②] 还可注意到，这些骨笛系用飞禽的腿骨管截去两端关节再钻圆孔而成，或可推测，腿骨本身即具有方位、时间测度的涵义。可资参照的是，1987 年在河南濮阳西水坡发现的仰韶文化（公元前 5000 年至公元前 3000 年）墓葬遗迹中，以人的腿骨象征北斗的斗杓，作为测影之用（图 3-11），恰能验证"髀"字的两重含义——腿骨和圭表。[③]

① 此外还有"殷代四方风卜辞"（《甲骨文合集》14295），其辞中的方向名与风名有所不同。但两片甲骨文对东方与东风的称谓则无差。见：冯时．中国天文考古学 [M]. 北京：中国社会科学出版社，2007：227-231.

② 上古曾有一套候气之法，后失传。见：冯时．中国天文考古学 [M]. 北京：中国社会科学出版社，2007：260-269.

③ 同上：374-379.

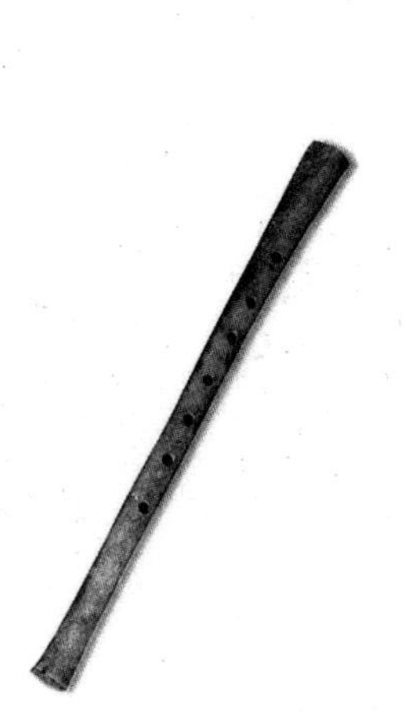

图 3-10
骨笛，七孔，河南舞阳贾湖遗址
282 号墓出土

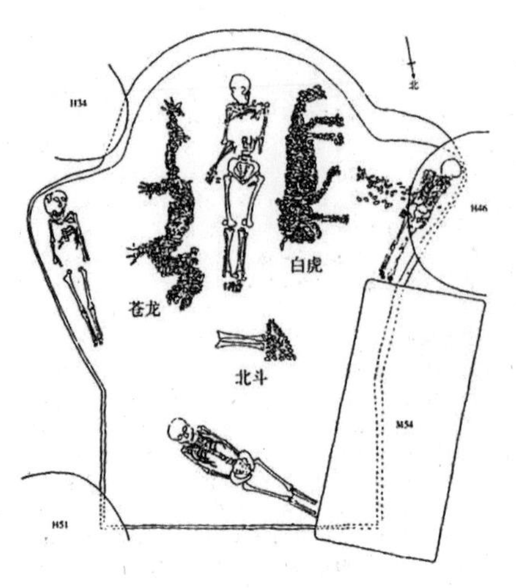

图 3-11
河南濮阳西水坡 45 号墓平面图，居中摆放腿骨
以象北斗

① 按汉儒郑玄所言："单出曰声，杂比曰音"（《礼记 · 乐记》注）；"声谓宫、商、角、徵、羽也；声成文者，宫商上下相应"（《毛诗序》笺）。可理解为，表示音高的"宫、商、角、徵、羽"等音，单称为"声"——音名，合称为"音"——音阶。见：童忠良，等，编著．中国传统乐理基础教程．北京：人民音乐出版社，2004：p17-18.

后世人们继承远古传统，在"省风以作乐"（**语出《左传 · 昭公二十一年》**）的实践中主要发展出音乐与方位、时间配对的两类模式。

1. 五音十二律与五行

"五音"即宫、商、角、徵、羽五个音阶，以及这五个音阶的组合。[①] 汉代流传的《乐纬》[②]一书有云：

> 春气和，则角声调；夏气和，则徵声调；季夏气和，则宫声调；秋气和，则商声调，冬气和，则羽声调。（《乐纬 · 叶图征》）

此即将五季的"风气"配以五音。当然，"五季""五音"都是五行系统的一部分，这在前文论述中已有涉及。这里用下表（表 3-3）来概括五行系统中五声与方位、时间的配对，另参见"图 3-12"。

② 所谓"纬书"，以"纬"与"经"相对，即解经的书。汉武帝时只立《诗》《书》《礼》《易》《春秋》五经博士，而无《乐》；然而《乐》虽无经，但事实上却有《乐纬》。按《后汉书 · 方术传上》李贤注文，最早有七纬之说，即《易纬》《书纬》《诗纬》《礼纬》《乐纬》《孝经纬》《春秋纬》。"七纬"在东汉初流传于世，历经石虎、符坚、宋武帝、魏孝文帝、梁武帝及隋文帝、隋炀帝多次焚禁，"皆佚于唐，存者独《易》。逮宋末而尽失其传。"（《四序全书总目题要》）经过明清两朝许多学者的劳动，又通过辑佚而基本恢复原貌。隋萧吉《五行大义》中亦多存录有《乐纬》佚文。

表 3-3

五行	木	火	土	金	水
五音	角	徵	宫	商	羽
五方	东	南	中	西	北
五季	春	夏	季夏	秋	冬

十二律，即一个八度音程内的十二个“有标准的音高”（称“律”）：黄钟、大吕、太簇、夹钟、姑洗、中吕、蕤宾、林钟、夷则、南吕、无射、应钟。十二律配以方位、时间，首见于《吕氏春秋》十二纪各纪首篇，是从《管子》“幼官篇”“地员篇”中五音与方位、时间的配对发展而来的。[①] 当纳入五行 - 五音系统时，十二律和十二月对应，形成所谓“月令图式”，以每三律配一个季节、一个方位、一个音名（图 3-13，另见“表 3-8”）。这种时空合一的图式在很大程度上规范和指导着中国古代建筑的规划和设计构思，作为一种设计理论和构图依据而贯穿在中国古代建筑的时空中。[②]“月令图式”尤其典型地应用在明堂这种古代礼制建筑中，在下一节的建筑议题中将对此展开分析。

① 参见：陈应时．五行说和早期的律学[M]. 音乐艺术，2005，1: 39-45.

② 萧默．中国建筑艺术史[M]. 北京：文物出版社，1999: 1084-1090.

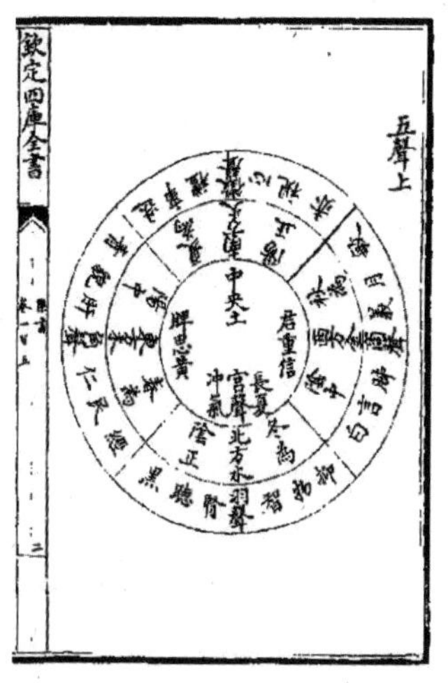

图 3-12
五声配五行，北宋陈旸《乐书》（1101 年）

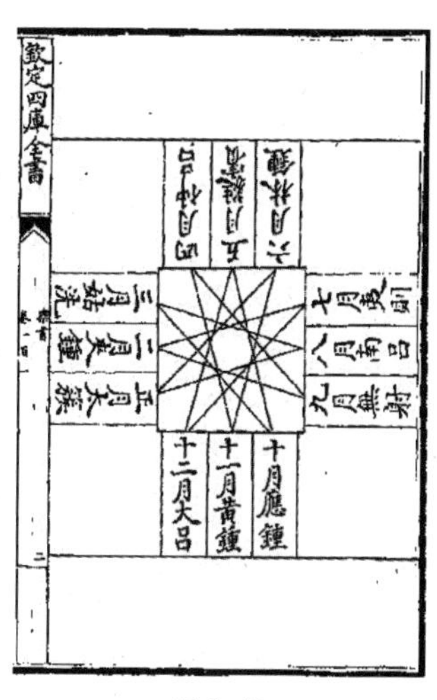

图 3-13
十二律配四方，陈旸《乐书》

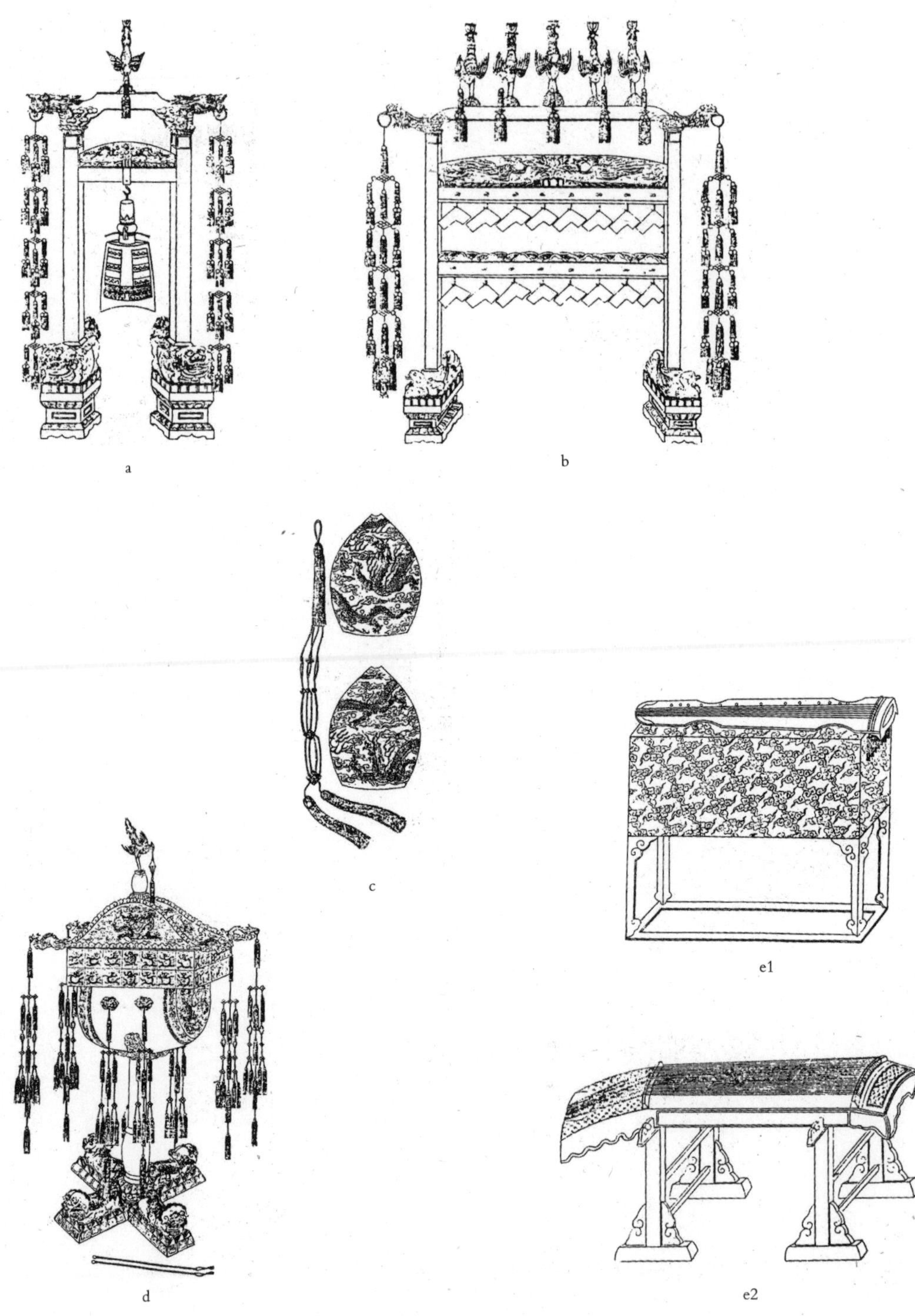
a
b
c
d
e1
e2

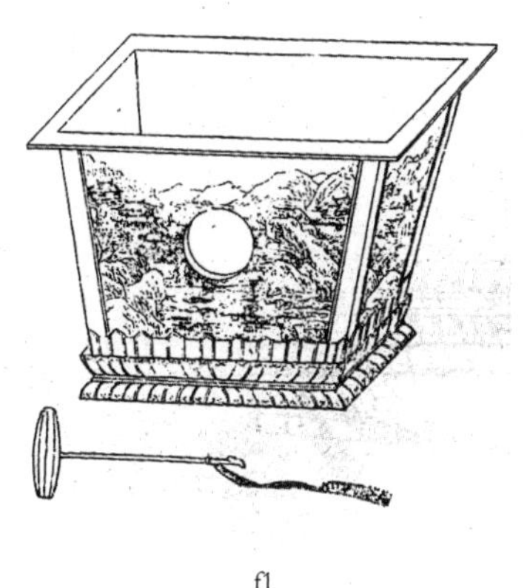

f1

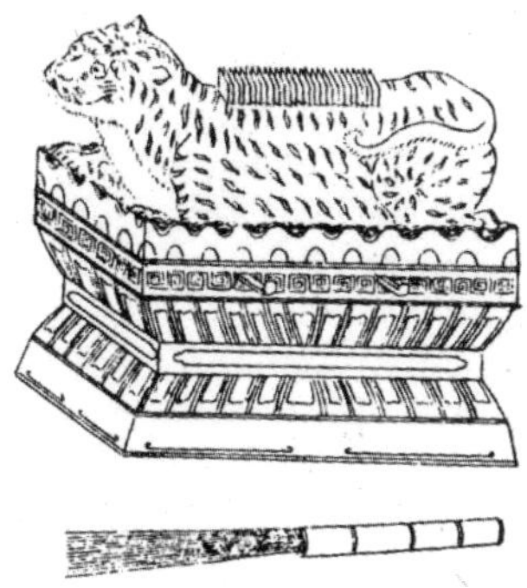

f2

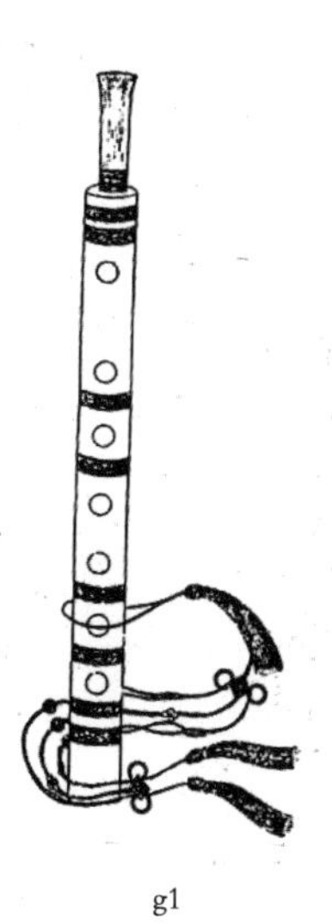

g1

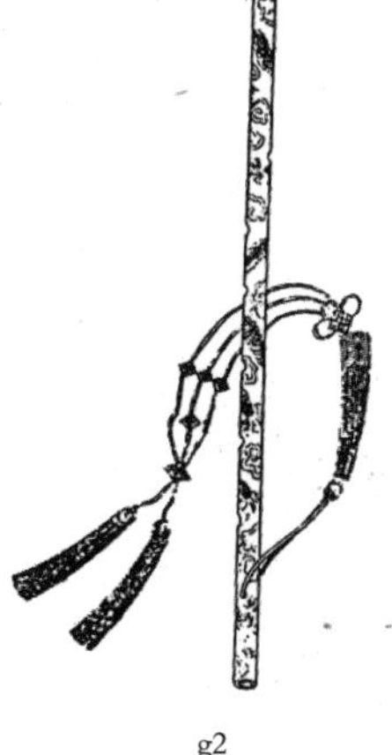

g2

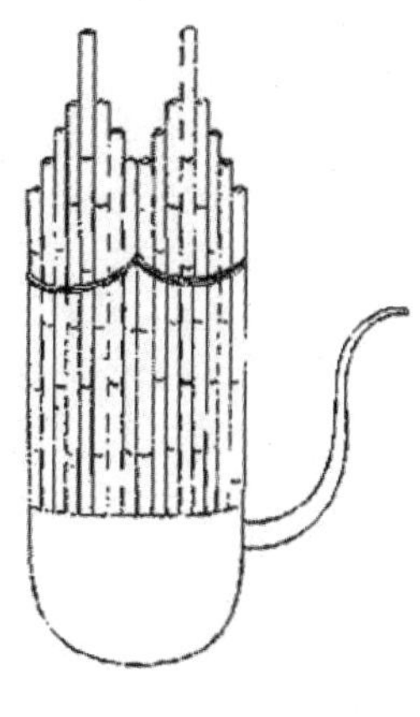

h

图 3-14
八音：
a. 金之属 / 编钟；b. 石之属 / 编磬；c. 土之属 / 埙；d. 革之属 / 建鼓；
e1、e2. 丝之属 / 琴、瑟；f1、f2. 木之属 / 柷、敔；g1、g2. 竹之属 / 管、萧；
h. 匏之属 / 笙

2. 八音与八风

“八音”指金、石、土、革、丝、木、竹、匏八种材料制成的乐器所奏出的声音，实际上也就是指器乐（图 3-14）。八音通常配以“八风”，如《左传·隐公五年》云：“所以节八音，而行八风。”“八风”其词，还可见于本文前引齐国卿相晏婴所言“五声，六律，七音，八风，九歌，以相成也”（《左传·昭公二十年》）及吴公子季札的乐评“五声和，八风平，节有度，守百序”（《左传·襄公二十九年》）。按杜预《集解》：“八方之气谓之八风”，所谓“八风”即风与八个方位相配；又按孔颖达《正义》：“八方风气，寒暑不同”，来自不同方向的风也是不同时节的风——以上为八风的时空概念，亦构成八风之核心要义。此处不拟谈八风的其余广宏涵义[①]，仅就八方、八节、八卦、八风与八音的配对制成下表（表 3-4）[②]，另参见图 3-15、图 3-16。

① 历代诸家又将八风与二十四节气、十二地支、二十八宿、六十卦气、七十二候等相联系，立说日密，沈祖绵对此作了很好的归纳总结。沈祖绵．八风考略[M]. 沈延发，注释．周易研究，1995，2：3-13.

② 相关原文可见《周礼 · 春官宗伯》、许慎《说文 · 风部》、班固《白虎通 · 卷二 / 社稷》、《易纬》、《乐纬》。并参见：沈祖绵．八风考略 [J]. 沈延发，注释．周易研究，1995（2）：3-13；冯时．中国天文考古学 [M]. 北京：中国社会科学出版社，2007：231-238；罗艺峰．空间考古学视角下的中国传统音乐文化 [J]. 中国音乐学（季刊），1995，3：45-58.

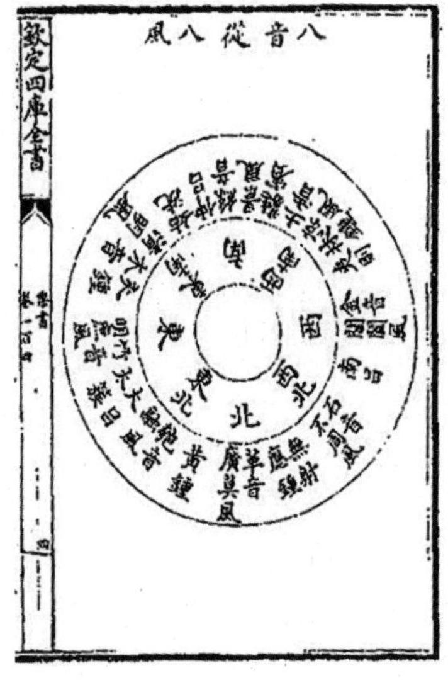

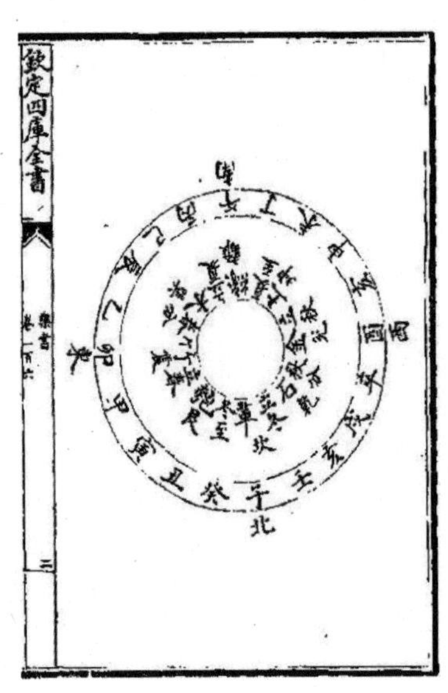

图 3-15
八音从八风，陈旸《乐书》（左）

图 3-16
八音配四方、八节、八卦、干支，陈旸《乐书》（右）

表 3-4

		北	东北	东	东南	南	西南	西	西北
八方		北	东北	东	东南	南	西南	西	西北
八节		冬至	立春	春分	立夏	夏至	立秋	秋分	立冬
八卦		坎	艮	震	巽	离	坤	兑	乾
八风	吕氏春秋·有始	寒风	炎风	滔风	熏风	巨风	凄风	飂风	厉风
	淮南子·坠形训	寒风	炎风	条风	景风	巨风	凉风	飂风	丽风
	淮南子·天文训	广莫风	条风	明庶风	清明风	景风	凉风	阊阖风	不周风
	说文	广莫风	融风	明庶风	清明风	景风	凉风	阊阖风	不周风
	易纬	广莫风	条风	明庶风	清明风	景风	凉风	阊阖风	不周风
八音	乐纬	竹 / 管	土 / 埙	革 / 鼓	匏 / 笙	丝 / 弦	石 / 磬	金 / 钟	木 / 柷敔
	白虎通引乐记	革 / 鼓	匏 / 笙	竹 / 管	木 / 柷敔	丝 / 弦	土 / 埙	金 / 钟	石 / 磬
	白虎通引乐记	土 / 埙	竹 / 管	皮 / 鼓	—	丝 / 弦	—	金 / 钟	木 / 柷敔
	白虎通引一说	匏 / 笙	木 / 柷敔	革 / 鼓	竹 / 箫	丝 / 琴	土 / 埙	金 / 钟	石 / 磬

八类乐器由此融汇了相对应的方位与季节涵义，甚至，还被期望能对风土有主观的改善效用，即孔颖达《正义》所谓“乐能调阴阳，和节气”。见于《国语》，公元前522年乐官伶州鸠对周景王阐发曰：

> 夫政象乐，乐从和，和从平。声以和乐，律以平声。金石以动之，丝竹以行之，诗以道之，歌以咏之，匏以宣之，瓦以赞之，革木以节之，物得其常曰乐极，极之所集曰声，声应相保曰和，细大不逾曰平。如是，而铸之金，磨之石，系之丝木，越之匏竹，节之鼓而行之，以遂八风。于是乎气无滞阴，亦无散阳，阴阳序次，风雨时至，嘉生繁祉，人民龢利，物备而乐成。（《国语·周语下》）

综上，方位、时间测度同音乐的结合，主要是由五声、八音、

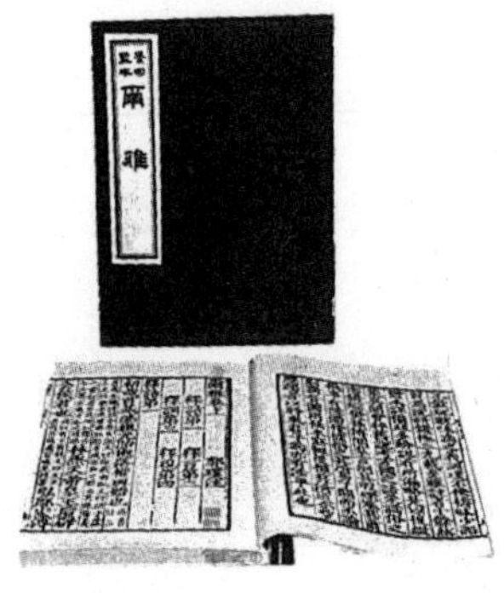

图 3-17
影宋监本《尔雅》台北故宫博物院藏

十二律在五行、八风这两套包罗万象的系统中完成的。许慎《说文解字》解“乐”字为“五声八音总名”(《说文》卷六上木部)。《白虎通·社稷》释曰:“声五音八何?声为本,出于五行;音为末,象八风。”可谓一语中的。

(三)相关建筑议题初探

中国传统音乐与方位、时间的配对,在历史上无疑会长期对中国建筑施加影响力。因专业知识的隔膜,建筑学界对这些影响的讨论较少。以下将相关的几个建筑议题一并列出,并尝试予以初步探讨。

1.“宫”字义的演变

《尔雅》是中国现存最早的一部词典(图 3-17),其中“释宫”一章专门解释同居住有关的宫室建筑空间各部分[①],其首句即“宫谓之室,室谓之宫”(参见“表 3-5”),可见宫与室最初在古人的概念里“同实而两名”(郭璞注语),都是对房屋、居室的通称。秦汉以后,“宫”变成专指帝王之宫,而“室”则保持本义。本文感兴趣的是,那么“宫”有何特别之处(尤其是相对于“室”),导致其地位后来受到尊崇,最终成为帝王居所的专称?笔者研究认为,“宫”字地位的提升,与其兼而作为音阶名,并由此纳入五行系统有很大的关系。

① 参见:刘江峰.辨章学术 考镜源流——中国建筑史学的文献学传统研究[D].天津大学,2007:30-31.

"宫"字与"室"字的字源 表 3-5

	宫	室
甲骨文	[illegible]	[illegible]
小篆	[illegible]	[illegible]

[采自 © ZDIC.NET【汉典】]

《尔雅》中有两处对"宫"字进行了解释。"释宫"篇云"宫谓之室",以建筑意义上的"宫"与"室"同义;"释乐"篇云"宫谓之重",然而这一关于"宫"声的释条却历来"其义未详"(郭注语)。[①] 有现代学者提出,考虑到上古音律与天文历象之间的密切联系,"宫"声很可能得名自星象之"中宫",《尔雅·释乐》言"宫谓之重"即指"中宫"(北斗)为群星拱卫的重心所在(图 3-18)。[②] 此说颇在理。

不过,考察中国古代天文学观念可知,在以北斗为主组成的中宫之外,又有东宫、北宫、西宫和南宫,这个五宫体系在《史记·天官书》里有完善的表达。[③] 那么,此处的"宫"字,尚不具有特指意味,仍然是房屋通称,以人间的普通事物来命名星象,正如"室"也作为二十八宿之一的名称。假如宫声阶名可确定来自星象的话,那么"宫"字义的演变过程就当是这样:从指代人间的"房屋",引申到指代天上的"房屋",进而指代五声音阶中的阶名之一。在前两层涵义里,"宫"指代的都是普通事物;只是到了音乐层面,"宫"才得到专门的强调。

① 《尔雅·释乐》:"宫谓之重。商谓之敏。角谓之经。徵谓之迭。羽谓之柳。"见《尔雅注疏》,有孙叔然《尔雅》注云:"宫浊而迟,故曰重也。"但后世释者批评"孙氏虽有此说,更无经据,故不取也",又谓"今经典之中无此五名[即重、敏、经、迭、柳],或在亡逸中,不可得而知其义,故未详。"

② 案,中宫主要是由北斗组成,《史记·天官书》云"斗为帝车,运于中央,临制四乡。分阴阳,建四时,均五行,移节度,定诸纪,皆系于斗",又云"中宫天极星,其一明者,太一常居也","天神贵者太一,太一佐曰五帝"(《史记·封禅书》)。周武彦.中国古代音乐考释[M].长春:吉林人民出版社,2005:18-21.

③ 冯时.中国天文考古学[M].北京:中国社会科学出版社,2007:370-373.

图 3-18
东汉北斗帝车石刻画像拓图（山东嘉祥武梁祠）

据音乐学者研究，在中国传统音乐调式中，宫音的作用特别突出：除了在宫调式里作为主音之外（称作“×× 宫”），在宫调式之外的各个调式中也起到重要作用（按宫音所在的音位称作“×× 调”），甚至在民间理论中，不论是何调式，均只把宫音看作五声或七声音阶的主音，充分突出宫音在音阶中的地位。①

① 童忠良，等．中国传统乐理基础教程 [M]. 北京：人民音乐出版社，2004：35-37.

随着五音纳入五行系统，在音乐中尤显重要的“宫”也相应同五行中有类似地位的事物配对（表 3-6），从而更直观地反映出其重要性。相关文献阐述略如：

宫为君，商为臣，角为民，徵为事，羽为物。（《礼记·乐记》）

黄钟为宫，宫者，音之君也。（《淮南子·天文训》）

宫居中央而兼四季，以五音须宫而成。（桓谭《新论·琴道》）

宫者，容也，含也，含容四时者也。（班固《白虎通》卷二 / 社稷）

宫，中也，居中央，畅四方，唱始施生，为四声纲也。（班固《汉书·律历志》）

“宫”在五行系统中的涵义　　表 3-6

五音	五行	五方	五季	五事	五色
宫	土	中央	季夏 / 四时	君	黄

可以看到，宫在五音中的特别地位，得到秦汉以降一系列典籍的反复强调。更关键的是，“宫”被直接比附上五种人事中的“君”。可巧的是，也正是在秦汉之后，建筑方面的“宫”演变为君王居所的专称。那么该演变是否有来自音乐及五行思维方面的促因？不能不说很有这方面可能性。

2. 钟鼓楼的方位

单就表 3-4 中的钟、鼓两类乐器（图 3-19）而论，除表中所示的方位（鼓在东方，钟在西方）、节气（鼓在春分，钟在秋分）、卦象（鼓在震位，钟在兑位）等意义外，在班固（图 3-20）《白虎通·礼乐》中还有如下阐述：

> 鼓，震音烦气，万物愤懑，震动而生雷以动，温以煖之，风以散之，雨以濡之，夺至德之声，感和平之气也。同声相应，同气相求，神明报应，天地佑之。其本乃在万物之始也，故谓鼓也。
>
> 钟之为言动也，阴气用事，万物动成。钟为气，用金声也。

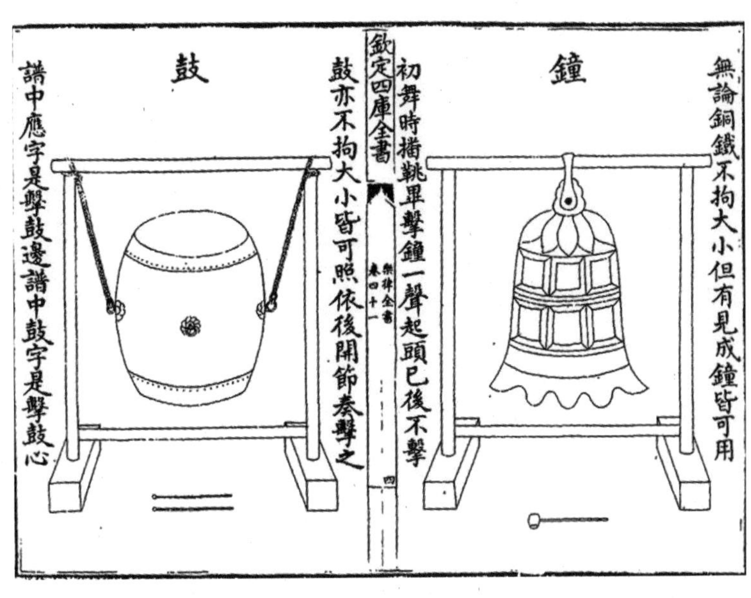

图 3-19
舞谱中的钟、鼓插图，朱载堉《乐律全书》（1606 年）卷四十一

鼓对应东方、春季，有生机、始、起等衍生之意；钟对应西方、秋季，有肃杀、终、止等涵义。所以在古代作战中，往往是“擂鼓而进”，“鸣钟收兵”。至汉代以钟鼓报时，当时城市里有严格的里坊制度，以钟鼓用于街市的管理。则如蔡邕《独断》所言：“鼓以动众，钟以止众。夜漏尽，鼓鸣即起；昼漏尽，钟鸣则息也。”击鼓标志着一日之始，鸣钟标志着一日之终，即所谓“晨鼓、暮钟”。大约在南北朝至唐初，“晨鼓、暮钟”的报时顺序也有衍变为“晨钟、暮鼓”者。唐人诗文中多见对“钟声”的描述。后世两种报时顺序兼有。① 佛寺中钟鼓的应用多以“晨钟、暮鼓”相称，所谓“晨钟”，即每天早晨先撞钟后打鼓；所谓“暮鼓”，即每天晚上先击鼓后撞钟。②

钟鼓楼是钟鼓报时的载体，在古代城市和宫殿中多有设立。按照上述钟、鼓涵义，有很多设置为东鼓西钟者，如唐长安太极宫太极殿③、大明宫含元殿④、北宋东京大内文德殿⑤、金代南京隆德殿⑥、位于现今安徽凤阳的明中都钟鼓楼⑦，等等。然而因为历代尊古与革新的不同，也因为对经史及阴阳五行图式歧义纷争的解释应用，也有不少东钟西鼓者，如曹魏邺城文昌殿⑧、南朝梁代建康宫巳殿、隋洛阳乾元殿等。宋代之前，佛寺中仅有钟楼和储藏经卷的经藏或曰经楼，常对峙配置，而没有独立的鼓楼，从敦煌壁画上来看，隋唐佛寺中东钟西经和东经西钟均有；宋代以后里坊解体，鼓始得以用于佛寺，鼓楼往往同钟楼相对，东钟西鼓和东鼓西钟两种情况也都有。

① 朱启新．晨钟暮鼓与晨鼓暮钟 [J]. 百科知识．2007，2：60-62.

② 钱慧．“晨钟暮鼓”音乐调查及探析——江苏省宝华山隆昌寺佛教音乐考察报告之一 [J]. 南京艺术学院学报（音乐与表演版），2005，1：40-44.

③（宋）宋敏求《长安志》中叙太极殿云：“殿东隅有鼓楼，西隅有钟楼。贞观四年置。”见：（清）徐松《唐两京城坊考》卷一“唐长安西内太极殿”条。

④（唐）舒元舆《御史台新造中书院记》记唐大明宫殿宣政殿：“至含元殿……入宣政门及班于殿左右巡使二人分押于钟鼓楼下”。

⑤（宋）王应麟《玉海》记宋东京大内：“次文德殿，殿东南隅鼓楼漏屋，西南隅钟楼。”

⑥（元）陶宗仪《南村辍耕录》：“隆德殿……东西二楼，钟鼓之所在，鼓在东，钟在西。”

⑦（明）柳瑛《中都志》：“鼓楼，在云济街东，洪武八年建，规模宏丽。钟楼，在云济（街）西，洪武八年建，上有巨钟。”

⑧ 见：刘敦桢．中国古代建筑史 [M]. 北京：中国建筑工业出版社，1980：50；刘敦桢．东西堂史料 [J]. 中国营造学社汇刊，5（2），1934.

又举明初兴修的青海乐都瞿昙寺建筑个例而言，据研究[①]，其东鼓西钟之制仿照紫禁城的营造意匠，即鼓楼、钟楼分别对应于奉天殿东文楼、西武楼。众所周知，明代北京紫禁城的规划布局遵循了阴阳五行学说，按阴阳五行图式，东、西方位的丰富表征意义可作对比如下表（表 3-7）：

① 吴葱．青海乐都瞿昙寺建筑研究 [D]. 天津：天津大学，1994.

表 3-7

东	震	阳	木	始	旭	昭	直	青	春	生	华	文	仁	政	乐	龙
西	兑	阴	金	收	暮	成	锐	白	秋	杀	英	武	义	治	礼	虎

文楼在东，武楼在西，与东鼓西钟之制相配。实际上，《礼记·乐记》中还有这样一段话，是以往建筑研究者不太注意到的：

> 钟声铿，铿以立号，号以立横，横以立武。君子听钟声则思武臣。石声磬，磬以立辨，辨以致死。君子听磬声则思死封疆之臣。丝声哀，哀以立廉，廉以立志。君子听琴瑟之声则思志义之臣。竹声滥，滥以立会，会以聚众。君子听竽笙箫管之声，则思畜聚之臣。鼓鼙之声欢，欢以立动，动以进众。君子听鼓鼙之声，则思将帅之臣。

以上一段话中已明确将钟声与武臣相配，但文臣提法还未浮现。不过毕竟，在此找到了钟楼和武楼更直接的对应关联，因而两者同样置于西边。其余有关建筑方位观念的问题，则还需进一步研究。

3. 堪舆中的“黄钟”涵义

正如前文所提及，罗盘盘面上即刻画有黄钟等律名。乐律知识对古代风水家而言乃是要掌握的基本内容之一，例如魏晋传世风水著作《管氏地理指蒙》[②]“正方位”一节说：“卜兆乘黄钟之始，营室正阴阳之方，……生者南向，死者北首。”观照汉代文献对“黄钟”律名的解释，可知“黄钟”有涵义如下：

②《管氏地理指蒙》据载为三国时著名堪舆家管辂所撰，后有北周 - 隋时萧吉、唐初李淳风、袁天纲及宋初王伋等注释。

十一月也，律中黄钟。黄钟者，阳气踵黄泉而出也。其于十二子为子。子者，滋也；滋者，言万物滋于下也。其于十母为壬癸。壬之为言任也，言阳气任养万物于下也。癸之为言揆也，言万物可揆度，故曰癸。（司马迁《史记·律书》）

《月令》云“十一月律谓之黄钟”何？中和之色；钟者，动也。言阳气动于黄泉之下，动养万物也。（班固《白虎通·卷三／京师》）

黄钟：……阳气施种于黄泉，孳萌万物。（班固《汉书·律历志上》）

① 十二律与十二个月相配：一月配太簇，二月配夹钟，三月配姑洗，四月配仲吕，五月配蕤宾，六月配林钟，七月配夷则，八月配南吕，九月配无射，十月配应钟，十一月配黄钟，十二月配大吕。又如陶渊明《自祭文》开篇即：“岁惟丁卯，律中无射。”是为丁卯年的九月。

要之，黄钟对应于十一月[①]，处在养阴孕阳、终而复始的时节，这正合于老子《道德经》所说“万物负阴以抱阳，冲气以为和”的理念，故《指蒙》以“黄钟”与“阴阳”相提并论。此时又值冬至，可配以方位之正北；而《指蒙》所涉的“营室”为天上星辰，也指北方。[②] 更广的含意则是，“黄钟”与“营室”同为辨识南北轴线的基点。综上，《指蒙》此句言简而意丰，显示了“黄钟”律名在方位、时节上的多重内涵（图3-20、图3-21）。

4. 明堂建筑之制与乐律机制的对应

古时有明堂建筑（图3-22），是政教合一的天子住处，其方位、时节亦同黄钟十二律相配，构成时空合一、法天象地、宇宙一体的宏阔图式。从《吕氏春秋》《礼记·月令》《管子》《淮南子》、董仲舒《春秋繁露》诸书记载中[③]，择其要者制成图表（图3-23、表3-8），如其所示，天子依十二个月的时序，循东南西北的方位来变换居住和施政的位置，每月听不同的音乐。明堂建筑之制与乐律机制有全面的对应关系。《国语》记述了公元前522年乐官伶州鸠对乐律机制的凝炼阐述：“纪之以三，平之以六，成于十二，天之道也。”（《国语·周语下》）它正可照应明堂之十二室，每一面之三室（堂及左右“个”）。由音乐学者揭示，中国传统乐理中的旋宫议题恰可以经由月令明堂图式来厘清。[④]

② 参见《礼记明堂阴阳录》：“明堂之制，……内有太室，象紫宫；南出明堂，象太微；西出总章，象五潢；北出玄堂，象营室；东出青阳，象天市。”

③ 按记载，相配内容十分繁杂，例如《吕氏春秋·孟春纪第一》开篇云：“孟春之月：日在营室，昏参中，旦尾中。其日甲乙。其帝太皞。其神句芒。其虫鳞。其音角。律中太蔟。其数八。其味酸。其臭膻。其祀户。祭先脾。东风解冻。蛰虫始振。鱼上冰。獭祭鱼。候雁北。天子居青阳左个，乘鸾辂，驾苍龙，载青旂，衣青衣，服青玉，食麦与羊。其器疏以达。”

④ 参见：童忠良，等，编著．中国传统乐理基础教程[M]. 北京：人民音乐出版社，2004：89-111；周武彦．中国古代音乐考释[M]. 长春：吉林人民出版社，2005：80-84；罗艺峰．空间考古学视角下的中国传统音乐文化[J]. 中国音乐学（季刊）. 1995，3：45-58；陈应时．一种体系 两个系统——论中国传统音乐理论中的“宫调”[J]. 中国音乐学（季刊），2002，4：109-116.

欽定四庫全書
律呂辨天地四方聲
子黃鍾
丑大呂
寅太蔟
坎北
艮

欽定四庫全書
二十四氣

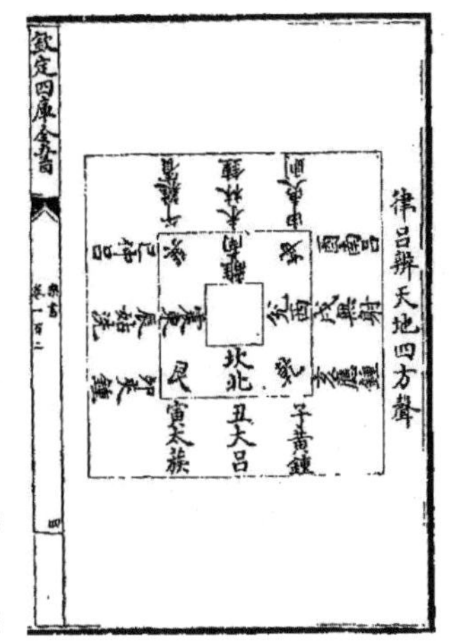

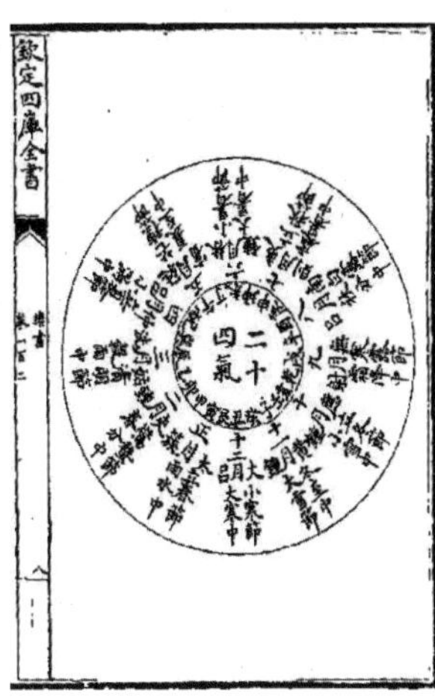

图 3-20
律吕辨天地四方声，陈旸《乐书》（左）

图 3-21
十二律配二十四气，陈旸《乐书》（右）

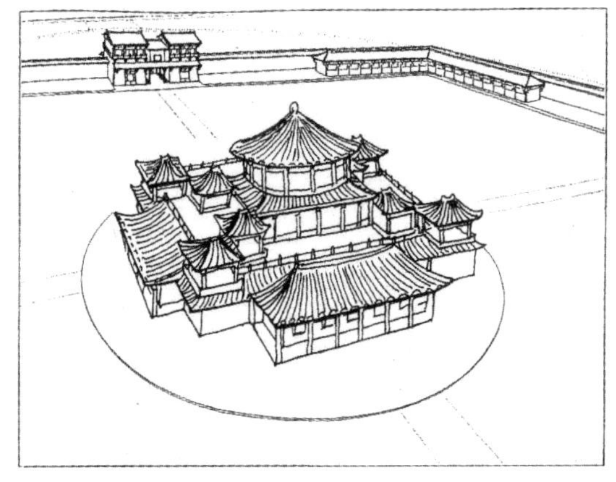

图 3-22
明堂复原图

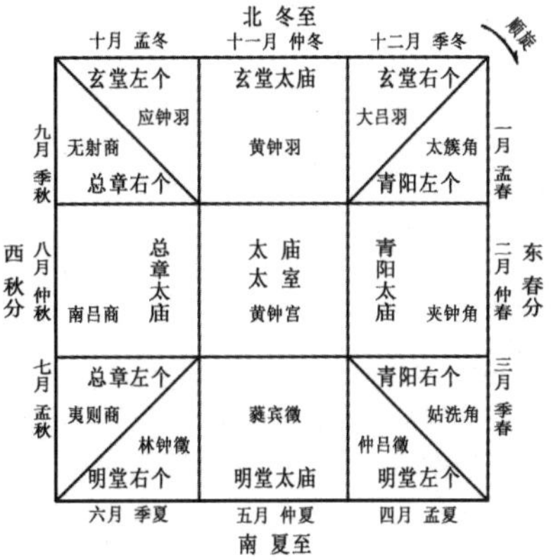

北 冬至
十月 孟冬
十一月 仲冬
十二月 季冬
顺旋
玄堂左个
应钟羽
无射商
总章右个
玄堂太庙
黄钟羽
玄堂右个
大吕羽
太簇角
青阳左个
九月 季秋
一月 孟春
西 秋分
八月 仲秋
总章太庙
南吕商
太庙
太室
黄钟宫
青阳太庙
夹钟角
二月 仲春
东 春分
七月 孟秋
总章左个
夷则商
林钟徵
明堂右个
蕤宾徵
明堂太庙
青阳右个
姑洗角
仲吕徵
明堂左个
三月 季春
六月 季夏
五月 仲夏
四月 孟夏
南 夏至

图 3-23
明堂随月用律图

十二律与月令明堂图式 表 3-8

律名	月份	月令	支	节气	中气	明堂位	八方	五音	五行	五色
太簇	一	孟春	寅	立春	雨水	青阳左个	东北	角	木	青
夹钟	二	仲春	卯	惊蛰	春分	青阳太庙	东			
姑洗	三	季春	辰	清明	谷雨	青阳右个	东南			
仲吕	四	孟夏	巳	立夏	小满	明堂左个	东南	徵	火	朱
蕤宾	五	仲夏	午	芒种	夏至	明堂太庙	南			
林钟	六	季夏	未	小暑	大暑	明堂右个	西南			
清黄钟	*	长夏				太庙太室	中	宫	土	黄
夷则	七	孟秋	申	立秋	处暑	总章左个	西南	商	金	白
南吕	八	仲秋	酉	白露	秋分	总章太庙	西			
无射	九	季秋	戌	寒露	霜降	总章右个	西北			
应钟	十	孟冬	亥	立冬	小雪	玄堂左个	西北	羽	水	黑
黄钟	十一	仲冬	子	大雪	冬至	玄堂太庙	北			
大吕	十二	季冬	丑	小寒	大寒	玄堂右个	东北			

* 实际操作或定于六月，以季夏代长夏，以林钟代清黄钟。按乐理，黄钟之宫恰以林钟为徵。

中国传统音乐用“宫、商、角、徵、羽”构成五声音阶。宫为五声之首，故被称为“音之主”。① 十二律的每一律都可作宫音，宫音的转移带动五声音阶其他音随之移动，称为“旋宫”。② 古人将旋宫与天文历法相联系，以十二律与十二月时辰对应，称“随月用律”，由此绘成“旋宫图”（图 3-24）。如图所示，以底盘和盘心构成五声音阶与十二律之间的对应关系。图的外圈为十二月的顺序，中圈为十二律名，两者组成固定不变的底盘；内圈为五声音阶之阶名，组成可移动、旋转的盘心。盘心旋转时有两种方式，即顺时针方向的“顺旋”与逆时针的“逆旋”。对于旋宫之法，历来学者争讼不绝。本文不拟涉入调式、调高等音乐学讨论，仅就旋法本身而论，顺旋应以“宫”为本，要旨是宫音旋转移动，遍经十二

①《国语·周语》载伶州鸠答周景王问律时说：“夫宫，音之主也，第以及羽。”意即音的排布自宫至羽。

②《礼记·礼运》载：“五声、六律、十二管还相为宫。”后“还相为宫”通行作“旋相为宫”，故有“旋宫”之术语。

图 3-24
旋宫图

律；逆旋则以律为本，要旨是同一律名上编经宫、商、角、徵、羽五音。历代皆以顺旋为正，到宋朝官方更明确宣布废止“逆旋”（自宋以后称为“左旋”）[①]：“明堂颁朔，用左旋取之，非是。”（《宋史·乐志／卷一二九》）这种以顺旋为正的思想，只要结合月令明堂图式观之，就会特别容易理解。

对照“图 3-23　明堂随月用律图”，在明堂建筑中，天子随月移居不同房间，其移居方向乃是顺旋。又按规定，天子在每一房间听指定乐律，其听律次序若以头年冬至到翌年冬至计算，则为黄钟—大吕—太簇—夹钟—姑洗—中吕—蕤宾—林钟—夷则—南吕—无射—应钟—黄钟—……由“表 3-6”可见，作为“音之主”的“宫”既然对应“人事”中的“君”，那么天子在明堂的起居显然就是以“拟人化”的姿态模拟了“图 3-24　旋宫图”，两者机制完全相同！天子好比“图 3-24”盘心的宫音，明堂就是记有十二月序与十二律名的底盘，经一年时间，宫音恰好绕底盘一圈，遍经了十二律。[②] 故而，旋宫法虽有两种，但合于古制、照应天人之理的却是“顺旋”，这同时也契合当代音乐界从乐理出发、主张废止“逆旋”（“左旋”）的呼吁。[③]

① 唐时称顺旋为左旋，逆旋为右旋；宋时称顺旋为右旋，逆旋为左旋。左旋、右旋之称谓虽易混淆，但顺旋指顺时针方向、逆旋指逆时针方向，则历代未变。左旋、右旋考辨参见：陈应时．一种体系 两个系统——论中国传统音乐理论中的“宫调”[J]. 中国音乐学（季刊），2002，4：109-116；周武彦．中国古代音乐考释 [M]. 长春：吉林人民出版社，2005：80-84. 另一方面，左旋、右旋之说本对应于天文观念，历法家都采取右旋说，正与宣布废止“左旋”的音乐观念相符。右旋说是将太阳的周年视运动、月球的周月视运动，看作它们真正的运动；左旋说则是将日、月的周日视运动看作它们真正的运动。见：陈遵妫．中国天文学史 [M]. 上海：上海人民出版社，2006：1303-1306.

② 艺术史家巫鸿在研究汉代明堂时有一个类似的比喻，将天子比作“一座大钟上的一根转动的指针”。（美）巫鸿．中国古代艺术与建筑中的“纪念碑性”[M]. 李清泉，郑岩，等译．上海：上海人民出版社，2009：98-113.

③ 黄翔鹏．“旋宫古法中的随乐用律问题和左旋、右旋”．溯流探源 [M]. 北京：人民音乐出版社，1993：109.

四
音乐引导的建筑组群空间

（一）小引

在中国传统学术中，对建筑的研究以“其位次与夫升降出入”为主要关注点。[①] 法国汉学家戴密微 1925 年撰文介绍宋《营造法式》时曾言及于此，且举北宋初聂崇义《三礼图集注》、南宋李如圭《仪礼释宫》、清代任启运《宫室考》等为例。[②] 李允鉌《华夏意匠》重提此话题，认为聂、李、任诸书若能“加以详细分析和研究，再结合建筑的观点解释一番，相信就会是一本十分有内容和对研究中国建筑史很有用的著述”。[③]

实质上，建筑的位次与升降出入都可归结为“礼”[④]，并跟仪式用乐挂钩。南宋郑樵《通志・乐略・乐府总序》云：“礼乐相须以为用，礼非乐不行，乐非礼不举。”礼典中的登降、进退、出入，无一不是和着音乐节奏来进行的。整个礼典过程要配合奏乐、歌唱、舞蹈、诗颂，这一切的上演又与建筑组群的空间位次紧密结合。

在讨论音乐的主导影响之前，有必要将中国建筑的组群空间特征进行概念化归纳。英国学者李约瑟曾撰“中国建筑的精神”小文，以最精炼的话语向读者交代中国建筑艺术与西方有何区别。[⑤] 本文在其论述基础上，提出中国建筑组群空间特征如下（图 3-25）：

① 清任启运《宫室考》序：“学礼而不知古人宫室之制，则其位次与夫升降出入，皆不可得而明，故夫宫室不可不考也。”

② Paul Demiéville 戴密微. Che-yin Song Li Mingtchong Ying tsao fa che 石印宋李明仲营造法式. “Edition photolithographique de la Méthode d'architecture de Li Mingtchong des Song” [J]BEFEO vol.1, 1925 : 213-164; 唐在复，译. 法人德密那维尔氏评宋李明仲营造法式 [J]. 中国营造学社汇刊. 第二卷第一册，1931. 研究建筑的其他传统学术著作还有北宋陈祥道《礼书》、南宋杨复《仪礼图》、宋元之际韩信同《三礼图说》、明中叶刘绩《三礼图》，及清代江永《仪礼释宫增注》、程瑶田《释宫小记》、焦循《群经宫室图》、洪颐煊《礼经宫室答问》、胡培翚《燕寝考》等。参见：周聪俊（台湾科技大学共同科系）. 国科会专题研究计划成果报告“仪礼宫室图研究”，2000.

③ 李允鉌. 华夏意匠：中国古典建筑设计原理分析 [M]. 天津：天津大学出版社，2005: 43.

④ 戴密微的学生、法国汉学家汪德迈（Léon Vandermeersch）在近期一篇简介中国建筑的文章中，开宗明义地说：“在古代中国，建筑的原则首先是礼的原则。” Léon Vandermeersch, Ritualisme et ingénierie dans l'architecture chinoise ancienne. Henri Chambert-Loir ed. *Anamorphoses: Hommage à Jacques Dumarçay*[M], Paris: Les Indes Savantes, 2006: 99-108.

⑤ “中国建筑的精神”小文出自李约瑟的煌煌巨制《中国科学技术史》中的第四卷第三分册房屋工程部分，该部分主要着眼中国古代建筑营造的技术成就，故开篇专撰一节“中国建筑的精神”，以使读者对中国建筑艺术预先有提纲挈领的认识。见 Sir Joseph Needham. “The Spirit of Chinese Architecture”, *Science and Civilisation in China*, Vol. 4, Physics and Physical Technology[M], Part III, Civil Engineering and Nautics (d) Building Technology[M], Cambridge University Press, 1971: 60-71.

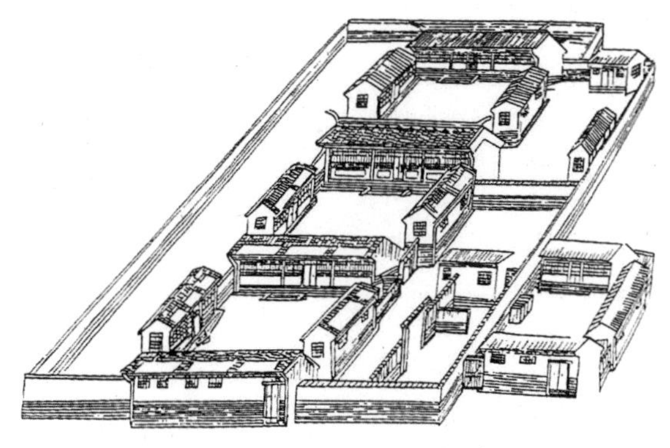

图 3-25
中国传统建筑组群空间，清代麟庆《鸿雪因缘图记》（1847 年）

（1）建筑总平面由一个或多个方形庭院构成，其组群规模由建筑单位在宽度上，尤其是深度上连续复制而扩大；

（2）每一庭院由建筑四面围合，在南北轴线上布置正房与门，两侧为围廊或配房；

（3）庭院被视为建筑的一部分，而非分开另计的额外补充。①

下文将从三方面来分析中国古代音乐对建筑组群空间的影响。

① 李约瑟对中国庭院的认识来自梁思成所言："中国建筑之完整印象，必须并与其院落观之。"出自：梁思成．中国建筑史．梁思成文集（第三卷）[M]. 北京：中国建筑工业出版社，1984；转引自：萧默．中国建筑艺术史[M]. 北京：文物出版社，1999：1107.

（二）由乐器陈设塑成的"宫室"

从是否便携的角度来说，可把乐器分为两类：轻便的可由乐手随身携带，大件的则须预先固定设置在某处。这一点中西方并无不同。在西方，提琴、笛、号等属于前者，钢琴属后者，教堂的管风琴则往往随建筑一道落成，成为室内装饰的一部分。而在中国古代，琴瑟笙管为前者（图 3-26），钟鼓磬等为后者（图 3-27）。后者须固定悬挂在某处，称之为"县"。对于其陈设，在古代文献中记载有：

图 3-26
便携乐器：奏乐时乐工携入的瑟
朱载堉《乐律全书》卷九

a

b

图 3-27
非便携乐器
a. 宴乐渔猎纹铜壶，纹饰下层画面为乐悬，故宫博物院藏；
b. 曾侯乙墓出土战国编磬

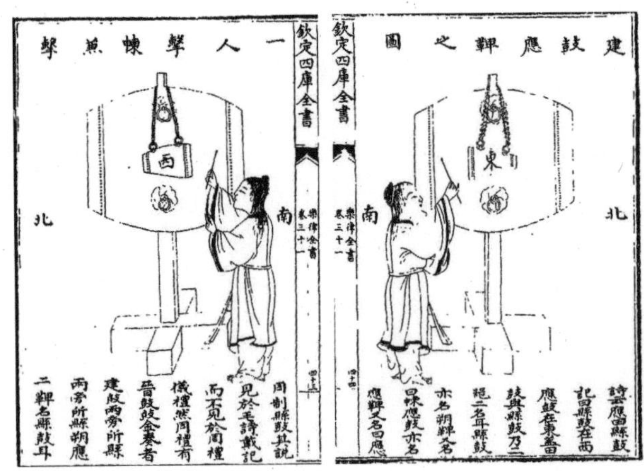

图 3-28
按方位奏乐，朱载堉《乐律全书》卷三十一

有瞽有瞽，在周之庭。设业设虡，崇牙树羽。应田县鼓，鞉磬柷圉。（《诗经·周颂·有瞽》）

大孝备矣，休德昭清。高张四县，乐充宫庭。芬树羽林，云景杳冥，金支秀华，庶旄翠旌。（《汉书·礼乐志》）

业、虡是悬挂乐器的横竖木架，牙、羽为悬挂乐器的构件与装饰，应、田、鞉为几种不同的鼓，柷、圉（又作“敔”）为示意乐声起止的打击乐器。这些乐器通常都是固定在庭院里。[1] 至于每种乐器的具体位置，《礼记·礼器》称“庙堂之下，县鼓在西，应鼓在东”。而规定得尤为完备的是《仪礼·大射》：

乐人宿县于阼阶东，笙磬西面，其南笙钟，其南镈，皆南陈。建鼓在阼阶西，南鼓，应鼙在其东，南鼓。西阶之西，颂磬东面，其南钟，其南镈，皆南陈。一建鼓在其南，东鼓，朔鼙在其北。一建鼓在西阶之东，南面。簜在建鼓之闲，鼗倚于颂磬西纮。

传统学术已有不少据以上描述开展的复原研究。[2] 这里要说明的是，这些大件乐器一旦悬上（称“宿县”），就不轻易撤去，所谓“大夫无故不彻县”（《礼记·曲礼》）。只在“大札（即严重的疫病）、大凶、大灾、大臣死”等“国之大忧”的罕见情形下，才“令弛县”（《周礼·春官宗伯·大司乐》），即把乐器从架上拆卸下来。

这些常年放置在庭院中的乐器，本身即起着标识方位的作用（图 3-28），例如《管子·霸形》描述：“悬钟磬之榬，陈歌舞竽瑟之乐，……桓公起，行笋虡之间，管子从，至大钟之西，桓公南面而立，管仲北乡对之，大钟鸣。”人的站位朝向由乐悬的摆放朝向所决定。因为乐悬朝向事关重大，甚而有乐官小胥专职负责“正乐县之位”（《周礼·春官宗伯·小胥》）。

① 偶尔也有不在庭院设县的情形，见《左传·成公十二年》载：“晋郤至如楚聘，且莅盟，楚子享之，子反相，为地室而县焉，郤至将登，金奏作于下，惊而走出。”楚王将乐县设在地室而非庭院，这一不合惯例的设置应该就是造成晋国使臣“惊而走出”的原因。

② 对相关传统学术研究的归纳，参见：周聪俊（台湾科技大学共同科系）. 国科会专题研究计划成果报告“仪礼宫室图研究”，2000.

周代礼乐制度还有如下等级规定：

> 王宫县，诸侯轩县，卿大夫判县，士特县。(《周礼·春官宗伯·小胥》) 郑玄注：“宫县，四面县；轩县，去其一面；特县，又去一面；四面，象宫室四面有墙，故谓之宫县。轩县三面，其形曲。”

中国传统建筑观念将庭院视为建筑的一部分。因此，东西南北四向俱全的乐器布置，犹如在庭院地上构筑了四面墙，从而在正房前添盖起一座宫室；三向的乐器布置，犹如在正房前添盖起一座轩，“轩”亦殿堂前檐之意。总之，由乐器陈设，塑成了“建筑空间”。

（三）由乐队位次界分的堂上、下

古代乐工按表演时的位次不同，概有堂上乐和堂下乐之分。其具体情况在“三礼”中有多处记载，将其归拢一览①，可按现代语言总结如下：在堂上的有声乐部（歌者）、弦乐部（瑟）、乐队指挥（乐正），还有少量小件打击乐器。在堂下则有管乐部（管、笙）、大量打击乐器（县、各种鼓，及示意乐声起止的柷、敔），以及舞蹈队。

① 见诸《礼记》之《文王世子》：“登歌《清庙》，既歌而语，以成之也。……下管《象》，舞《大武》。……正君臣之位、贵贱之等焉，而上下之义行矣”；《郊特牲》：“奠酬而工升歌，发德也。歌者在上，匏竹在下，贵人声也”；《明堂位》：“升歌《清庙》，下管《象》；朱干玉戚，冕而舞《大武》；皮弁素积，裼而舞《大夏》”；《乐记》：“《清庙》之瑟，朱弦而疏越，一倡而三叹，有遗音者矣”；《祭统》：“昔者，周公旦有勋劳于天下。周公既没，成王、康王追念周公之所以勋劳者，而欲尊鲁；故赐之以重祭。外祭，则郊社是也；内祭，则大尝禘是也。夫大尝禘，升歌《清庙》，下而管《象》；朱干玉戚，以舞《大武》；八佾，以舞《大夏》；此天子之乐也”；《仲尼燕居》：“下管《象》、《武》，《夏》籥序兴。……升歌《清庙》，示德也。下而管《象》，示事也”。

见诸《周礼·春官宗伯》：“大师：大祭祀，帅瞽登歌，令奏击拊；下管，播乐器，令奏鼓楝”；“小师：大祭祀，登歌击拊，下管，击应鼓”。

见诸《仪礼》之《乡饮酒礼》：“工四人，二瑟，瑟先。相者二人，皆左何瑟，后首，挎越，内弦，右手相。乐正先升，立于西阶东。工入，升自西阶。北面坐。相者东面坐，遂授瑟，乃降。工歌《鹿鸣》《四牡》《皇皇者华》”；《乡射礼》：“乐正先升，北面立于其西。工四人，二瑟，瑟先，相者皆左何瑟，面鼓，执越，内弦。右手相，入，升自西阶，北面东上。工坐。相者坐授瑟，乃降。笙入，立于县中，西面。乃合乐：《周南·关雎》《葛覃》《卷耳》《召南·鹊巢》《采蘩》《采苹》”；《燕礼》：“升歌《鹿鸣》，下管《新宫》，笙入三成，遂合乡乐。若舞，则《勺》”。

歌者进至堂上，称之为“登歌”或“升歌”，坐着演唱。祭礼时，歌者唱《清庙》，以歌颂美德（“示德也”），此时可用瑟伴唱，还可辅以小件钟鼓轻轻敲击之，以定节奏。贵族相聚时，歌者唱《鹿鸣》《四牡》《皇皇者华》，同样有瑟伴奏，并有乐正指挥。

在堂下列队的是管乐队，主要是管、笙两种乐器。管为竹制，笙为匏（葫芦的一种）制，所以也统称匏竹。祭礼时，管吹《象》，同时应也伴舞，以歌颂祖先事迹（“示事也”）。此时堂下的大小打击乐器也一道奏响。舞者主要有两种装扮：跳《大武》舞时，舞者戴着冠冕，手执朱色的盾牌和玉斧；跳《大夏》舞时，舞者戴着皮帽，着白色束腰、短衣，手执龠管。这两种舞的内容也都是歌颂祖先事迹，跳时列队为八列八排（称“八佾”）。至于贵族相聚时，是管吹《新宫》，伴以《勺》舞。

吹笙者大约要待堂上、堂下之乐合奏之时才加入进来，立在堂下的乐悬之中。此时的合乐曲目有《周南·关雎》《葛覃》《卷耳》《召南·鹊巢》《采蘩》《采苹》。合乐的热闹场景还可见于《礼记·乐记》载：“弦匏笙簧，会守拊鼓，始奏以《文》，复乱以《武》，治乱以《象》，讯疾以《雅》。”

在更早的《尚书》对乐师夔的记载中[①]，已然有堂上、下乐的区分。“戛击鸣球、搏拊、琴瑟、以咏”为堂上乐，“下管鼗鼓，合止柷敔，笙镛以间”为堂下乐（图 3-29）。所谓“击石拊石”者，击者重，拊者轻，则按规制，两类打击乐器应是分置在堂下和堂上。至于“鸟兽跄跄”“百兽率舞”，若描述的是舞队，则当在堂下表演。

① 《尚书·舜典》：“帝曰：‘夔！命汝典乐。教胄子，直而温，宽而栗，刚而无虐，简而无傲。诗言志，歌咏言。声依永，律和声。八声克谐，无相夺伦，神人以和。’夔曰：‘於！予击石拊石，百兽率舞。’”又据《尚书·益稷》：“夔曰：‘戛击鸣球、搏拊、琴瑟、以咏。’祖考来格，虞宾在位，群后德让。下管鼗鼓，合止柷敔，笙镛以间。鸟兽跄跄。箫韶九成，凤皇来仪。夔曰：‘於！予击石拊石，百兽率舞。’”

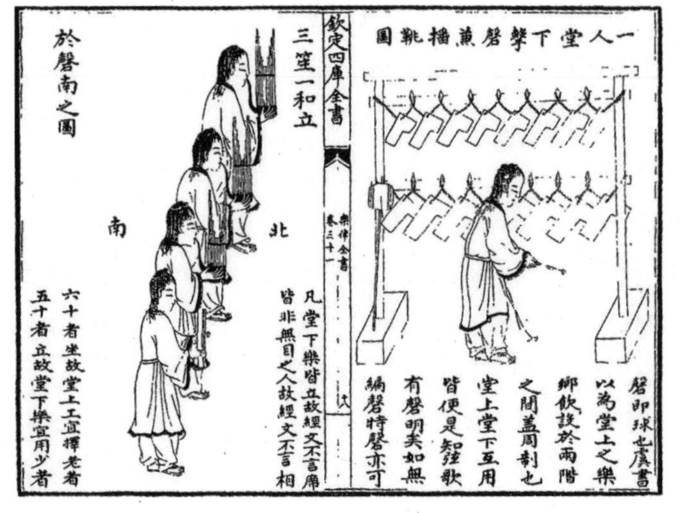

图 3-29
堂下乐之磬乐与笙乐，朱载堉《乐律全书》卷三十一

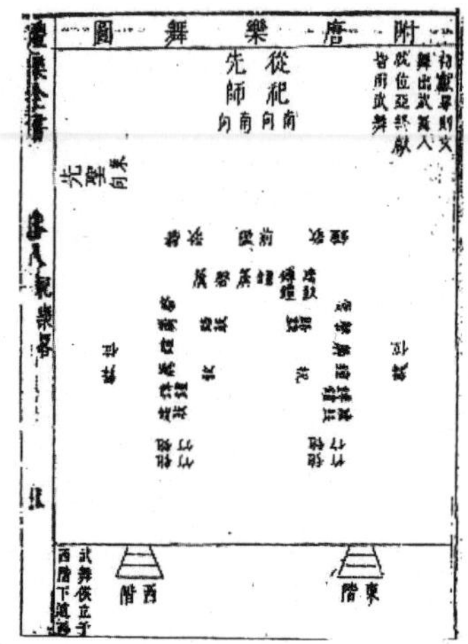

图 3-30
唐乐舞图

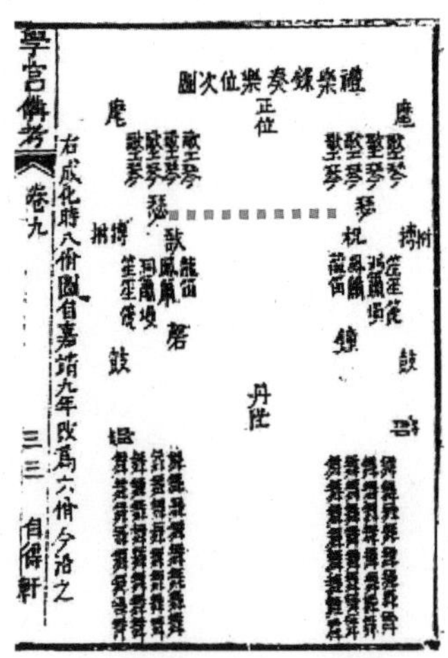

图 3-31
明成化礼乐录奏乐位次图，图中虚线所示为堂上、堂下的分界线

乐队位次的堂上、堂下之分在汉代被继承[①]，以后见诸历代"礼乐志"，这一传统在祭祀用乐中一直保留到清代。又见唐代宫廷乐有立部伎、坐部伎之分，按唐玄宗时分乐为二部：堂下立奏，谓之立部伎，计八部；堂上坐奏，谓之坐部伎，计六部。[②] 尽管唐代音乐受西域极大影响，各部伎概以舞者为主，与先秦乐队体制已大不同，但毕竟仍继承了堂上、下之分，以及堂上人少而等级高、堂下人多而等级低的基本特点。

有一点须特别说明：从传世的一些古籍上所绘传统乐舞图来看，古之"堂下"未必就是指"阶下"。[③] 例如，据清顺治十三年（1656 年）刻本《頖宫礼乐全书》所绘唐代"乐舞图"（图 3-30），堂上乐（歌者、小件钟鼓）在前楹两侧（即殿堂前廊的两个次间），堂下乐（匏竹管乐、钟鼓乐悬、柷敔及舞位）在台阶以上。又据清乾隆六年（1741 年）刻本《学宫备考》所绘明成化时"礼乐录奏乐位次图"（图 3-31），由上至下的具体位次是歌工、琴瑟、小件钟鼓、柷敔、管笙、大件钟鼓，均在丹陛之上，丹陛下为八佾舞队。就这两张图来看，"堂上"实指殿堂之内至前廊；"堂下"指殿堂前的平台，或也包括台阶下或丹陛下的部分。要之，虽历来有"升堂"一说，但堂上、下之间并不一定靠台阶高差来区分。实际上，与"升堂"相关联的是"入室"，在堂、室之间下设横木，称"门限"或"门槛"，成为区隔内外、上下区域的界线，既遮挡污物，又能避邪。而乐队的位次，则有助于强调堂上、下的界分。

此外可以指出的是，周代以来还有"房中乐""房中歌"之说。从历代记载来看[④]，房中乐除了由女乐工歌唱表演外，其余琴瑟钟鼓配置与堂上乐概同。因而"房中"似可包含在"堂上"的概念当中，"堂下"的概念可与"中庭"互通。

① 见《汉书·礼乐志》："奏登歌，独上歌，不以筦弦乱人声，欲在位者遍闻之，犹古清庙之歌也。登歌再终，下奏休成之乐，美神明既飨也。"及《后汉书·显宗孝明帝纪》："升歌《鹿鸣》，下管《新宫》，八佾具修，万舞于庭。"

② 详见《旧唐书》之卷二十九《音乐志》。

③ 参见 杜美芬 . 祀孔人文暨礼仪空间之研究——以台北孔庙为例 [D]. 桃园：中原大学，2003：58-65.

④《仪礼·燕礼》："若与四方之宾燕，……有房中之乐。"《周礼·春官宗伯》："钟师：教缦乐、燕乐之钟磬。"《汉书·礼乐志》："有房中祠乐，高祖唐山夫人所作也。周有房中乐，至秦名曰寿人。凡乐，乐其所生，礼不忘本。高祖乐楚声，故房中乐楚声也。孝惠二年，使乐府令夏侯宽备其箫管，更名曰安世乐。"北宋陈旸《乐书》："汉惠帝使夏侯宽合之管弦。晋武帝别置女乐三十人于黄帐外奏。隋高祖尝谓群臣曰："自古天子有女乐。"晖远对曰："窈窕淑女，钟鼓乐之，则房中之乐也。"高祖大悦。……至隋牛洪修乐，……取文帝地厚天高之曲，命嫔御登歌上寿而已。"

从这几个关于乐队位次的用词以小见大：不称室内外而称堂上下，可见中国传统建筑空间概念与西方传统的静态空间迥然不同，并无严格的“室内”（interior）对“室外”（exterior）之界分。中国建筑中不论殿堂内、前廊下、庭院中，均为同质的流动空间，为整个组群之一部分。也可以说，这些空间并非黑（室内）白（室外）分明，它们整个都是“灰空间”，充满可塑性——当有乐器四面围合时，即可视为筑成一座“宫室”；当乐队按位次排列好后，即可由此界分出堂上和堂下。这不禁让人想到歌德讲的“音乐凝冻成市场”的故事。

（四）音乐节奏引导下的建筑空间程序组织

论及中国古代建筑之“宫室得其度”，《周礼·考工记》中有一句话是建筑学界经常提到的：“室中度以几，堂上度以筵，宫中度以寻，野度以步，涂度以轨。”它除了显示出周代有“几、筵、寻、步、轨”等一系列尺度单位外，还清楚地表明了中国古人有关建筑组群空间的理念是按“室中、堂上、宫中、野、涂”内外层层相套的（图 3-32）。

同样反映这种内外层层相套之空间理念的[①]，还有《尔雅·释宫》里的论述：

> 室中谓之时，堂上谓之行，堂下谓之步，门外谓之趋，中庭谓之走，大路谓之奔。

将《尔雅·释宫》与《考工记》的表述相参，可见“室中、堂上、堂下、门外、中庭、大路”与“室中、堂上、宫中、野、涂”基本对应；但让今人颇觉新奇的是，这里并非应用“丈、尺、寸”等常见的长度单位，或“几、筵、寻、步、轨”等生活中的习用之物来度量这些空间，而是意在规度空间中的行为——此处出现的“步”不是指步伐长度，而是指行走速率。关于“行、步、趋、走、奔”

① 巫鸿专门论及这一空间理念，他指出周代宗庙仪礼的精髓在于“不忘其初”“返其所自生”（《礼记·礼器》），礼仪程序的时空结构体现于宗庙建筑视觉形式上的层层深入——通过城门进城，进入宗庙院落，穿过层层门阙，一直走进尽头的始祖祠堂，在这个终点面对其“初始”。参见：巫鸿．中国古代艺术与建筑中的“纪念碑性”[M]. 李清泉，郑岩，等译．上海：上海人民出版社，2009：98-113.

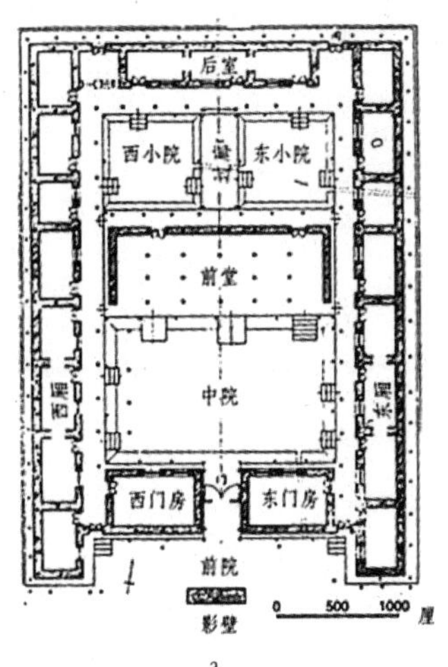

a

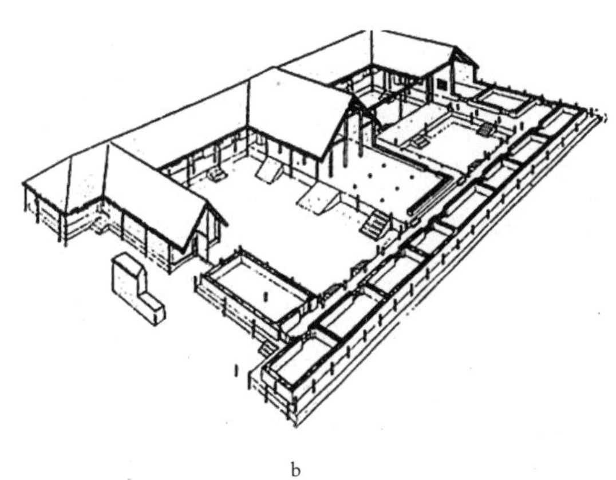

b

图 3-32
一座周代早期庙堂建筑，公元前 11 世纪—公元前 10 世纪，1976 年发掘于陕西凤雏

等比较接近现代观念的解释，可见于东汉刘熙《释名·释姿容》：“两脚进曰行；行，抗也；抗，足而前也。徐行曰步；步，捕也，如有所伺捕务安详也。疾行曰趋；趋，赴也，赴所至也。疾趋曰走；走，奏也，促有所奏至也。奔，变也，有急变奔赴之也。”这些快慢不同的姿容，正同前章所述孔子一系列“如也”行仪比照呼应。

为什么要以行走速率来度量建筑呢？按宋人邢昺《尔雅疏》所析，“释宫”原句可以同《周礼·春官宗伯·乐师》载“行以《肆夏》，趋以《采荠》”联系起来。他指出“释宫”此处所描述的实际上是祭祀之礼，并阐释曰：“行，谓大寝之庭至路门，趋，谓路门至应门。”

对于《肆夏》《采荠》与建筑的关联，上一章曾从审美观角度加以讨论，这里可从时空观角度再作阐发。后世儒者对“行以《肆夏》，趋以《采荠》”一句，曾结合建筑组群空间予以详解。郑玄注云：“行者，谓于大寝之中，趋，谓于朝廷。然则王出既服至堂而《肆夏》作，出路门而《采荠》作，其反入至应门、路门亦如之，此谓步迎宾客。”贾公彦疏云：“庭中走，大路奔，据助祭者而言。故《诗》云‘骏奔走在庙’也。今总言行者，谓大寝之中，不言堂下步者，人之行必由堂下始，步与行小异大同，故略步而言其行也。……反入至应门即是路门外，当奏《采荠》也。入至路门即是门内，行以《肆夏》也。但王有五门，外仍有皋、库、雉三门，《经》不言乐节，郑亦不言，故但据路门外内而言。若以义量之，既言趋以《采荠》，即门外谓之趋，可总该五门之外，皆于庭中遥奏《采荠》矣。”由此观照前引李允鉌所言——中国建筑的设计注意力主要落在“一个总的组织程序”上，而此处可以说，该“组织程序”是由典礼仪式中的用乐来控制的。

周代礼乐文化关于用乐序次的规定散见于“三礼”，以往曾有学者整理[①]，今引用以往研究所归纳的“宗周贵族礼乐配置表”（表 3-9）[②]，在其基础上讨论用乐的“组织程序”。审视该表，很容易注意到，整套乐序的一头一尾均为“金奏”，也就是鸣敲钟悬。王国维于此有透辟的陈述：

> 凡乐以金奏始，以金奏终。金奏者所以迎送宾，亦以优天子、诸侯及宾客，以为行礼及步趋之节也。（《释乐次》）

与此照应的古代文献表述，略如“宾入大门而奏《肆夏》，示易以敬也”（《礼记·郊特牲》），“入门而金作，示情也”（《礼记·仲尼燕居》），等等。音乐伴随着人在院落空间中的移动，即所谓“堂上谓之行，堂下谓之步”“行［、步］以《肆夏》”。其实如表所示，伴随的音乐当不止《肆夏》一种，还有《王夏》《陔夏》《骜夏》等，皆为出入之乐。但它们既同名为“夏”，则其节奏很可能近似，都较为舒缓。至于“门外谓之趋，中庭谓之走，大路谓之奔”时所奏的《采荠》一曲，虽未见列入表中，但依其曲名当与《采蘩》《采苹》等相类，可能以鼓声为节。[③] 鼓声密，钟声疏，故《采荠》远比《肆夏》节奏快，与门外更大尺度空间的“趋、走、奔”行动相配。

① 如清代阮元．“天子诸侯大夫金奏升歌笙歌间歌合乐表说”．揅经室集（上册）[M]. 北京：中华书局，1993：78-83；王国维．“释乐次”．观堂集林（卷二）[M]. 北京：中华书局，1959：84-104.

② 杨华．先秦礼乐文化 [M]. 武汉：湖北教育出版社，1996：112。引用该表时，略去了与“乐序”无关，只反映用乐等级规制的“乐队”“舞队”两栏。又按，“节奏”一栏所讲的是射礼之节，非用乐中所概有，且并非如表所陈，居于乐序之末，故也略去。

③《诗经·关雎》有“参差荇菜、左右采之。窈窕淑女，琴瑟友之。参差荇菜，左右芼之。窈窕淑女，钟鼓乐之”之语。按此描述，当由琴瑟、钟鼓奏《采荠》《采蘩》《采苹》等曲。

宗周贵族礼乐配置之乐序　　表 3-9

礼制	乐序	金奏	升歌	管	笙	间歌		合乐	舞	金奏
						歌	笙			
天子礼	天子祭礼	《王夏》《肆夏》《昭夏》	《清庙》	《象》	无	无	无	无	六大舞	《肆夏》《王夏》
	天子大飨	《王夏》《肆夏》	[《清庙》]	[《象》]	无	无	无	无	无	《肆夏》《王夏》
	天子大射	《王夏》[《肆夏》]	[《清庙》]	[《象》]	无	无	无	无	弓矢舞	[《肆夏》]《王夏》
诸侯礼	两君相见	无	《清庙》《文王》之三	《象》《武》	无	无	无	《鹿鸣》之三	《武》《夏籥》	无
	诸侯射仪	《肆夏》	《鹿鸣》三终	《新宫》三终	无	无	无	无	无	《陔夏》《骜夏》
	诸侯燕礼（据《燕礼经》）	无	《鹿鸣》《四牡》《皇皇者华》	无	《南陔》《白华》《华黍》	《鱼丽》《南有嘉鱼》《南山有台》	《由庚》《崇邱》《由仪》	《关雎》《葛覃》《卷耳》《鹊巢》《采蘩》《采苹》	无	《陔夏》
	诸侯燕礼（据《燕礼记》）	《肆夏》	《鹿鸣》	《新宫》	笙入三成	无	无	乡乐	《勺》	《陔夏》
大夫士礼	大夫士乡射礼	无	无	无	无	无	无	《关雎》《葛覃》《卷耳》《鹊巢》《采蘩》《采苹》	无	《陔夏》
	大夫士乡饮酒礼	无	《鹿鸣》《四牡》《皇皇者华》	无	《南陔》《白华》《华黍》	《鱼丽》《南有嘉鱼》《南山有台》	《由庚》《崇邱》《由仪》	《关雎》《葛覃》《卷耳》《鹊巢》《采蘩》《采苹》	无	《陔夏》

单论“金奏”，它专用于控制人进入建筑组群后在空间中的移动——“入门而县兴”，待人走到终点时音乐就停止，“升堂而乐阕”。随后宾主坐于堂前，“下管《象》、《武》，《夏籥》序兴”，此时这些管奏、歌唱、舞蹈显然不再用以控制节奏，“升歌《清庙》，示德也，下而管《象》，示事也”（《礼记·仲尼燕居》）。从另一面讲，若人在建筑组群空间中保持动态，就应有音乐用以控制行进节奏，进而强化人在时间中参与的意象。历史上看，这的确是各朝礼制建筑空间中的礼仪常情。随举二例，譬如《大唐开元礼》记载大朝会仪式中“上公”在殿中和殿庭之间的移动：“通事舍人引上公一人诣西陛，公初行，乐作，至解剑席，乐止。公就席，脱舄，……纳舄，乐作，复横街南位，乐止。”[①] 又如《大明会典》记载皇太子册立仪：“引礼导皇太子由东阶降，乐作，出奉天门，乐止。”[②] 至于坛庙建筑空间中结合登降、进退、出入的“乐作”“乐止”规定，更是举不胜举。

中国传统建筑观念注重人在时间中的动态参与，应与礼乐文化下的乐仪培养有莫大关系。衍化在汉魏赋文中，便有连篇累牍地对“流观”的描述：身体盘桓移动，目光远望近察。[③] 如西汉王褒《甘泉赋》（仅存残篇）描述甘泉宫：“却而望之，郁乎似积云；就而察之，雰乎若太山。”曹魏何晏《景福殿赋》：“远而望之，若摛朱霞而耀天文；迫而察之，若仰崇山而戴垂云。”随着人处在建筑组群空间中的远近行止不同，视觉感受也就不断变化。

往复移动、远观近察，甚至成为中国艺术中普遍的审美观照方法。如嵇康《琴赋》里，有“远而听之，若鸾凤和鸣戏云中；迫而察之，若众葩敷荣曜春风”“沛腾遌而竞趣”“安轨徐步”“徘徊顾慕”“闼尔奋逸”等大量动态描摹。又见于古代书法理论表述中，有东汉崔瑗《草书势》云：“远而望之，漼焉若注岸奔涯；就而察之，一画不可移。”蔡邕（图 3-33）作《篆势》：“远而望之，若鸿鹄群游，络绎迁延。迫而视之，湍漈不可得见，指撝不可胜原。”又作《隶势》，以建筑外部空间意象喻笔势：“崭嵒嵯嵳，高下属连。似崇台重宇，

① （唐）萧嵩．大唐开元礼 [M]. 北京：民族出版社，2000：455. 大朝会礼仪相关分析见：陈涛，李相海．隋唐宫殿建筑制度二论——以朝会礼仪为中心 // 王贵祥，主编．中国建筑史论汇刊（第一辑）[M]. 北京：清华大学出版社，2009：117-135.

② （明）李东阳，等敕撰．申行时，等奉敕重修．大明会典 [M]. 南京：江苏广陵古籍刻印社，1984：卷 47，礼部五·皇太子册立仪·册立颁诏。相关分析见：诸葛净．明洪武时期南京宫殿之礼仪角度的解读 // 贾珺，主编．建筑史（第 25 辑）[M]. 北京：清华大学出版社，2009.9：64-80.

③ 韩林德．“推崇仰观俯察、远望近察的‘流观’观照方式”．境生象外：华夏审美与艺术特征考察 [M]. 北京：生活·读书·新知三联书店，1995：107-115.

图 3-33
蔡邕（133—192 年），
字伯喈

层云冠山。远而望之，若飞龙在天；近而察之，心乱目眩。奇姿谲诞，不可胜原。”

应该说，以行走速率与音乐节奏互通的思维在中国和西方皆有。中国材料已如前述；西方音乐今日通行的节奏术语概为意大利文，其中 andante 中文译为“行板”，为每分钟 76~108 拍，其意文词源也正来自 andare（行走）。但这一动态行进并未引入西方建筑传统中，直到 20 世纪，才有建筑大师勒·柯布西耶提出“建筑漫步”（promenade architecturale）的主张，强调个体在与建筑的相互作用（jeu），他描绘说：“我们接近，我们看见，我们被激起兴趣，我们驻足，我们赞赏，我们转过身，我们发现。我们接受一系列的知觉刺激，一个接一个，让情感不断变化：相互作用产生了效果。”[①] 这多么像音乐引导下的中国建筑组群空间理念！

① 丹尼尔·保利．朗香教堂 [M]. 张宇，译．北京：中国建筑工业出版社，2006：29. 原话出自 1936 年罗马“意大利不动产学会”会议上勒·柯布西耶的讲稿“与绘画、雕塑相关的理性主义建筑的趋势”（Les tendances de l’architecture rationaliste en relation avec la peinture et la sculpture）。

第四章

算出来的音律和尺度

一

乐律发展史撷要

本书的考察，除了基于建筑界的前人研究外，还大量汲取了中国乐律学、计量学、数学史乃至天文史的研究成果。这一节将在音乐界研究成果的基础上，侧重于乐律与数理哲学相关的方面，对乐律发展史作一要说。

1979 年在河南舞阳县贾湖的新石器时代遗址（据测定，是距今 9000—7800 年的遗存）出土的一批骨笛（见图 3-10），是近年来国内外音乐学界十分瞩目的考古乐器。① 据研究，其中有的骨笛除吹孔外具有七个音孔，可以奏出中国传统音乐中的下徵调七声音阶与清商六声音阶。② 而且可判明的是，骨笛上的开孔是经过精确计算的，显现出贾湖先民已学会运用数学的计算方式，寻求一种有规律可循的多孔笛发音规律。③

音乐与数理机制结合，便产生了律学——对律制和音阶进行数理研究的科学。中国古人很早就发展出了五声音阶（宫、商、角、徵、羽）和十二律吕（六律为黄钟、太簇、姑洗、蕤宾、夷则和无射；六吕为大吕、夹钟、仲吕、林钟、南吕及应钟）。迄今见到“十二律”全部名称（图 4-1）及其树立生成机制的最早记载是《国语·周语》所录公元前 522 年乐官伶州鸠对周景王的阐述：

> 律所以立均出度也。……度律均钟、百官轨仪，纪之以三，平之以六，成于十二，天之道也。夫六，中之色也，故名之曰黄钟，……二曰太蔟，……三曰姑洗，……四曰蕤宾，……五曰夷则，……六曰无射……。为之六间，……元间大吕，……二间夹钟，……三间仲吕，……四间林钟，……五间南吕，……六间应钟……。④

① 对贾湖骨笛的测音研究、乐律学特点及音乐史价值，音乐界较近的全面介绍可参见：萧兴华．舞阳贾湖 [M]. 北京：科学出版社，1999：992-1020. 第九章“骨笛研究”；萧兴华．中国音乐文化文明九千年——试论河南舞阳贾湖骨笛的发掘及其意义 [J]. 音乐研究，2000：3-14.

② 黄翔鹏．中国人的音乐和音乐学 [M]. 济南：山东文艺出版社，1997：170-174.“舞阳贾湖骨笛的测音研究”；该文原载于文物，1989 年第 1 期．

③ 张居中．考古新发现——贾湖骨笛 [J]. 音乐研究，1988，4.

④ 此外，十二律的有些律名也散见于《左传》《战国策》等先秦文献，以及一些相应的东周编钟铭文，甚至也可见于早至商代的一件钟铭。参见：郑祖襄 // 华夏旧乐新证：郑祖襄音乐文集 [M]. 上海：上海音乐学院出版社，2005：194-201.“古律探源录”，原载于中央音乐学院，1988，3。文物铭文记载律名最多的是 1978 年湖北随县曾侯乙墓出土的 65 口战国编钟，所记载音乐钟铭反映出战国初楚、晋、周、齐、申、曾诸国音乐十二律及其异名多达 26 种。相关研究见：谭维四．曾侯乙墓 [M]. 北京：生活 · 读书 · 新知三联出版社，2003；李纯一．曾侯乙铭文考索 [J]. 音乐研究，1981，1；黄翔鹏．曾侯乙钟、磬铭文乐学体系初探 [J]. 音乐研究，1981，1.

a

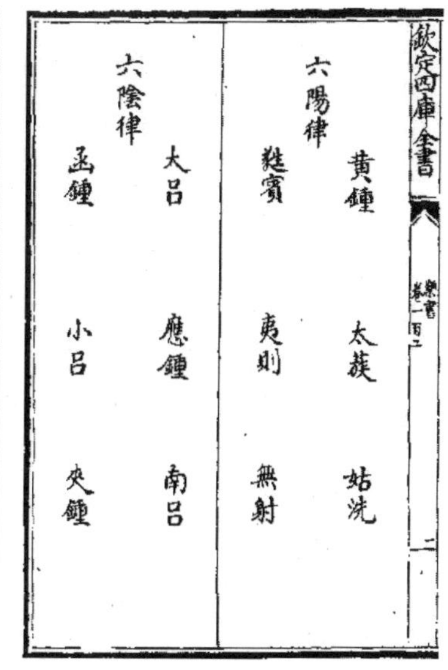

b

图 4-1
十二律的理论和应用：
a. 北宋中期按十二律制作的编钟，宋阮逸，胡瑗《皇祐新乐图记》(1053 年)；
b. 十二律分六阳律和六阴律，宋陈旸《乐书》(1101 年)

在先秦著作《管子》之“地员篇”中强调了这种“三分法”：

> 凡将起五音，先主一而三之，……三分而益之以一，……有三分而去其乘，……有三分而复于其所。

由此算出宫、商、角、徵、羽，构成五声音阶。

《吕氏春秋》容纳了先秦诸家学说，述及十二律及其“三分”生成机制——以黄钟为元声，余声依十二律次序循环计算，每隔八位照黄钟管长加或减三分之一以得之（图 4-2）：

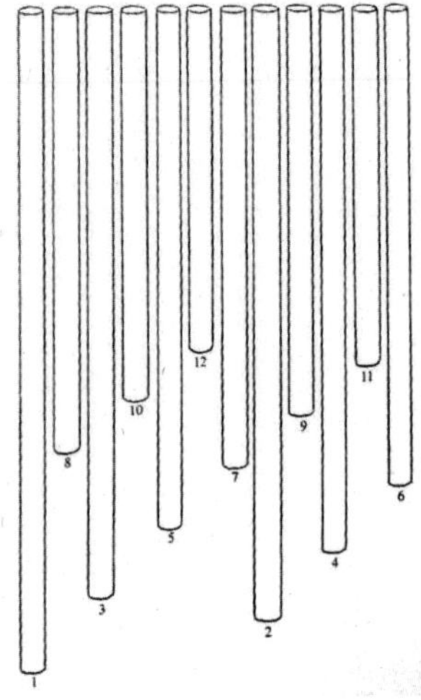

图 4-2
按比例绘制的正统律管，如《吕氏春秋》所言依次相生十二律。
1. 黄钟；2. 大吕；3. 太簇；4. 夹钟；5. 姑洗；6. 仲吕；7. 蕤宾；8. 林钟；9. 夷则；10. 南吕；11. 无射；12. 应钟

黄钟生林钟，林钟生太簇，太簇生南吕，南吕生姑洗，姑洗生应钟，应钟生蕤宾，蕤宾生大吕，大吕生夷则，夷则生夹钟，夹钟出无射，无射生仲吕。三分所生，益之一分，以上生；三分所生，去其一分，以下生。黄钟、大吕、太簇、夹钟、姑洗、仲吕、蕤宾为上，林钟、夷则、南吕、无射、应钟为下。（《吕氏春秋·季夏记》）

《吕氏春秋》还将乐律的起源远溯至黄帝时代，文曰：

昔黄帝令伶伦作为律。伶伦自大夏之西，乃之阮隃之阴，取竹于嶰溪之谷，以生空窍厚钧者，断两节间。其长三寸九分而吹之，以为黄钟之宫，吹曰“舍少”。次制十二筒，以之阮隃之下，听凤皇之鸣，以别十二律。其雄鸣为六，雌鸣亦六，以比黄钟之宫，适合。黄钟之宫，皆可以生之，故曰黄钟之宫，律吕之本。（《吕氏春秋·古乐篇》）

观照到贾湖骨笛均由飞禽骨骼制成，且测音研究表明其中一支骨笛已备十二律中的八律[①]，那么这一远古史实正好照应《吕氏春秋》所载伶伦以凤鸣制律管的说法。

随后的西汉《淮南子》提出了与《吕氏春秋》略有不同的生律机制，但仍以“三分法”数理机制为本。[②] 这以后，律学家并不满足已有的十二律，继续孜孜追求更精确更完善的律制，在汉魏晋六朝，达到了律学研究极为活跃的一个高潮期——如汉代京房（公元前 77—公元前 37 年）六十律、晋代荀勗（?—289 年）十二笛律、刘宋何承天（370—447 年）的新律、钱乐之（5 世纪）三百六十律，等等，都是这段时期产生的。

以三分损益法求十二律，存在一个难以解决的问题：自元声黄钟出发，生律十二次而尽得余声之后，不能复原为黄钟之长（详见后面个案分析）。京房六十律、钱乐之三百六十律，以及南宋蔡元定（1135—1198 年）的十八律，都是为解决这一难题而作的尝试。至明代，朱载堉（1536—1610 年）《律学新书》（成书于 1584 年）及《律吕精义》（成书于 1596 年）提出了“十二平均律”这一新律法（图 4-3），终于解决了千年来求律问题的矛盾，在世界音乐史和声学发展史上作出伟大贡献，赢得国际学术界的极高评价。[③]

① 吴钊．贾湖龟铃骨笛与中国音乐文明之源 [J]. 文物，1991，3：50-55.

② 概言之，主要是“上生”“下生”先后顺序的不同，具体地说，《管子》《吕氏春秋》的生律是先益后损，《淮南子》是先损后益，其次序不同。但都按三分所生，则无疑义。

③ Kenneth Robinson. with notes by Erich F.W. Altwein. and a preface by Joseph Needham. *A critical study of Chu Tsai-yü's contribution to the theory of equal temperament in Chinese music*. Wiesbaden：F. Steiner，1980，按 Robinson 的评价，朱载堉对音乐理论的贡献实为“中国两千年来声学试验及研究成果之冠”。又见 Fritz A. Kuttner. Prince Chu Tsai-Yü's Life and Work：A Re-Evaluation of His Contribution to Equal Temperament Theory[J]，163，*Ethnomusicology*，Vol. 19，No. 2，1975，163-206；中文著作见：戴念祖．朱载堉——明代的科学和艺术巨星 [M]. 北京：人民出版社，1986.

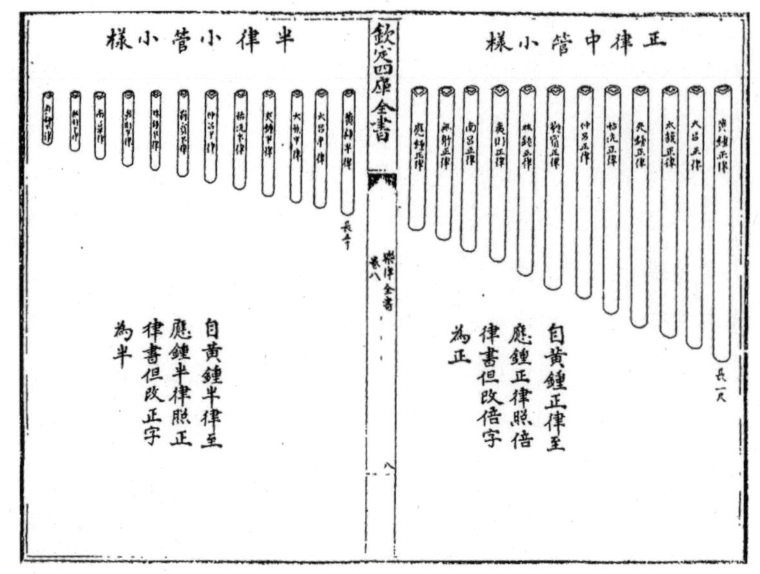

图 4-3
朱载堉制作的正律十二管和半律十二管，《乐律全书》卷八

二 “同律度量衡”

（一）乐律与度量衡

在中国古人数千年不辍的探索中，律学取得了杰出成就，并对中国古代度量衡产生了深远的影响。在《尚书·尧典》中，有“协时正日月，同律度量衡”的说法，其意思是：厘定四季的节气、月、日，统一历法，并使度量衡的标准都取法于律，达到同一。这种关联思维反映在历代史书中，即把乐律与天文历法并在一起记载，如汉代班固《汉书》、晋代司马彪《后汉书》、唐代李淳风《晋书》、南朝刘宋何承天、萧梁沈约《宋书》、唐代长孙无忌《隋书》、元代脱脱《宋史》等，都撰有“律历志”篇章。而以上史书中的最后三部“律历志”，被现代学者称为“中国度量衡之三大正史”（吴承洛语）。

20 世纪以来，有关中国古代度量衡的研究连缀不绝，成果丰硕。本文着重参考的有：吴承洛《中国度量衡史》（1937 年）[①]、杨宽《中国历代尺度考》（1937、1955 年）[②]、曾武秀《中国历代尺度概述》（1964 年）[③]、丘光明《中国历代度量衡考》（1992 年）[④]、郭正忠《三至十四世纪中国的权衡度量》（1993 年）[⑤]、丘光明等著《中国科学技术史・度量衡卷》（2001 年）。[⑥]在这些著作中，不约而同地强调了乐律与度量的关联。

中国古代度量衡所指的尺度、容量和重量等三种量，以尺度为计量的基础。历代度量衡，先定度，生量、衡于度；而度生于律[⑦]，并律证以度，因此故籍大多详于度而略于量、衡。在中国古代，以声音振动体的长度代表音高标准，于是律与尺度紧密结合，并产生了“律尺”“律度”二名。历代律尺的长度标准依照发出标准音高的律管而定；而中国古代音乐十二律历来以第一律“黄钟”为标准音高，以此为准来推算其他各律的音高。这样，历代黄钟音高的变迁就和尺度单位的变化紧密关联。春秋以降，尤其是汉代以后，历代度量衡制度，必求诸于黄钟，中于黄钟，一直及于清代，成为我国古代度量衡制度史上最显著的特色传统（图 4-4、图 4-5）。反过来，也有认为音乐源于度量的观点，如《吕氏春秋・大乐》谓：“音乐之所由来者远矣：生于度量，本于太一。”总之，音乐与度量衡有着密不可分的关系。

① 吴承洛．中国度量衡史 [M]. 上海：上海书店，1984（据商务印书馆 1937 年版复印）.

② 杨宽．中国历代尺度考 [M]. 北京：商务印书馆，1955；杨宽．中国历代尺度考——重版后记 // 河南省计量局，主编．中国古代度量衡论文集 [M]. 郑州：中州古籍出版社，1990：64-76.

③ 曾武秀．中国历代尺度概述 // 河南省计量局 主编．中国古代度量衡论文集 [M]. 郑州：中州古籍出版社，1990：130-165；原载历史研究，1964，3.

④ 丘光明．中国历代度量衡考 [M]. 北京：科学出版社，1992.

⑤ 郭正忠．三至十四世纪中国的权衡度量 [M]. 北京：中国社会科学出版社，1993.

⑥ 卢嘉锡，总主编．丘光明，邱隆，杨平，著．中国科学技术史：度量衡卷 [M]. 北京：科学出版社，2001.

⑦ 首言“度生于律”者是《史记・律书》：“王者制事立法，物度轨则，一禀于六律，六律为万事根本焉。”

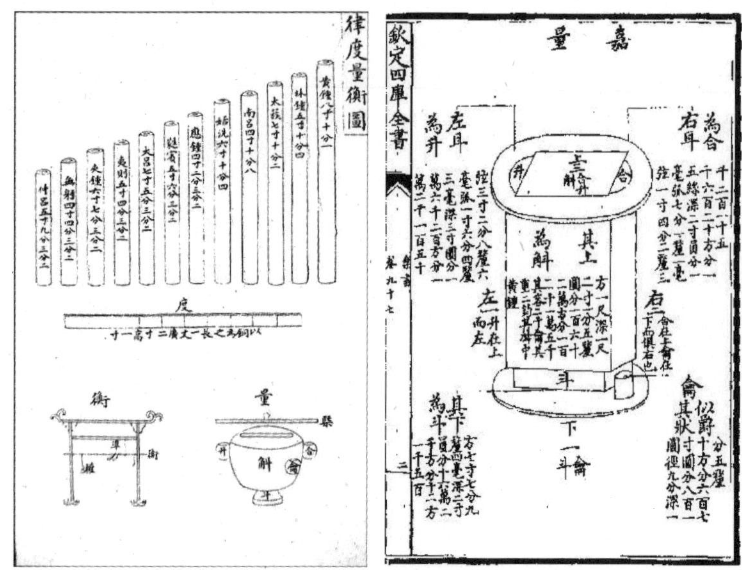

图 4-4
律度量衡图（左）

图 4-5
嘉量图，宋陈旸《乐书》（右）

历朝历代以极大的热情研究律学，其中有一重要促因，就是社会对准确计量的需求。这一点在宋代与清代体现得尤为突出。当时社会的商业因子活跃，迫切需要产生准确的度量衡制；另一方面，统治者努力复古①，也希望推出统一的度量衡制，由此给社会赋予秩序，有效控制社会。如是，在宋与清两个朝代，官方积

① 杨荫浏从音乐史的角度总结出宋与清是音乐观复古的时代："音乐观虽然发生于周末，完成于汉时，但在全部中国音乐史中，它却总能保持有力的地位。虽自秦汉以后，下至隋唐，有一段时期，这种音乐观会暂时失去实际控制的力量；但即使在华夷音乐相互交融，达到最高峰的晚唐时期，学者们的意识中还根深蒂固地对想象的中和音乐有所怀念。这在当时的记载和诗文中时时可以见到。到了宋代以后，复古的思想相继而兴，直至满清，流风愈炽；对于中和音乐的追求，更见得是非常热烈。""这一时期的特点，是复古派的势力过分抬头。各代对于音乐几乎有一贯的政策，这政策便是复古。""整个宋代是努力复古的；金元与明多少是因袭了宋代所复的古；清代初期的复古运动更趋极端。""宋代的屡次改变乐律，增制琴类笙类；清代的新颁乐律，废止若干前代的乐器，目的都在求雅乐的复古。""复古期间，因复古运动本身的刺激而产生的音乐著作……[有]宋代的陈旸《乐书》，清代的《律吕正义后编》，从所含的材料而言，都仍不失其为可以参考的书籍。"杨荫浏．中国音乐史纲[M]．台北：乐韵出版社，1996：23，189，190，332.

极调整乐律和度量衡，又颁降各种制度规范；并非巧合的是，这两个朝代也是进行过重大建筑活动的时代，并有两部由官方颁发的建筑工程规范传世，即宋《营造法式》与清工部《工程做法则例》，它们成为今日学者研究中国建筑的两部“文法书”。[①] 本书后文个案分析的对象，即《营造法式》与天坛圜丘，正是分别处在这两个朝代，且深受当时度量衡标准及相应音乐因素的影响。

①“两部文法书”语出梁思成的英文著作《图像中国建筑史》。见：梁思成，著．费慰梅，编．梁从诫，译．图像中国建筑史 [M]. 天津：百花文艺出版社，2000：93-94.

（二）尺度系统中的调律用尺与常用尺

在《汉书·律历志》中，阐明了“由律生度”的具体方法：

> 度者，分、寸、尺、丈、引也，所以度长短也。本起黄钟之长，以子谷秬黍中者，一黍之广度之，九十分黄钟之长。一为一分，十分为寸，十寸为尺，十尺为丈，十丈为引，而五度审矣。

汉以后，历代尺度皆本《汉书·律历志》之说，或求于黄钟之规，考律定尺，或准尺以求律，参证以秬黍（即黑色之黍）作法，校验益详，推演益明。由黄钟而求尺度之标准，成为中国度量衡“传统之正法”[②]，是中国度量衡史“特有之家珍”，“是很值得大书特书的”。[③] 以今日眼光，这一方法实质上是使用一定的声音的波长，作为长度计量单位的标准。以宫音为五音之首，或黄钟为十二律吕之元声，频率最低而波长最大，音律既定，律管之长即有一定，据以而为尺度之本。这以今天来看也确属十分科学的先进方法，而在古代则更显其难能可贵。

② 吴承洛．中国度量衡史 [M]. 上海：上海书店，1984：10-15.

③ 卢嘉锡，总主编．丘光明，等著．中国科学技术史：度量衡卷 [M]. 北京：科学社，2001：45.

在《汉书》写成之时，“同律度量衡”还相当名副其实，表现为调音律用的尺即生活中实用的尺；但此后日常用尺不断变化，与乐律渐不相合。这一点被晋代的荀勖发现，见载于《晋书·律历志》：“武帝泰始九年（273 年），中书监荀勖校太乐，八音不和，始知后汉至魏，尺长于古四分有余。”荀勖根据古物复原出古尺，即史称“晋前尺”，专门用来调音律，所谓“惟以调音律，至于人间未甚流布”（《隋书·律历志》），自此，古代尺度系统中的调律用尺就与常用尺分离了。至唐代，更是形成完善的大小尺制度，以小尺只限于“调钟律、测晷影、合汤药及冠冕之制”（《唐六典》“金部郎中”条、《唐会要》“大府寺”条），而日常生活用大尺。[①]

调律用尺与常用尺分离以后，其演化规律亦不同，不过自隋以来，历代皇朝无不希望两者保持关联，使尺度厘定仍中于黄钟。如隋取“后周市尺”为官尺、常用尺，采“后周铁尺”为调律用尺，规定前者一尺是后者的一尺二寸，长度比为 6 ∶ 5。这一比值为唐代大小尺制度所继承。但在唐以后随着大小尺的各自发展，这一比值便又不能保持。

大尺作为常用尺，在宋代发展为太府尺、三司尺等官尺[②]，在明清则以营造尺相沿[③]，如朱载堉《律吕精义》称：“今营造尺即唐大尺。”（图 4-6）小尺为乐律用尺，在北宋时期改动频仍，此后元明相袭，至清康熙颁布《律吕正义》时又是一变。在这段历史中，以北宋及清初的尺度调整及改革尤显出官方将常用尺与调律用尺紧密挂钩的意图。宋人屡次尝试将常用尺与调律用尺重新统合起来，至宋徽宗时终于制成“大晟乐尺”，以之兼作调律及丈量田地、布帛之用。清初则结合纵横排黍求律之法，规定营造尺与律尺的长度比为 100 ∶ 81，在隋唐之后重建两种尺制之对应比例关系。后文个案研究中将对此进一步阐发。

① 参见：杨宽．中国历代尺度考．北京：商务印书馆，1955；曾武秀．中国历代尺度概述 [J]. 历史研究，1964，3.

② 宋尺的分类众说不一，本文参见：郭正忠．三至十四世纪中国的权衡度量 [M]. 北京：中国社会科学出版社，1993：255-270.

③ 相关研究详见：李浈．官尺·营造尺·鲁班尺——古代建筑实践中用尺制度初探 // 贾珺，主编．建筑史（第 24 辑）[M]. 北京：清华大学出版社，2009：15-22.

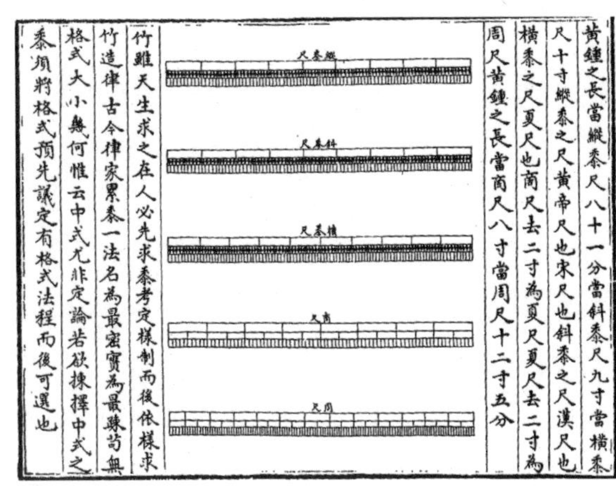

黃鍾之長當縱黍尺八十一分當斜黍尺九寸當横黍尺十寸縱黍之尺黄帝尺也宋尺也斜黍之尺漢尺也横黍之尺夏尺也商尺去二寸為夏尺夏尺去二寸為周尺黄鍾之長當商尺八寸當周尺十二寸五分

縱黍尺

斜黍尺

横黍尺

商尺

周尺

竹雖天生求之在人必先求黍考定様制而後依様求竹造律古今律家累黍一法名為最密實為最疎苟無格式大小幾何惟云中式尤非定論若欲揀擇中式之黍須將格式預先議定有格式法程而後可選也

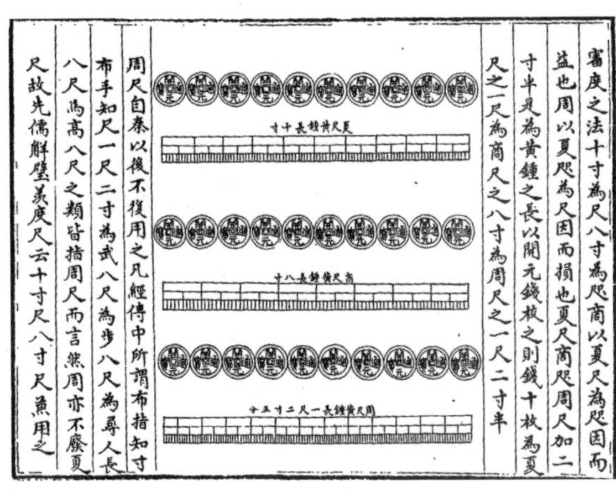

審度之法十寸為尺八寸為咫商以夏尺為咫因而益也周以夏咫為尺因而損也夏尺商咫周尺加二寸半是為黄鍾之長以開元錢校之則錢十枚為夏尺之一尺為商尺之八寸為周尺之一尺二寸半

夏尺黄鍾長十寸

商尺黄鍾長八寸

周尺黄鍾長一尺二寸五分

周尺自秦以後不復用之凡經傳中所謂布指知寸布手知尺一尺二寸為武八尺為步八尺為尋人長八尺為高八尺之類皆指周尺而言然周亦不廢夏尺故先儒解璧羨度尺云十寸尺八寸尺兼用之

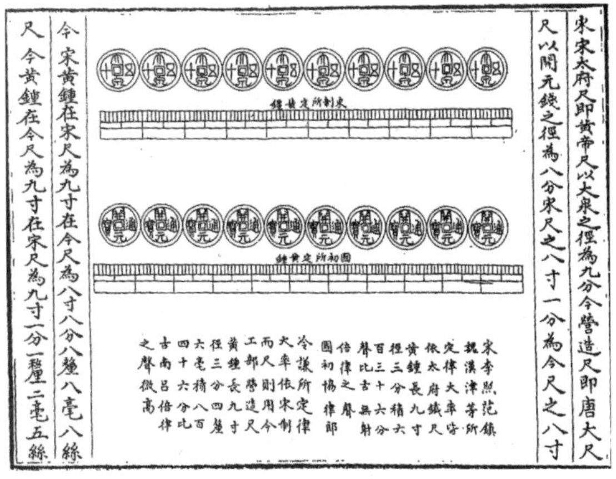

宋宋太府尺即黄帝尺以大泉之徑為九分今營造尺即唐大尺尺以開元錢之徑為八分宋尺之八寸一分為今尺之八寸

宋制所定黄鍾

國初所定黄鍾

宋李照范鎮魏漢津等所定律大率皆依太府鐵尺黃鍾長九寸徑三分積六百三十六分聲比古無射倍律之聲國初協律郎

今議所定律大率依宋制而尺則用今工部營造尺黄鍾長九寸徑三分四釐六毫積八百四十六分比古南呂倍律之聲微高

今宋黄鍾在宋尺為九寸在今尺為八寸八分八釐八毫八絲

尺今黄鍾在今尺為九寸在宋尺為九寸一分一釐二毫五絲

图 4-6

朱载堉对历代尺制的研究,《乐律全书》卷十一

三

关涉乐律的数理哲学

中国古代数理哲学是非常庞杂的研究对象，涵盖易学、天文历算、乐律等诸多方面。以《周易》哲学而言，历史上发展出精深的“象数之学”，象、数、理等观念与阴阳说、元气说、五行说融汇交织，衍为一个系统而严整，但也有不少牵强附会之处的宇宙图式，表征着宇宙万物及人事的种种和谐现象。对其研究恐须穷尽终身，故而本书化繁为简，着重关注与音乐相关的数理哲学（图 4-7），并探讨它对中国建筑的影响。这里不妨引哲学家冯友兰的一段评述来概言音乐与数的关系：

> （象数之学）其注重“数”“象”与希腊之毕达哥拉斯学派，极多相同之点。……毕氏以为天是一个和声，在天文与音乐中，最可见数之功用。中国自汉以后讲律吕与历法者，皆以《易》之“数”为本。……中国之讲历法音乐者，大都皆用阴阳家言。[①]

① 冯友兰 . 中国哲学小史 [M]. 北京：中国人民大学出版社，2005：43-50. 第五章“五行，八卦”。

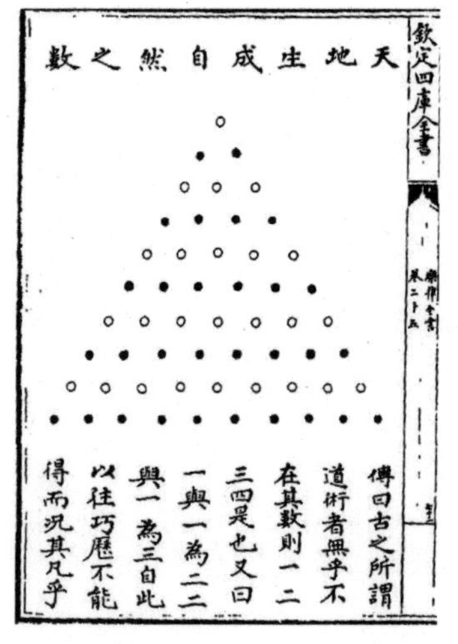
欽定四庫全書

天地生成自然之數

傳曰古之所謂道術者無乎不在其數則一二三四是也又曰一與一為二二與一為三自此以往巧歷不能得而況其凡乎

图 4-7
天地生成自然之数，朱载堉《乐律全书》卷二十五

（一）律度与数

"数"在中国古代有很多说法，本文着重讨论乐律在生成度、量、衡的过程中与数的关联。这些关联由《汉书·律历志》总结为五种："一曰备数，二曰和声，三曰审度，四曰嘉量，五曰权衡，参五以变，错综其数。"根据《汉书》、《后汉书》"律历志"并其他古代文献，可分条目陈述如下：

1. 数的本义指计算事物。[①] 数的计量，是一、十、百、千、万。[②] 这与《汉书·律历志》规定的"五度"，即十进位的五个长度计量单位——分、寸、尺、丈、引的递进关系是配套的。

2. 在乐律、度量衡及历法上，无不用到数。按《汉书》载："夫推历、生律、制器、规圜、矩方、权重、衡平、准绳、嘉量、探赜、索隐、钩深、致远，莫不用焉。度长短者不失豪氂，量多少者不失圭撮，权轻重者不失黍絫。"按《后汉书》："律、度、量、衡、历，其别用也。故体有长短，检以度；物有多少，受以量；量有轻重，平以权衡；声有清浊，协以律吕；三光运行，纪以历数。"

3. 数的缘起被归于黄钟，如《汉书》谓："本起于黄钟之数，始于一而三之，三三积之，历十二辰之数，十有七万七千一百四十七，而五数备矣。"又见《后汉书》："隶首作数。"将数及算筹之法的发明归于黄帝时的隶首。而据《汉书》言，算筹之法跟乐律亦有渊源：

> 其算法用竹，径一分，长六寸，二百七十一枚而成六觚，为一握。径象乾律黄钟之一，而长象坤吕林钟之长。(《汉书·乐律志》)

① 《汉书·律历志上》："数者，一、十、百、千、万也，所以算数事物，顺性命之理也。"《后汉书·律历上》："古之人论数也，曰'物生而后有象，象而后有滋，滋而后有数'。然则天地初形，人物既著，则算数之事生矣。"按《左传·僖公十五年》载韩简侍曰："龟，象也，筮，数也，物生而后有象，象而后有滋，滋而后有数。"又据《说文》："数，计也。"

② 《汉书·律历志上》："数者，一、十、百、千、万也。"又云："纪于一，协于十，长于百，大于千，衍于万，其法在算术。"《后汉书·律历上》："夫一、十、百、千、万，所同用也。"

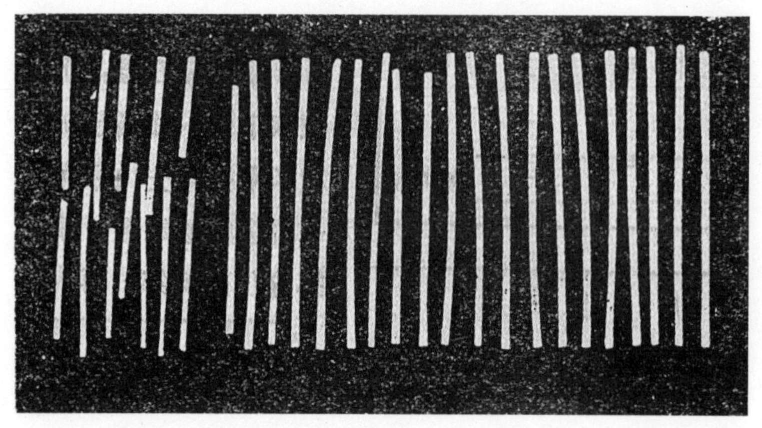

图 4-8
陕西千阳出土的算筹，均为兽骨制成

黄钟、林钟，见于前引《吕氏春秋》载“黄钟生林钟”，为古代生律机制所生十二律之头两律。从考古成果来看，西汉时算筹已普遍使用，1971 年陕西千阳西汉墓出土的算筹大多长 13.50 厘米（图 4-8），与《汉书》记载基本一致。①

4. 数的知识传授，如《汉书》谓：“宣于天下，小学是则。”可观照“三礼”记载，有保氏一职“养国子以道。乃教之六艺：一曰五礼，二曰六乐，三曰五射，四曰五驭，五曰六书，六曰九数”（《周礼·地官司徒》）；“数”方面的教学安排，则定为 6 岁学习数字名称，9 岁学习干支计日，10 岁学习算数。② 本书前章曾论及周代乐教体系及孔子教“六艺”，若审视整套教学的不同年龄阶段，其安排乃是 10 岁学书、数，13 岁始学乐，15 岁学射、驭，20 岁始学礼，以“数”为小学之始的学习内容。总之，“数”被纳入整个礼乐教化中。又见三国时魏人刘徽《九章算术注序》（公元 263 年）言及《九章算术》的来历：“按周公制礼而有九数，九数之流，则《九章》是矣。往者暴秦焚书，经术散坏。自时厥后，汉北平侯张苍、大司

① 宝鸡市博物馆等．千阳县西汉墓出土算筹．考古，1976（6）：85-88，108；转引自：李迪．中国数学史简编 [M]. 沈阳：辽宁人民出版社，1984：58-59.

②《礼记·内则》：“六年教之数与方名。……九年教之数日。十年……学书计”。

农中丞耿寿昌皆以善算命世。苍等因旧文之遗残，各称删补。”同样把“九数”归由“周公制礼”；此中还提到西汉初期的张苍（？—公元前152年），他曾著书多篇言律历之事，是古代数学家兼乐律家行列中较早的一位。

依元代安止斋、何平子所撰《详明算法》（1373年）[①]所言，或可对以上“数”的诸条陈述作一小结：

> 隶首作算法，张苍定章程，人习知之，而未考其原旨皆本于黄钟也。黄钟之长九寸，空圆九分，声中黄钟之律，阳声之始，阳气之动也。九者阳之成也，加一寸，成十，曰尺，是尺寸之始也。其空吞黍米千二百粒，为勺，是斗斛之始也。其重十二铢，是斤秤之始也。大略若此，数之理显，小学易明，故居六艺之末。

由于律学和数学结合如此紧密，所以在“律尺”“律度”之外，又有“律数”一名。基于中国数学史的研究成果，这里再以古人对圆周率的研求为例，进一步阐明律数关联。

“研求圆率之第一人”是西汉末的刘歆，他考定律历，著《三统历谱》，班固《汉书·律历志》实本刘歆旧文。[②]刘歆所求的圆周率，具体反映在传世至今的“新莽嘉量”或称“刘歆铜斛”上，为公元9年王莽委派刘歆设计制造。嘉量以律起度，以度起量，化方为圆，根据铭文显示在斛、斗、升、合、龠上的容积数据，可以推知当时一尺等于23.088厘米，斛的圆周率约为3.1457。[③]

①《详明算法》为使用算术著作，上下两卷，有洪武癸丑（1373年）庐陵李氏明经堂刊本行世。

② 李人言．中国算学史[M]．台北：台湾商务印书馆，1990：15.

③ 台北故宫博物院．故宫精品导览[M]．台北：雅凯文化导览，2008：31.

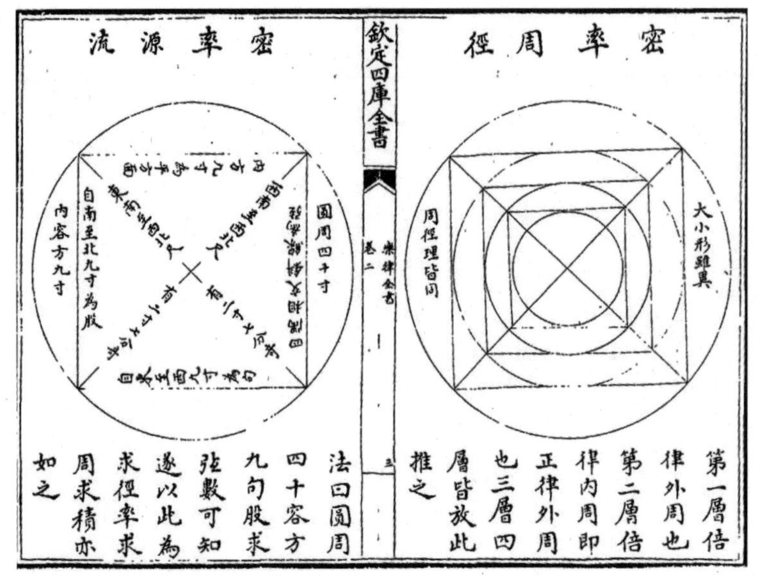

图 4-9
密律周径及源流，朱载堉《乐律全书》卷二

广为人知的是，南北朝时期的祖冲之（429—500 年）曾将 π 值精确求到小数点后七位，在 3.1415926 与 3.1415927 之间，而这一圆周率计算结果实则见载于《隋书》之“律历志”；与此相应，史书亦载祖冲之“解钟律”。[①] 祖冲之还曾以两个简单而又准确的分数式来表示圆周率，即“约率”22/7、“密率”355/113，但其方法来源已不详。有学者认为，祖冲之有可能用何承天创立的调日法求得约率和密率的分数表示式。[②] 实际上何承天本人也对圆周率进行研究，他计算出圆周率 π 为 111035 / 35329=3.14288。又如前文提及，何承天也是乐律家，曾尝试对十二律进行改进。

延至明清，朱载堉、江永（1681—1762 年）等对律学深有造诣之余，也在计算圆周率上深有贡献（图 4-9）。连同上述张苍、刘歆、何承天、祖冲之等，以及更多不及备载于此的历史人物，构成中国古代有着通博知识的数学家兼乐律家群体。

① 《南齐书》卷五十二，列传第三十三 / 文学;《南史》卷七十二，列传第六十二 / 文学。

② 吴文俊 . 中国数学史大系（第四卷西晋至五代）[M]. 北京：北京师范大学出版社，1999：123.

（二）数理机制中的“三”

在《国语·周语》《管子·地员篇》《吕氏春秋·季夏记》对乐律的阐述中,“三”是突出强调的字眼。后世宋代郑樵《通志·乐》述及“五声十二律”，更直言说：“其增减之法，以三为度”，“增减之数皆不出于三”。在《宋史·乐志》中还可见，徽宗朝的乐官刘昺定律，亦称“黄钟之律，三数退藏”云云。

音乐的表演中，同样普遍强调“三”。上章提及周代礼仪用乐的曲目、曲式，有“《新宫》三终”“《鹿鸣》三终”“笙入三成”诸定制，要之，即奏乐多为三段式。又见《论语·八佾》载孔子论乐曰：“乐其可知也：始作，翕如也；从之，纯如也，皦如也，绎如也，以成。”音乐展开后，“纯如也，皦如也，绎如也”，这不正是也说“乐成于三”吗？

论及数本身,《史记·律书》有云：“数始于一，终于十，成于三。”上古时又有九九之传说，如《管子》轻重戊云：“伏羲作九九之数，以应天道。”刘徽《九章算术注序》云：“包羲氏……作九九之术，以合六爻之变”；关于九九歌诀，则《荀子》《吕氏春秋》《淮南子》《战国策》《孔子家语》《史记索隐》《史记正义》及《孙子算经》并引及之。[①] 对“九九”的强调，当然也是以三为基础的。

① 李人言．中国算学史 [M]. 台北：台湾商务印书馆，1990：5.

见诸先秦至秦汉的大量文献，许多先哲都强调“三”的作用，略如：

> 道生一，一生二，二生三，三生万物。(《老子》)
>
> 天地人相参。(《礼记·中庸》)
>
> 上事天，下事地，尊先祖而隆君师，是礼之三本。(《荀子·礼论》)
>
> 凡万物阴阳，两生而叁（三）视。(《管子·枢言》)
>
> 三而成天，三而成地，三而成人。(《黄帝内经·三部九候论》)
>
> 三生万物。天地，三月而为一时，故祭纪以三饭以为礼，丧纪三踊以为节，兵重三以为制。以三参物，故黄钟之律九寸。

(《淮南子·天文训》)

三起而成日，三日而成规，三旬而成月，三月而成时，三时而成功。寒暑与和，三而成物；日月与星，三而成光；天地与人，三而成德；由此观之，三而一成，天之大经也。……天以三成之，王以三自持。(《春秋繁露·官制象天》)

太极元气，函三为一。(《汉书·律历志》)

若专以易学而言，《易·说卦》谓“叁（三）天两地而倚数”，《易传》谓“兼三材而两之，故易六画而成卦”。宋代周敦颐《太极图说》：“所谓易也，而三极（才）之道立。”《易》卦之六爻，首分为阴阳二爻，次列上、中、下三位，分别对应天、人、地“三才”。

若论以《周礼》，同样以三为重要数理基础，如“以九职任万民，一曰三农，生九谷；二曰园圃，毓草木；三曰虞衡，作三泽之材……”(《天官冢宰》)；还可见关于“乐”的规定：阴、阳二声极数六，乐舞极数六，歌诗之极数六，乐变之极数九，乐节之极数九，等等。

再看汉代并入《周礼》的战国著述《考工记》，其载及各种器物造作中的比例推求，凡乐器之钟、鼓、磬、管等，礼器之圭、璧、璋、琮等，兵器之矢、戈、戟、剑等，车舆之轮、舆、辕、轸、轼、较、轵、盖等，以及建筑大至王城、明堂，小至筵、几、雉、步等，即多以“三分”为比例划分原则，以 1、1/2、1/3 等为基本模数而推求。[①] 且引《考工记》“匠人”篇中的“匠人营国”一节为例：

① 王其亨 .《营造法式》材分制度模数系统律度和谐问题辨析 . 第二届“中国建筑传统与理论学术研讨会”论文集(三)[C]. 天津，1992.

匠人营国。方九里，旁三门。国中九经、九纬，经涂九轨。左祖右社，面朝后市，市朝一夫。夏后氏世室，堂修二七，广四修一。五室三四步，四三尺。九阶。四旁两夹窗，白盛。门堂三之二，室三之一。殷人重屋，堂修七寻，堂崇三尺，四阿重屋。周人明堂，度九尺之筵，东西九筵，南北七筵，堂崇一筵。五室，凡室二筵。室中度以几，堂上度以筵，宫中度以寻，野度以步，涂度以轨。庙门容大扃七个，闱门容小扃叁个，路门不容乘车之五个，应门二彻叁个。内有九室，九嫔居之；外有九室，九卿朝焉。九分其国，以为九分，九卿治之。王宫门阿之制五雉，宫隅之制七雉，城隅之制九雉。经涂九轨，环涂七轨，野涂五轨。门阿之制，以为都城之制；宫隅之制，以为诸侯之城制；环涂以为诸侯经涂，野涂以为都经涂。

在这一段里，除了字面上频繁出现三（叁）及三的倍数——九以外，连城制的等级也被划分为三等——九雉、七雉、五雉；九轨、七轨、五轨。因此，"三"无疑是"营国"中的核心数字。综观中国上古思维，普遍认为天地万物中包含着以三为单位的发展程式和数理规律，这构成了中国古代数理美学的重要方面，对建筑与音乐观念产生了深刻影响。

（三）五行数理及乐律

前一章已述及五行时空统合，这一章侧重讨论五行的数理哲学。数与五行之关联有如下典型表述：

天之数，一，生水；地之数，六，成之。地之数，二，生火；天之数，七，成之。天之数，三，生木；地之数，八，成之。地之数，四，生金；天之数，九，成之。天之数，五，生土；地之数，十，成之。这样，一、二、三、四、五都是生五行之数，六、七、八、九、十都是成之之数。[①]

五行及乐律结合，又可生成所谓的"纳音五行"。[②] 概而言之，即十二律与十二地支相对应，再融以五行与五音相对应的情况，就成了纳音。十二律配五声音阶，旋相为宫而得 60 个音（参见图 3-24），正好对应干支组合的 60 组名称。纳音五行的组合有"海中金""炉中火"等名，在此不必细谈；仅须指出，纳音五行

① 这是以现代语言所作的转述，出自：冯友兰．中国哲学简史[M]. 涂又光，译．北京：北京大学出版社，1985: 161；原文见：《礼记·月令》孟春之月"其数八"郑玄注，孔颖达疏。

② 对"纳音五行"的一般性介绍，参见：刘筱红．神秘的五行：五行说研究（2 版）[M]. 南宁：广西人民出版社，2003: 55-62；戴兴华，杨敏．天干地支的源流[M]. 北京：气象出版社，2006: 98-100. 又，音乐界曾对"纳音五行"亦有初步研究，见：唐继凯．纳音原理初探[J]. 黄钟（武汉音乐学院学报），2004（02）: 60-66.

应用颇广，传统历书在每日之下，必然附注纳音五行，在择日选方、建宅安葬时尤其离不开它的应用。①

涉及建宅安葬，历史上还曾流行一种“五音姓”观念，认为所有姓氏都可以归于宫、商、角、徵、羽等五声，不同的姓氏应根据五行生克原理，选择不同的住宅方位；此外不同姓氏的人在不同的年份、月份，面临的吉凶也不同。② 汉代以五音姓用于阳宅，唐代用于阴宅，在宋代则突出反映在陵墓茔地的布置上。③

作为“关于五行的最重要的中古时代的书籍”（李约瑟语），隋代萧吉《五行大义》④在五行数理方面有集大成的表述，涉及“易动静数”“五行及生成数”“支干数”“纳音数”“九宫数”⑤五部分。关于“生成数”，萧吉的说法与前引表述“天一生水，地六成之”等基本一致⑥；在“纳音数”一节开篇，萧吉系统阐述了“生数、壮数、老数”概念：

> 纳音数者，谓人本命所属之音也。音，即宫商角徵羽也。纳者，取此音，以调姓所属也。《乐纬》云：“孔子曰‘吹律定姓’，一言得土曰宫，三言得火曰徵，五言得水曰羽，七言得金曰商，九言得木曰角。”此并是阳数。凡五行有生数、壮数、老数三种。木，生数三，壮数八，老数九。火，生数二，壮数七，老数三。土，生数五，壮数十，老数一。金，生数四，壮数九，老数七。水，生数一，壮数六，老数五。

①（清）梅瑴成，等撰．刘道超，译注．钦定协纪辨方书 [M]. 南宁：广西人民出版社，1993：50.

② 五姓与年份地支的具体对应关系参见：王玉德．寻龙点穴：中国古代堪舆术 [M]. 北京：中国电影出版社，2006：118-120.

③ 宋代墓葬应用五音姓的典型实例尤见于赵宋皇家所属角姓的茔地布置。宋墓实例分析可见：宿白．白沙宋墓（2 版）[M]. 北京：文物出版社，2002：102-103，107-108.

④ 萧吉活跃于 6 世纪后半至 7 世纪初。李约瑟称萧吉《五行大义》是 594 年所写，献给隋朝皇帝，但这两个结论都有待进一步商讨，见：李约瑟．中国科学技术史 第二卷《科学思想史》[M]. 北京：科学出版社，上海：上海古籍出版社，1990：275；钱杭．萧吉与《五行大义》[J]. 史林，1999，2.

⑤ 九宫的配置，以东、南、西、北为“四正”，以西北（乾位）、西南（坤位）、东南（巽位）、东北（艮位）为“四维”，加上中央，合为九宫。可参照本文前章对“八风”“明堂”的论述。

⑥《五行大义·论数·论五行及生成数》：“五行以一立水，一为生数，以五配一，水之成数。……二，是火之生数，七，是火之成数。……三，木之生数，八，木之成数。……四，金之生数，九，金之成数。……五是土之生数．十是土之成数，以天之五，合地之十，数义斯毕。”

可补充的是，近年甘肃天水放马滩战国晚期秦墓出土一批竹简。据介绍[①]，其中《日书》乙种中有如下一句：

① 何双全．天水放马滩秦简综述[J]. 文物.1989，2.

宫一，徵三，栩（羽）五，商七，角九。（乙72）

正好照应《乐纬》所称："孔子曰'吹律定姓'，一言得土曰宫，三言得火曰徵，五言得水曰羽，七言得金曰商，九言得木曰角。"

观照前述五行生成数可知，"成数"与"壮数"名异而实同，"生、壮、老数"体系实质上就是"生、成数"再配上与五音相关的五个阳数（奇数）而得（整理为"表4-1"）。这套体系富于思辨哲理，正如"纳音数"一节后文所言："夫万物皆禀五常之气，化合而生，物生之后，必至成壮，成壮之后，必有衰老，故有三种义"。

五行数理及乐律配对表　　表4-1

五行	木	火	土	金	水
五方	东	南	中	西	北
生数	三	二	五	四	一
成数/壮数	八	七	十	九	六
老数	九	三	一	七	五
五音	角	徵	宫	商	羽

（四）宋《营造法式》材分制度中的五行数理

宋代易学形成了与前代不同的独特品格，其中有两点大大推动了数理哲学的发展。[②] 一是在易学中开出了图书学派，称为"图书之学"，即研究河图、洛书之学，将易学数理化，形成了易学中的数学派；二是五行的重要性显著抬升[③]，由此以五行生成之数为中心，推衍出一个世界模式，形成易学中的五行学派。

② 相关研究参见：朱伯崑．易学哲学史（中册）[M]. 北京：北京大学出版社，1988：5-47；冯友兰．中国哲学简史[M]. 涂又光，译．北京：北京大学出版社，1985：228-256；张立文，主编，张立文，祁润兴，著．中国学术通史（宋元明卷）[M]. 北京：人民出版社，2004：107-114；何丽野．八字易象与哲学思维[M]. 北京：中国社会科学出版社，2004：145-147.

③《宋史·五行志》阐述了宋人的五行观念："天以阴阳五行化生万物，盈天地之间，无非五行之妙用。人得阴阳五行之气以为形，形生神和而五性动，五性动而万事出，万事出而休咎生。和气致祥，乖气致异，莫不与五行见之……故由汉以来，作史者皆志五行，所以示人君之戒深矣。自宋儒周敦颐《太极图说》行世，儒者之言五行，原于理而究于诚。"观照周敦颐（1017—1073年）《太极图说》："阳变阴合而生水火木金土，五气顺布，四时行焉""五行一阴阳也，阴阳一太极也，太极本无极也，五行之生也，各一其性"；《通书·理性命》："二气五行，化生万物"。又见王安石（1021—1086年）《洪范传》："五行也者，成变化而行鬼神，往来乎天地之间而不穷者也""五行，天所以命万物者也"。

图 4-10
董仲舒（前 179 年—前 104 年）

北宋李诫（？—1110 年）编修的《营造法式》（1100 年编备，至 1103 年颁行）是一部建筑专书，其中能够与五行数理相结合之处就在于“木”。营造之事习以“土木”相称，李诫在《营造法式序》中即有“木议刚柔，而理无不顺；土评远迩，而力易以供”之语。“木”也可以用来统指建筑，譬如被学者们引为《营造法式》先声的喻皓《木经》，书中所涉建筑做法就不限于木构。①

① 喻皓《木经》原书已失传，仅在沈括《梦溪笔谈》中有简略摘录。从摘录文字来看，喻皓谓“凡屋有三分：自梁以上为上分，地以上为中分，阶为下分”，又谓“阶级有峻、平、慢三等，……此之谓下分”，以上所述“下分”部分，显然并不是木构。见于沈括．梦溪笔谈．卷十八 / 技艺。

为进一步阐明建筑与“木”的内在关联，可简要回顾“木”在五行中的地位和涵义。

1. 如前所述，现知最早关于五行的记载见于《尚书・洪范》，谓：“五行：一曰水，二曰火，三曰木，四曰金，五曰土。”到汉代董仲舒（图 4-10）《春秋繁露》论及五行，其排序就与《洪范》所定不同，他定的顺序是：“一曰木，二曰火，三曰土，四曰金，五曰水”，“木”被强调为“五行之始”（《春秋繁露・五行之义》）。观照前章的表 3-1、表 3-3，木与日出之东方、一年四季之春等相配，它们也同具“始”的涵义。这种以木为始的观念在后世深入人心，例如萧吉《五行大义》在“五行及生成数”一节解释木之生数时即云“五行始于东方”。

2. 又按董仲舒所言，“木居东方而主春气”“木主生”（《五行之义》），而木与作物生长的“春”季、象征生机的“青”色、温厚的“仁”德[①]等相配，无不体现出大自然“生”的意象。因而，以“木”作为建筑营造之材，便可充分协调人与自然的关系，诚如《周礼·考工记》谓“天有时，地有气，材有美，工有巧，合此四者，然后可以为良”，以及《国语·越语》所说“夫人事必将与天地相参，然后乃可以成功”。

3. 东汉许慎《说文》释“相”字曰：“相：省视也。从目从木。《易》曰：‘地可观者，莫可观于木。’”萧吉《五行大义》“辩体性”一节阐发说：“木为少阳，其体亦含阴气，故内空虚，外有花叶，敷荣可观。……《易》云：‘地上之木为观。’言春时出地之木，无不曲直，花叶可观，如人威仪容貌也。”对照《易·序卦》所言“物大，然后可观”，建筑无疑是人工器物中的至大者，则欲使其“可观”，当用“木”为宜。

4. 考“可观”一词，暗含“合度”之义，见诸《国语》“和同可观”[②]，《左传》《孝经》“容止可观”等。[③]《汉书·五行志上》说得更为明确：“《说》曰：木，东方也。于《易》，地上之木为观。其于王事，威仪容貌亦可观者也。故行步有佩玉之度，登车有和鸾之节，田狩有三驱之制，饮食有享献之礼，出入有名，使民以时，务在劝农桑，谋在安百姓。如此，则木得其性矣。”本书“乐”的审美教育一章曾专门论及建筑场所与乐仪进退的关联，这里不再赘述。

综上，木居于五行之始，富含美好的品德，又契合建筑的诸多属性，如建筑与自然环境的协调、建筑的可观性、建筑的规矩尺度等，因而中国建筑长期以木结构为主，这反映了一种价值判断，即建筑的本质属性为“木”。

① “仁”与“生”的对应关系，其典型论述可见清乾隆帝即位前所写的《以仁育万物以义正万民论》：“天以阴阳五行化生万物，阳以生之，阴以成之。生，仁也；成，义也。”出自《乐善堂全集》。

②《国语·周语中》：“服物昭庸，采饰显明，文章比象，周旋序顺，容貌有崇，威仪有则，五味实气，五色精心，五声昭德，五义纪宜，饮食可飨，和同可观，财用可嘉，则顺而德建。”

③《左传·襄公三十一年》：“君子在位可畏，施舍可爱，进退可度，周旋可则，容止可观，作事可法，德行可象，声气可乐，动作有文，言语有章，以临其下，谓之有威仪也。”《孝经·圣治》：“君子则不然，言思可道，行思可乐，德义可尊，作事可法，容止可观，进退可度，以临其民。是以其民畏而爱之，则而象之。故能成其德教，而行其政令。《诗》云：‘淑人君子，其仪不忒。’”

回过头来看李诫《营造法式》，书中提出了“材分制度”，并指出其重要性：“凡构屋之制，皆以材为祖。”（《卷四·大木作制度一·材》）这一制度无疑属“木”，因为它见载于“大木作制度”卷，并且按照书中规定，应用于殿宇厅堂亭榭等木构建筑。材分制度以“材、分（为材广的1/15）”作为造屋的模数标准，分为八个标准规格等级。虽然李诫未专门著文交待材分制度中各数据的厘定依据，但这些数据按照五行思想律的“木”之数来排布，是顺理成章的思路。

在《法式》材分制度中，材分八等，材等最大尺寸为九寸（一等材广），最小尺寸为三寸（八等材厚）。三、八、九这三个关键数字恰能由萧吉《五行大义》“纳音数”一节中“木”之“生、壮、老数”来涵盖：

> 凡五行有生数、壮数、老数三种。木，生数三，壮数八，老数九。

将生、壮、老之义与《法式》材分制度相参——木之生数三，材等最小尺寸从三始；老数九，材等最大尺寸以九终；壮数八，而材有八等。

北宋类书《太平御览》（983年成书）曾摘存《五行大义》的文句段落；《宋史·艺文志》亦载录“萧吉《五行大义》五卷”。①在李诫所处的北宋末，《五行大义》的版本传播具体情况虽无从得知，不过从南宋初年的文献中见载一则轶事，可资参照：

> 本朝士大夫相传，正月、五月、九月不上任，以火德王天下，正、五、九月皆火德，生、壮、老之位，其说无稽也。[……]盖沿唐故事，但历时久远，无有能讨其源流者耳。（吴曾《能改斋漫录》卷二／正、五、九月不上任）

① 按，《太平御览》引为“《五行大义论》”，《宋史·艺文志》中“萧吉”一作“萧古”。《宋史》编撰于元代1343—1345年间，此后《五行大义》在中国不复见提及，亦无文本流传，直至清嘉庆之1804年才根据日本《佚存丛书》收录的《五行大义》翻刻回中国刊行。钱杭．萧吉与《五行大义》[J]. 史林．1999，2.

吴曾所著笔记集《能改斋漫录》编刊于1154—1157年间，征引考证史事制度颇详。这则轶事中述及五行、数字、生壮老之位等，其具体表达与《五行大义》虽有出入，但可知“生、壮、老”之说亦为朝中常谈。

抛开《五行大义》所言“老数”不谈，仅论“生数”与“壮数”——亦即五行生成之数，这在宋人观念中广为流行，随举与《营造法式》编修大致同时的两则言论如下：

（1）《宋史》载北宋末宫廷制乐之事，乐官刘昺于徽宗大观四年（1110年）编修《大晟乐书》，其中论及匏制乐器笙的制造理论，称：

> 用匏而并造十三簧者，以象闰余。十者，土之成数；三者，木之生数，木得土而能生也。九簧者，以象九星。物得阳而生，九者，阳数之极也。七簧者，以象七星。笙之形若鸟敛翼，鸟，火禽，火数七也。（《宋史》卷一百二十九／志第八十二／乐四）

（2）太学博士陈旸于建中靖国元年（1101年）将所撰《乐书》上呈徽宗[①]，书中谈及乐律数理曰：“凡物以三成，声以五立，以三参五，而八数成矣。”（《乐书》卷一百三·律吕数度）这句话固然源头在《淮南子》云“物以三成，音以五立，三与五为八，故卵生者八窍，律之初生也，写风之音，故以八生”，但《乐书》“八数成”之语无疑来自宋代的五行生成观念。

①《乐书》二百卷，为现存自唐以来乐书中最古而规模最大者。陈旸在上呈徽宗的《进乐书表》自述云“闭孙敬之户余四十年，广姬公之书成二百卷”。相关研究见：许在扬．陈旸及其《乐书》研究中的一些问题[J]．黄钟（中国·武汉音乐学院学报）．2008，2：102-112.

总的说来，《营造法式》材分制度中可能蕴涵的五行数理有：

（1）三、八、九与木之生、壮、老数契合，由此定材等及材的最小、最大尺寸值。

（2）由木之成数八，以定材等。

（3）营造之事以“土木”相称，由木之生数三、土之生数五，相合得八，以定材等。

（4）木与金分别表征一始一终，木以三生，金以九成，可定材之最小尺寸数值自三始，最大尺寸数值以九终。

须说明，不同于现代人喜欢追求思路之清晰单一，古人思维往往偏好多重涵义的复合叠加，这一点在中西古代皆然。譬如欧洲中世纪至文艺复兴时期的数字命理学（Numerology）解释繁难，每一数字都有多重性质，并且其象征意义高度可塑、反复无常，各数字组合呈现时其意象既可以彼此关联，也可以相互矛盾。[①] 而在中国，自汉代以来发展成熟的阴阳五行说在各种涵义的关联性与复杂性上，较之欧洲中世纪实远有过之而无不及。在李诫的年代，五行生成之数乃是士人通识，或许由于时人一望便知其中所含数理，也或许由于“历时久远，无有能讨其源流者”（《能改斋漫录》语），所以李诫并未专门交待三、八、九有何经传出典，但它们与五行数理的关联当毋庸置疑。

① 比如数字“七”，可指七宗罪、地狱七层、圣母玛利亚之七喜或七悲、七善举，等等。关于数理哲学在中世纪－文艺复兴建筑和音乐上的运用，可参见：Charles W. Warren. Brunelleschi's Dome and Dufay's Motet[J], The Musical Quarterly, Vol.59, No.1, 1973, Oxford University Press：p92-105；Craig Wright. Dufay's *Nuper rosarum flores*, King Solomon's Temple, and the Veneration of the Virgin[J], Journal of the American Musicological Society, 1994, 47：395-441；Marvin Trachtenberg. Architecture and Music Reunited：A New Reading of Dufay's *Nuper Rosarum Flores* and the Cathedral of Florence[J], Renaissance Quarterly, 2001, 54：740-775.

值得注意的是，在《营造法式》材分制度所含的五行数理中，其实已内具音乐因素。因为：（1）可涵盖三、八、九的生、壮、老数一说出自《五行大义》“纳音数”一节，自然与音乐有关联。（2）“纳音”学说还有重要一条，见于宋代佚名著作《瑞桂堂暇录》：“六十甲子之纳音，此以金木水火土之音而明之也。一六为水，二七为火，三八为木，四九为金，五十为土。然五行之中，惟金木有自然之音，水火土必相假而后成音。”[①] 五行中唯有木和金与音乐有直接观念，更具体地说，若参照五行、八风等说，当以木之乐（以鼓为代表乐器）始，金之乐（以钟为代表乐器）终；与之严合的是，材分之最小尺寸数值自木之生数三始，最大尺寸数值以金之成数九终。这里显露的音乐意味非常明显，而实际上业已有研究揭示，材分制度八个材等各材之广自第一等顺次递降为第八等时，正合于从黄钟至清黄钟其间相关各乐律长递降规律。[②] 本书下一章将对这一律度和谐问题展开辨析讨论。

① 引自（清）梅瑴成，等撰．刘道超，译注．钦定协纪辨方书[M]．南宁：广西人民出版社，1993：41，47.《瑞桂堂暇录》的这一纳音之说还被元末明初陶宗仪《南村辍耕录》、《说郛》引录。

② 王其亨．《营造法式》材分制度的数理涵义及审美观照探析．中国传统建筑园林研究会第三届年会[C]．承德，1989；王其亨．《营造法式》材分制度的数理涵义及审美观照探析．建筑学报，1990（03）：50-54；王其亨．探骊折札．建筑师，第37期，1990，7：17-19；王其亨．《营造法式》材分制度模数系统律度和谐问题辨析．第二届《中国建筑传统与理论学术研讨会》论文集（三）[C]，天津，1992：179-185.

第五章

《营造法式》中的音乐谜团

1

2 3

4 5 6

一

一个长期的谜团

宋《营造法式》(以下简称《法式》)[①]是中国古代保留下来最早最完整的建筑专书，由李诫（图 5-1）奉敕编修。对现代学者来说，它是研究中国古建筑的最重要一手文献。“材分制度”载于《法式》卷四“大木作制度”，在全书占有突出地位，其重要性正如书中所言：“凡构屋之制，皆以材为祖。”(**卷四·大木作制度一·材**)按照《法式》规定，材分制度以“材、分（为材广的1/15；音“份”，下同）”作为造屋的模数标准，分为八个标准规格等级。但李诫并未专门著文交待材分制度中各数据的厘定依据。为此，现代学者们作出了种种解读。

最早探析材分制度数据由来的建筑学者是梁思成。他强调了大木构模数制在《法式》全书中的重要性，从八个材等（图 5-2）的递减不均着手，把八个材等分为三组，对应于殿阁、厅堂、余屋这三种建筑等级类型。[②] 梁思成的分析在 1980 年代以后得到更多研究者的完善[③]，其中有推论认为，材等变化不均可能是早期建筑用材制度在《法式》中留下的痕迹，即三种类型建筑实行三套独立的用材制度。

从另一种研究思路入手，陈明达等通过材料力学公式计算，发现材等的广厚比 3 ∶ 2 几乎与现代科学中的材料最大抗弯强度吻合，足材的广厚比 21 ∶ 10 则符合承重时稳定性最佳的矩形梁截面广厚比例；而八个材等递减也照应现代结构设计的强度控制，当第一等材代替高一等材时，构件应力的增加不超过三分之一，正可充分安全地满足强度代换要求。概言之，材分数据在用材受力方面是吻合现代力学原理的。[④]

① 本文所用《营造法式》版本选自：(宋) 李诫，撰．邹其昌，点校．营造法式：文渊阁《钦定四库全书》[M]. 北京：人民出版社，2006.

② 梁思成．梁思成全集（第七卷）[M]. 北京：中国建筑工业出版社，2001: 79；同一段研究文字更早见于：梁思成．营造法式注释（1966 年完成）[M]. 北京：中国建筑工业出版社，1983。这两部著作是梁思成的遗著，由他的助手学生在他去世（1972 年）后整理出版。

③ 郭黛姮．论中国古代木构建筑的模数制．建筑史论文集（第五辑）[M]. 北京：清华大学出版社，1981: 31-47；韩寂，刘文军．材份制构成思疑 [J]. 西北建筑工程学院学报（自然科学版），1998 (04): 43-47；韩寂，刘文军．对《营造法式》八等级用材制度的思考 [J]. 古建园林技术，2000 (01): 18-21.

④ 陈明达．营造法式大木作制度研究 [M]. 北京：文物出版社，1981: 10，52-56，68-69，152；杜拱辰，陈明达．从《营造法式》看北宋的力学成就 [J]. 建筑学报，1977 (01): 36，42-46.

图 5-1
李诫（字明仲，？—1110 年）画像，
陶洙绘

在研究中还产生出一种假设：材分的八等级或许由七等级演变而来，即是说，其中一个等级被拆成两个等级，变成了第四、五等材。陈明达等认为可从力学强度控制角度对此加以阐释。张十庆则提出另一种解读：用材的拆分是因为三等材到五等材这一区域为用材上最为频繁的区域，因而《法式》材分厘定是与建筑工程实际需要紧密结合的产物。[①]

上述研究成果揭示出，《法式》材分制度多方面照应了实际的结构要求和施工要求，表现出很强的科学性。另一方面，学者们又在人文背景下对材分制度的数理内涵展开分析。龙庆忠述及“材”这一名称及九、八、七、六等数字在古代的文化涵义，提出材等广厚比 3 ∶ 2 可能出自古代“叁（三）天两地”观念及《淮南子》中 3 ∶ 5 的数理哲学。[②] 王其亨指出，材分制度数据与古代乐律及度量有密切联系，八个材等各材之广自第一等顺次递降

① 张十庆.《营造法式》变造用材制度探析 . 东南大学学报（自然科学版），1990（05）: 8-14; 张十庆.《营造法式》变造用材制度探析（II）[J]. 东南大学学报（自然科学版），1991（03）: 1-7; 张十庆 . 东方建筑研究 [M]. 天津：天津大学出版社，1992: 65-67，70-71.

② 龙非了（龙庆忠）. 中国古建筑上的“材分”的起源 [J]. 华南理工大学学报（自然科学版），1982（01）: 134-144.

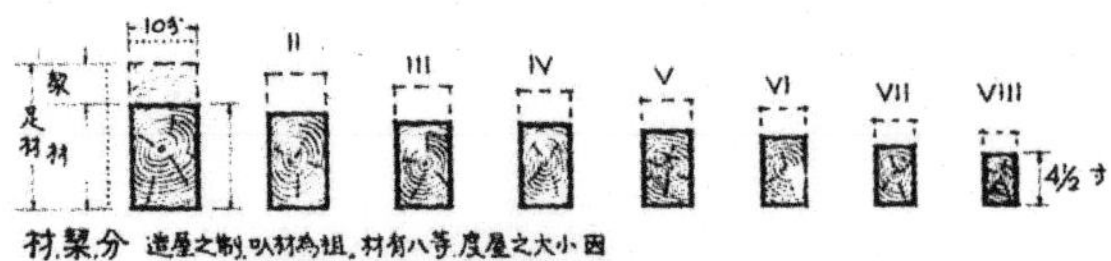

图 5-2
宋《营造法式》八个材等示意图

宋《营造法式·材份制度》与黄钟律

五　音	七　音	律　吕（黄钟律）	西　名	律管长（寸）*	瑟弦长**	材　广（寸）	材　等
宫	宫	黄　钟	C	9	9	9	一
		大　吕	C#	8.43	8.44	8.25	二
商	商	太　簇	d	8.00	8.00		
		夹　钟	d#	7.49	7.51	7.5	三
角	角	姑　洗	e	7.11	7.13	7.2	四
	清角	仲　吕	f	6.66	6.68	6.6	五
	变徵	蕤　宾	f#	6.32	6.33		
徵	徵	林　钟	g	6.00	6.00	6	六
		夷　则	g#	5.62	5.63	5.25	七
羽	羽	南　吕	a	5.33	5.34		
		无　射	a#	4.99	5.01		
	变宫	应　钟	b	4.75	4.75		
	清宫	清黄钟	c	4.5	4.5	4.5	八

图 5-3
八个材等各材之广及各乐律长递降规律表

① 王其亨.《营造法式》材分制度的数理涵义及审美观照探析.中国传统建筑园林研究会第三届年会[C].承德，1989；王其亨.《营造法式》材分制度的数理涵义及审美观照探析[J].建筑学报,1990(03)：50-54；王其亨.探骊折札[J].建筑师，第37期，1990.7：17-19；王其亨.《营造法式》材分制度模数系统律度和谐问题辨析.第二届《中国建筑传统与理论学术研讨会》论文集(三)[C]，天津，1992：179-185.

为第八等时，正合于从黄钟至清黄钟其间相关各乐律长递降规律(图5-3)。① 此外还有学者将材分制度厘定依据归结于《周易》蓍尺制度②、《易》之八卦③等。

在已往研究基础上，下文拟进一步考察《法式》材分制度厘定的数理内涵。本书上一章论及中国建筑的数理哲学及音乐因素时曾分析《法式》材分制度的五行数理，本章将进一步讨论材分制度数理与音乐、度量的关联。在此之前将先探讨《法式》编撰受当时为政、为学等历史背景的影响。

② 金其鑫.中国古代建筑尺寸设计研究——论《周易》蓍尺制度[M].合肥：安徽科学技术出版社，1992：3-4，18-20.

③ 喻维国.《营造法式》900年祭[J].建筑创作，2003(11)：112-124.

二
《法式》编撰的历史背景

（一）《法式》与新政

论及《法式》的编撰目的，现代学者多指出它是王安石（1021—1086 年，图 5-4b）推行改革的产物。其中，丹麦汉学家顾迩素（Else Glahn）分析尤详，她将《法式》的两次编修历程对应于北宋中后期的新政反复：将作监奉敕编修《法式》是在改革初期（1069—1076 年），稍后包括将作监在内的政府机构改制;《法式》于 1091 年成书，很可能恰逢反改革期（1085—1093 年）而不得施行；到了后改革期（1093—1125 年），李诫于 1097 年奉旨新修《法式》，于 1100 年编备，至 1103 年颁行全国。①

对顾迩素提到的一些年份与事件，还有一套传统称法：例如改革初期史称“熙宁变法”，官制调整称“元丰改制”，反改革期称“元祐更化”，等等。实际上到北宋后期，皇帝更换年号往往意味着政治风向的逆转。如哲宗亲政后改元“绍圣”，“绍”即“继承”，“圣”指先帝神宗，这意味着否定之前的“元祐更化”，继承神宗未竟的事业“熙宁变法”。又如徽宗登基次年改元“建中靖国”，“建中”意即“建立中正之道”，“靖国”即消弭由变法造成的新旧党争，使国家得以安定。翌年又改“崇宁”，意为“追崇熙宁之道，复行新政”，与“绍圣”的意义非常相似。

带着对上述年号所具政治涵义的认识来审视《法式》一波三折的新修历程——李诫接旨编修《法式》时正值哲宗“绍圣”；成书时赶上皇帝更迭，随即又是“建中靖国”，新政停摆，这可能就是《法式》编成后头几年间“只录送在京官司”（《劄子》）的原因；嗣后徽宗复改“崇宁”，而李诫向徽宗“谨昧死上”（语出《进新修〈营造法式〉序》）新修《法式》也正值此时，并顺利获诏颁行海内。基于这些情况，《法式》与新政的密切联系应可在以往研究基础上进一步阐述。

① Else Glahn 顾迩素 . On the transmission of the Ying-tsao fa-shih[J]. T'oung Pao，vol. 41，4-5，1975：235-237. 还可参见顾迩素更多论述：Else Glahn，Unfolding the Chinese Building Standards：Research on the *Yingzao fashi*[M]// Nancy Shatzman Steinhardt et al. Chinese Traditional Architecture. New York：China Institute in America，1984：48-57；Else Glahn. Chinese building standards in the 12th century[J]. Scientific American. v. 244（5）. 1981.5：166-169.

论及《法式》中的“材”，如顾迩素指出，它定义了一套前人未及表述的原则，旨在使营造在最小构件上标准化、模数化，把物料和人工的浪费降到最低。[①] 正是从《法式》材分制度，由小彰大地体现出王安石新政的首要意图：理财节用。

可以观照《宋史·职官志》对将作监的记载：

> 元丰官制行，始正职掌。置监、少监各一人，丞、主簿各二人。监掌宫室、城郭、桥梁、舟车营缮之事，少监为之贰，丞参领之。凡土木工匠板筑造作之政令总焉。辨其才干器物之所须，乘时储积以待给用，庀其工徒而授以法式；寒暑蚤暮，均其劳逸作止之节。凡营造有计帐，则委官覆视，定其名数，验实以给之。岁以二月治沟渠，通壅塞。乘舆行幸，则预戒有司洁除，均布黄道。凡出纳籍帐，岁受而会之，上于工部。熙宁初，以嘉庆院为监。其官属职事，稽用旧典，已而尽追复之。元祐七年，诏颁将作监修成《营造法式》。

这段话中描述了改革期间将作监机构的官职设置、机构职能及职事所依规章文本。在营造工程中，将作监须派官员记账，“定其名数”，把每年度的“出纳籍账”汇总之后上报给工部，其核算标准当以规章文本为凭。按以上记载，以往工程核算“稽用旧典”，直至“元祐七年诏颁将作监修成《营造法式》”。然而李诫在新修《法式》中，既抨击以前营造工程“不知以材而定分”（“序”），又引绍圣敕令批评元祐《法式》“祇是料状，别无变造用材制度”（“劄子”），可见，材分制度在“旧典”中从未明确写出，到元祐修书时也不成其为将作监官员头脑中的必要观念。尽管对现存唐辽宋建筑遗构的大量调研成果表明[②]，“以材而定分”早在《法式》颁布之前就已用在营造实践中，但是成文的一套材分制度直到李诫编修《法式》时才得以订出，“凡屋宇之高深，名物之短长，曲直举折之势，规矩绳墨之宜，皆以所用材之分以为制度焉”（卷四·大木作制度一·材），这无疑是建筑环节上的新政。

① Else Glahn. On the transmission of the Ying-tsao fa-shih[J]. T'oung Pao，vol. 41，4-5，1975: 235-236. 顾迩素将“材”阐释为“timber dimensions”（木料尺寸）。

② 参见：郭黛姮．论中国古代木构建筑的模数制 // 建筑史论文集（第五辑）[M]. 北京：清华大学出版社，1981；祁英涛．晋祠圣母殿研究 [J]. 文物世界，1992（01）: 50-68；傅熹年，主编．中国古代建筑史（第二卷）[M]. 北京：中国建筑工业出版社．2001：294-295，647-653；肖旻．唐宋古建筑尺度规律研究 [D]. 华南理工大学，2002.

（二）《法式》与新学

《法式》开篇刊有“进新修《营造法式》序”（图 5-5），它采用四六骈文并非追求文辞典雅，而是作为宋朝臣属向皇帝上表的惯常体例。李诫这篇“谨昧死上”的序虽然富于用典，但直接点到的古代典籍唯有《易》和《周礼》，即首句所陈：

> 臣闻：上栋下宇，《易》为大壮之时；正位辨方，《礼》实太平之典。……

那么，《易》和《周礼》在当时是否有专门的重要性，值得李诫特别点出呢？

对宋代学风大略观之，可知易学、《周礼》是宋儒普遍的研习重点。[①] 更关键的是，《易》《礼》治学与时政息息相关。王安石发起新政，为使其有名有据，采取的策略是援旧籍，治“新学”，行新法。《易》《礼》被安石视为经学义理之根本[②]，他用易的适变观点指导变法，又亲撰《周官新义》以解《周礼》，颁为官学用以取士，为推行变法开路。

抛开官学助力因素不论，王安石在《易》《礼》上的卓见本身在当时也令儒者咸服。例如，“元祐更化”时新法被废，但《周官新义》等依然被当朝旧党大臣肯定，称“安石经义，发明圣人之意，极有高处，不当废，议与先儒之说并行”。[③] 又如，二程“洛学”长期与“新学”论争为敌，但对安石《易》学，程颐（1033—1107 年，图 5-4c）却大加推崇，评曰：“若欲治《易》，先寻绎令熟，只看王弼、胡先生[胡瑗]、王介甫[王安石]三家文字，令通贯。余人易说无取，枉费功，年亦长矣。”（《二程集》卷十·与金堂谢君书）（图 5-5）

① 在此且略举清代学术结论为据。清《四库总目》对北宋胡瑗《周易口义》提要谓有宋一代治易者千余人；清人孙诒让《周礼正义》序中有“至于周公致太平之迹，宋元诸儒所论多阂侈”之语。

② 王安石曾对神宗控诉说：“如欧阳修文章于今诚为卓越，然不知经，不识义理，非《周礼》，毁《系辞》，中间学士为其所误，几至大坏。”（《续长编》卷二——熙宁三年五月庚戌条），转引自余英时．朱熹的历史世界：宋代士大夫政治文化的研究 [M]. 北京：生活·读书·新知三联书店，2004：46.

③ 韩维（1017—1098 年）《南阳集·行状》。

a

b

c

图 5-4
精研易学的宋儒：
a. 胡瑗（993—1059 年）;
b. 王安石（1021—1086 年）;
c. 程颐（1033—1107 年）

進新修營造法式序
臣聞上棟下宇易爲大壯之時正位辨方禮實太平之典
共工命於舜日大匠始於漢朝各有司存按爲功緒況
神畿之千里加
禁闕之九重內財
宮寢之宜外定
廟朝之次蟬聯庶府棊列百司櫼櫨枅柱之相枝規矩準
繩之先治五材並用百堵皆興惟時鳩僝之工遂考翚飛
之室而斲輪之手巧或失真董役之官才非兼技不知以
材而定分乃或倍斗而取長弊積因循法疎檢察非有治
三宮之精識豈能新一代之成規

图 5-5
李诫《进新修营造法式序》

回头看《法式》序文，其首句以《易》《礼》入典，正切合当时占主导的“新学”思潮。当然，若审视《法式》序及内文，可知李诫采“宋初三先生”之一的胡瑗（图 5-4a）之说以解《易》[①]，从东汉大儒郑玄之注来解《周礼》[②]，并不一定专奉王安石的学说来解经义。对此可放在当时士人整体风气背景下加以理解。宋代士大夫普遍希望把“三代”理想转化为实践，例如胡瑗曾就《易》之“井卦·九三”进行阐发，为庆历新政（1043—1044 年）造势[③]；又如李觏（1009—1059 年）精研易学而重视事功[④]，著《周礼致太平论》以期重建当下秩序，可算王安石革新思想之先驱[⑤]；再如曾与李诫同朝共事[⑥]的权相蔡京（1047—1126 年），当国时辙引《易》《礼》经义作为政令依据[⑦]。从某种意义上说，“新学”虽出自王安石，其衍化却不限于安石一家，甚而可以概论曰：广义而言的“新学”，就是如李诫《法式》所称，“考究经史群书”（“劄子”），务使“制度与经传相合”（“看详·总诸作看详”）。

① 李诫序文“大壮之时”用典应出自《周易口义》：“大壮，利贞。……言阳长而阴退，若君子之道盛大而强壮，则所利在于正也。故大壮之时，惟此大才大德之人，则能以正道而行也。”《周易口义》十二卷，为胡瑗（993—1059 年）口授《易》之讲词，由门人倪天隐记录成书。宋初三先生除胡瑗外，另两位是孙复（992—1057 年）与石介（1005—1045 年），他们都倡导守道尊王，为宋代理学的开山人物。

② 据查，《法式》“总释”引《周礼》（含《考工记》）经文总计 16 条，除 4 条正文无注释外，剩下 12 条正文皆取郑玄（公元 127—200 年）注释。又查《法式》“看详”引《周礼》（含《考工记》）经文总计 6 条，除 1 条正文无注释外，剩下 5 条正文皆取郑玄注释。需指出的是，李诫《法式》条目内并不见郑玄之名，甚至“看详”内所引的 5 条郑玄（后世称“后郑”）注都被错标为另一位经学家郑众（后世称“先郑”，即《法式》所标“郑司农”）所作。这应是宋人避宋太祖之始祖赵玄朗的名讳，免提“玄、悬、县……”等字之故。《法式》中另一避讳例子是引《考工记》“匠人建国，水地以县”时将“县”改作“垂”。

③ 杨倩描．从《易解》看王安石早期的世界观和方法论——以《井卦·九三》为中心 [J]. 中国文化研究，2003（01）：62-68. 胡瑗的阐发见于《周易口义》卷八。

④ 朱伯崑．易学哲学史（中册）[M]. 北京：北京大学出版社，1988：58-73.

⑤ 余英时．朱熹的历史世界：宋代士大夫政治文化的研究 [M]. 北京：生活·读书·新知三联书店，2004：40，191-198，311-312。《周礼致太平论》计五十一篇，录入李觏《盱江集》。

⑥ 南宋杨仲良《皇宋通鉴长编纪事本末·卷一百二十五》：“崇宁四年（1105）七月二十七日，宰相蔡京等进呈库部员外郎姚舜仁请即国丙、巳之地建明堂绘图以献。上曰：先帝常欲为之，有图见在禁中。然考究未甚详。京曰：明堂之制，见于《礼记》《周官》之书，皆三代之制，参错不同，学者惑之。舜仁留心二十余年，始知《周官》《考工记》所载三代之制，为文各互相备，故得其法。今有二图，其斋宫悉南向，一随四时方所向。上曰：可随四时方所向。仍令将作监李诚［按：诫之误］同舜仁上殿。八月十六，李诚［按：诫之误］、姚舜仁进《明堂图》。”

⑦ 著名的一例，是蔡京将《易经》“丰亨，王假之”“有大而能谦必豫”发挥为“丰亨豫大”，说动宋徽宗广建宫室，重修礼乐。又见晁公武《郡斋读书志·卷一上·新经周礼义二十二卷》：“后其党蔡卞、蔡京绍述介甫［王安石］，期尽行《周礼》焉，圜土方田皆是也。”

《法式》所言的“制度与经传相合”，实际上已由王安石在早前做出示范。王安石宣称“一部《周礼》，理财居其半”，从中为经济改革找理论根据，将青苗法比之《周礼》之泉府，将免役法比之于《周礼》的府史胥徒，不一而足。① 清四库馆臣评王安石《周官新义》曰：“惧富强之说必为儒者所排击，于是附会经义以箝儒者之口”（《四库总目》录《周官新义》提要），又评李诫《法式》曰：“其书所言虽止艺事，而能考证经传，参会众说，以合於古者饬材庀事之义”（《四库总目》录《营造法式》提要），贬前者而褒后者，却不察两书立意实为一脉相承。近人朱启钤先生亦赞《法式》：“上导源于旧籍之遗文，下折衷于目验之时制，岿然成一家之言，褎然立一朝之典。”② 其实在当时历史背景下，这应是李诫修书最可行的策略。而《法式》中发前人之未发的“以所用材之分以为制度”一节，为此书中具体而可徵的制度，尤须附着“旧籍之遗文”，方能为人接受。

① 王安石《临川文集·卷七十三·答曾公立书》：“政事所以理财，理财乃所谓义也。一部《周礼》，理财居其半，周公岂为利哉？”《宋会要辑稿·食货·四之二四》：“《周礼》泉府之官，民之贷者取息有至二十有五，而曰‘国事之财用取具焉’。今常平新法预给青苗钱，取息大抵不过二分而已，即非法外擅为侵刻也。比《周礼》贷民取息立定分数已不为多；近又令预给价钱，若遇物价极贵，亦不得过二分，即比《周礼》所取尤少。于元条‘欲广储蓄、量减时价’指挥不相违戾，固无失信之理。又，《周礼》国事财用取具于泉府之官赊贷之息，今常平不领于三司，专以振民乏绝，比周公之法，乃不以取具国事之财用，故云‘公家无所利其入’”。《临川文集》卷四十一·上五事劄子：“免役之法，出于《周官》所谓府史胥徒，《王制》所谓‘庶人在官’者也。”晁公武《郡斋读书志》卷一上·新经周礼义二十二卷评价：“至于介甫[王安石]，以其书[《周礼》]‘理财者居半’爱之，如行青苗之类，皆稽焉。”

② 朱启钤．李明仲八百二十周忌之纪念[J].中国营造学社汇刊，1930，1（1）.

三
材分制度中的律度和谐辨析

（一）九寸与六寸

《法式》材分制度中规定一等材广九寸，厚六寸。对中国传统文化稍有了解的人,都知道“九”和“六”两个数字有丰富的涵义。譬如：

（1）“九”有“全部”“之最”的意思。《汉书·律历志》:“九者，所以究极中和，为万物元也。”在易学里,《乾》卦用九，表示阳数之极，“老阳”数，也是阳爻的代称。又以阳数象征天，所以九代表天，为天数之最；且早期“九”字为龙形图腾化文字，因此九也代表龙。由此九成为天子之数，位高型隆之制皆以九为尊，如“天子之堂九尺”,“王城高九雉，方九里”,“上公九命为伯，其国家、宫室、衣服、礼仪皆以九为节”(《大戴礼记·朝事》)。

（2）“六”有天地四方的意思，称六合。《庄子·齐物论》:“六合之外，圣人存而不论。”《汉书·律历志》:“六者，所以含阳之施，楙之于六合之内,令刚柔有体也。”在易学里,《坤》卦用六,为“老阴”数，也是阴爻的代称。

（3）九、六组合则为阴阳爻，象征天地调和。

综上各涵义：以第一等材广为九寸，即是通过“九”的象征性传达强烈的等级观，表明这是最高等级的殿阁建筑上的用材，是天子专用的材等；而材广、厚的九、六搭配，正好表达天地阴阳相互和谐的文化涵义，在易学发达的宋代，这是很自然的思路。

如果不是仅仅看九、六之数，而兼顾九寸、六寸两个尺度值的话,则应把律数方面的涵义也纳入考量。前章曾引《汉书·律历志》云，“其算法用竹，径一分，长六寸，二百七十一枚而成六觚，为一握。径象乾律黄钟之一，而长象坤吕林钟之长”，以乐律来比附器物尺寸。《法式》一等材广九寸、厚六寸，与黄钟之长九寸、林钟之长六寸在传统思维中显然有着更为直接的涵义对接(图 5-6)。

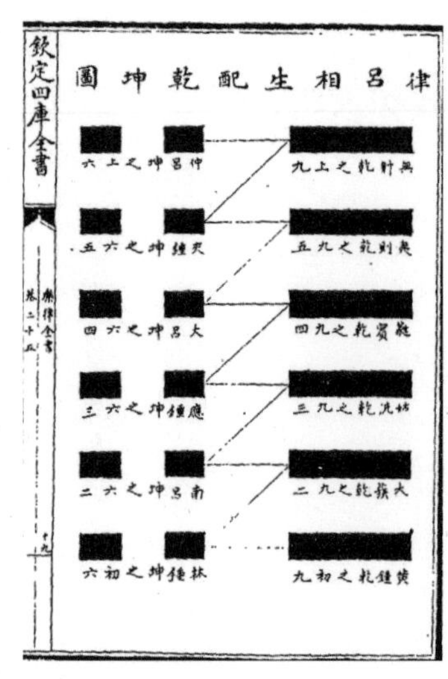

图 5-6
律吕配乾坤图，朱载堉《乐律全书》
卷二十五

按《吕氏春秋》载“黄钟生林钟”，以黄钟、林钟为古代生律机制所生十二律之头两律，取黄钟长度的 2/3 生成林钟；与此相应，一等材为材分制度之第一级材等，且由材广的 2/3 生成材厚。两者显出机理上的惊人一致！

进一步说，为历代生律正统的“三分法”贯彻在《法式》整个材分制度的厘定上，一至八等材之厚，概由各等材广之 2/3 生成。并且，这种建立在材分制度、三分法、音律之间的关联，还有着来自“材”字本身的释义支撑。李诫在《法式》中考证云：“材，其名有三，一曰章；二曰材；三曰方桁”（看详·诸作异名）。又说：“构屋之法，其规矩制度，皆以章契为祖。今语，以人举止失措者，谓之失章失契，盖此也”（卷一·总释上）。又定材与契合而为足材，则材与章相通，其意至明。又见汉代许慎《说文解字》：“章，从音、十，十，数之终也。”对照《史记·律书》谓：“数始于一，终于十，成于三。”可知材或章固可由数理要素“三”构成。又有清代段玉裁注《说文》谓：“章，歌所止曰章”。复见《吕氏春秋·音律篇》谓“音乐之所由来者远矣，生于度量，本于太一，太一出两仪，两仪出阴阳，一上一下，合而成章”，材或章本蕴音律之义。综上，将音律数理之“三分法”应用在以材或章为祖构建的制度上，确可谓“顺理成章”。

（二）九寸与四寸五分

若说以上涉及的九、六之数及各等材广、厚，尚有律数、五行、阴阳等多重涵义叠合的话，那么观照材分制度首末材等之广，一等材广九寸与八等材广四寸五分的组合就应是专以律数为依据，其数值完全吻合如下章句描述：

> 按司马彪《志》序云："上生不得过黄钟之浊，下生不得（不）及黄钟之清"，是则上生不得过九寸，下生不得减四寸五分。（甄鸾，撰注《五经算术·卷下》）[①]

此处的阐述涉及乐理知识中的八度概念，试简明解释之。现代乐理是以音符的每秒振动频率来代表音高标准，其单位是赫兹（Hz）。当一个音符的每秒振动频率是另一个的两倍，反映在人类心理对音符振动频率的感受上，即觉得一个比另一个高八度。[②] 比如，钢琴中央 C 音高对应之频率为 256 赫兹，比它高八度的 C 音高之频率则为 512 赫兹。然而这两个音若按照中国古代律学描述方式，会记作：高八度的 C 音所对应的长度为中央 C 音之“半”；反之，后者为前者之“倍”——因为在中国古代，是以声音振动体（如律管、琴弦等）的长度值来代表乐声的音高标准。此外古人往往又以“清”表示高八度，以“浊”为低八度。[③] 黄钟之高八度音由此被称为“清黄钟”或“黄钟之清”，其律管长度应为黄钟之半。黄钟律管的长度既为九寸，则清黄钟律管之长当为四寸五分。[④]

在上引甄鸾《五经算术》的语句中，“黄钟之清”即高八度的清黄钟，“黄钟之浊”即低八度的黄钟。“上生”“下生”指由黄钟

① 甄鸾《五经算术》成于 560 年，其阐发引自西晋司马彪《续汉书·律历志》序，而《志》序所载应为西汉京房《律术》的观点。司马彪原句或誊为“上生不得过黄钟之清浊，下生不得及黄钟之数实”，此句经清代学者考证，当是传写讹误。另据学界研究，《五经算术》或他人托甄鸾之名所撰。

② 还可以用一种通俗方式来解释八度，比如唱 1—2—3—4—5—6—7—i（唱名为 do—re—mi—fa—so—la—si—do），首 1 就是末 1 的低八度，末 1 就是首 1 的高八度，两个 1 之间的音高距离就是一个八度。

③ 先秦时期的清浊二字分别表示高半音和低半音，汉代以后的清浊二字转而分别表示高八度和低八度。童忠良，等．中国传统乐理基础教程 [M]. 北京：人民音乐出版社，2004：5-7.

④ 相关古人论述可见：东汉蔡邕（133—192 年）《月令》云：“黄钟之宫，谓黄钟少宫也，半黄钟九寸之数，管长四寸五分”（引自：南宋王应麟《玉海》卷七·律吕下）。黄钟是十二律的基音，宫是宫、商、角、徵、羽五音的基音，因此往往连称为“黄钟之宫”。司马迁《史记》有“凡得九寸，命曰黄钟之宫”一语。又见隋唐间的祖孝孙（活跃于 580—620 年间）称：“黄钟之律，管长九寸，王于中宫土。半之，四寸五分，与清宫合，五音之首也。”（北宋宋祁、欧阳修等撰《新唐书》卷二十一·礼乐志）又见五代的王朴（906—959 年）谓：“九者，成数也，是以黄帝吹九寸之管，得黄钟之声，为乐之端也。半之，清声也。”（北宋薛居正 监修《旧五代史》．卷一百四十五·乐志下）

生律的两种方式，这里且不详述；但要之，所生各律务在黄钟与清黄钟之间的八度音高范围内，不得过清或过浊，反映在发音体长度上，即分别以九寸与四寸五分为上下限。同样地，《法式》的各等材广也以九寸与四寸五分为上下限，其他各等材广的尺寸居乎其间。乐律与材分的机理在此又惊人的一致！

在李诫的时代，算学教育前所未有地受到官方高度重视，有元丰算学条例（1084 年）、元祐异议（1086 年）、崇宁国子监算学敕令（1104 年）、大观算学（1109 年）诸政。以神宗元丰七年（1084 年）的算学条例而言，刊“算经十书”入秘书省，作为官定教材，甄鸾撰注的《五经算术》赫然在列。① 又例如徽宗大观三年（1109 年），将自古著名数学家列入儒家享祀，“画象两庑，请加五等爵，随所封以定其服”（《宋史》卷一百五·礼志），其中甄鸾被封为无极男。② 李诫编修《法式》之际正值这一系列算学之政迭兴，况且《五经算术》用以解读“五经”（《易》《礼》《诗》《书》《春秋》），在算书中尤其“与经传相合”，那么李诫若参照《五经算术》章句来厘定材分，亦不无来由。

（三）各等材广与乐律机制之和谐比较

进一步而论，材分制度各等材广与乐律机制有怎样的和谐关系？制“表 5-1”“图 5-7”，就图表中各项内容展开比较。表中数据较详，故而下文以表展开简要说明；图中内容较直观，可结合表来察看（图、表的各栏次序稍有不同）。

表中第一列为中国传统音乐的五声音阶“宫、商、角、徵、羽”，若加“变徵、变宫”两个变声，即得表中第二列的七声音阶（古称为“均”，读 yùn）。两种音阶后面都加一个高八度之清宫，从而分别构成六音与八音。表中第三列有十三律，除古代音乐固有的十二律外，最后一排“清黄钟”即为黄钟高八度的音。表中第四列为对应的西洋音名。黄钟为宫时，六音（五声音阶加清宫）对应律名为：黄钟、太簇、姑洗、林钟、南吕、清黄钟；八音（七

① 宋代“算经十书”为《黄帝九章》《周髀算经》《五经算术》《海岛算经》《孙子算经》《张丘建算经》《五曹算经》《辑古算经》《夏侯阳算经》《数术记遗》。唐印“十书”中有《缀术》和《夏侯阳算经》，至宋时已佚，前者换上《数术记遗》，后者以《韩延算术》代之，仍用《夏侯阳算经》之名。甄鸾主要活动在 6 世纪的北周，他撰注算经，计有《九章算经 / 九章算术》《孙子算经》《五曹算经》《张丘建算经》《夏侯阳算经》《周髀算经 / 周髀》《五经算术》《数术记遗 / 大衍算术注》《三等数》《海岛算经》《甄鸾算术》等。李约瑟称“从某种意义上说，甄鸾是结整这个时代的人。”参见：李人言 . 中国算学史 [M]. 台北：台湾商务印书馆，1990：31-35，100-101；马忠林，王鸿钧，孙宏安，王玉阁 . 数学教育史简编 [M]. 南宁：广西教育出版社，1991：69-72；李约瑟 . 中国科学技术史 · 第三卷 [M]. 北京：科学出版社，1978：71.

② 其他古代数学家中，风后被封为上谷公，张丘建为信成男，夏侯阳为平陆男，隋代卢大翼为成平男。马忠林，王鸿钧，孙宏安，王玉阁 . 数学教育史简编 [M]. 南宁：广西教育出版社，1991：73.

材广尺寸与乐律机制之和谐比较 表 5-1

<table>
<tr><th>五声音阶</th><th>七声音阶</th><th>十二律</th><th>西名</th><th>平均律音分值</th><th>三分律长 / 音分值</th><th>琴徽位弦长 / 音分值</th><th>材广 / 音分值</th><th>材等</th></tr>
<tr><td rowspan="2">宫</td><td rowspan="2">宫</td><td rowspan="2">黄钟</td><td rowspan="2">C</td><td></td><td>9.00</td><td>9</td><td>9</td><td rowspan="2">一</td></tr>
<tr><td>0</td><td>0</td><td>0</td><td>0</td></tr>
<tr><td rowspan="2"></td><td rowspan="2"></td><td rowspan="2">大吕</td><td rowspan="2">C#</td><td></td><td>8.42</td><td></td><td>8.25</td><td rowspan="4">二</td></tr>
<tr><td>100</td><td>114</td><td></td><td>151</td></tr>
<tr><td rowspan="2">商</td><td rowspan="2">商</td><td rowspan="2">太簇</td><td rowspan="2">D</td><td></td><td>8.00</td><td>7.88</td><td rowspan="2"></td></tr>
<tr><td>200</td><td>204</td><td>231</td></tr>
<tr><td rowspan="2"></td><td rowspan="2"></td><td rowspan="2">夹钟</td><td rowspan="2">D#</td><td></td><td>7.49</td><td>7.5</td><td>7.5</td><td rowspan="2">三</td></tr>
<tr><td>300</td><td>318</td><td>316</td><td>316</td></tr>
<tr><td rowspan="2">角</td><td rowspan="2">角</td><td rowspan="2">姑洗</td><td rowspan="2">E</td><td></td><td>7.11</td><td>7.2</td><td>7.2</td><td rowspan="2">四</td></tr>
<tr><td>400</td><td>408</td><td>386</td><td>386</td></tr>
<tr><td rowspan="2"></td><td rowspan="2"></td><td rowspan="2">仲吕</td><td rowspan="2">F</td><td></td><td>6.66</td><td>6.75</td><td>6.6</td><td rowspan="2">五</td></tr>
<tr><td>500</td><td>522</td><td>498</td><td>537</td></tr>
<tr><td rowspan="2"></td><td rowspan="2">变徵</td><td rowspan="2">蕤宾</td><td rowspan="2">F#</td><td></td><td>6.32</td><td></td><td rowspan="2"></td><td rowspan="2"></td></tr>
<tr><td>600</td><td>612</td><td></td></tr>
<tr><td rowspan="2">徵</td><td rowspan="2">徵</td><td rowspan="2">林钟</td><td rowspan="2">G</td><td></td><td>6.00</td><td>6</td><td>6</td><td rowspan="2">六</td></tr>
<tr><td>700</td><td>702</td><td>702</td><td>702</td></tr>
<tr><td rowspan="2"></td><td rowspan="2"></td><td rowspan="2">夷则</td><td rowspan="2">G#</td><td></td><td>5.62</td><td></td><td rowspan="2"></td><td rowspan="2"></td></tr>
<tr><td>800</td><td>816</td><td></td></tr>
<tr><td rowspan="2">羽</td><td rowspan="2">羽</td><td rowspan="2">南吕</td><td rowspan="2">A</td><td></td><td>5.33</td><td>5.4</td><td>5.25</td><td rowspan="2">七</td></tr>
<tr><td>900</td><td>906</td><td>884</td><td>933</td></tr>
<tr><td rowspan="2"></td><td rowspan="2"></td><td rowspan="2">无射</td><td rowspan="2">A#</td><td></td><td>4.99</td><td></td><td rowspan="2"></td><td rowspan="2"></td></tr>
<tr><td>1000</td><td>1020</td><td></td></tr>
<tr><td rowspan="2"></td><td rowspan="2">变宫</td><td rowspan="2">应钟</td><td rowspan="2">B</td><td></td><td>4.74</td><td></td><td rowspan="2"></td><td rowspan="2"></td></tr>
<tr><td>1100</td><td>1110</td><td></td></tr>
<tr><td rowspan="2">清宫</td><td rowspan="2">清宫</td><td rowspan="2">清黄钟</td><td rowspan="2">C</td><td></td><td>4.44</td><td>4.5</td><td>4.5</td><td rowspan="2">八</td></tr>
<tr><td>1200</td><td>1224</td><td>1200</td><td>1200</td></tr>
</table>

注：表列长度单位皆以寸计。

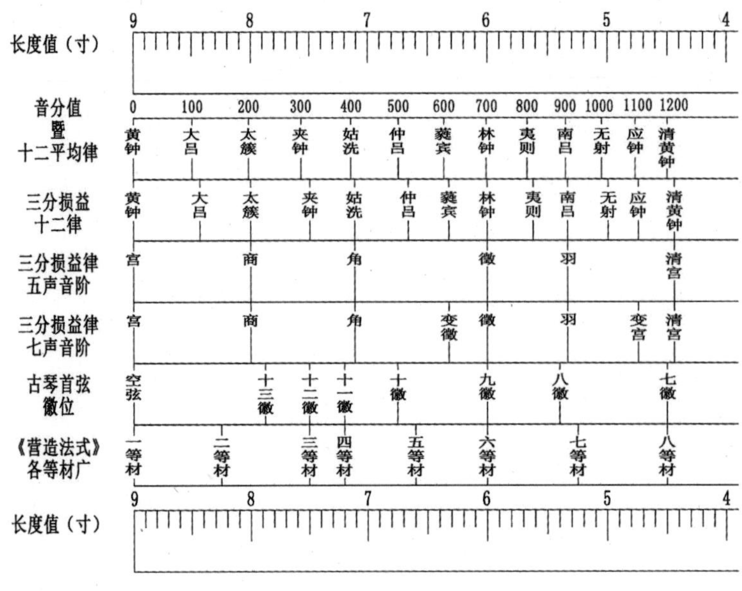

图 5-7
材广尺寸与乐律机制之和谐比较[①]

声音阶加清宫）对应律名为：黄钟、太簇、姑洗、蕤宾、林钟、南吕、应钟、清黄钟。

表中后几列中的“音分值”（cent），是以 1200 为八度之值。十二律共十二个半音，各音程视所含半音之数而递增，音分值越高，则音的频率越高，以音分值展现音调高低及两音间的高差。平均律恰以 100 为半音之值，在数理上最为明了。但由于中国的平均律在李诫的时代尚未出现（至明代由朱载堉首先提出），所以这里列出来仅作为“参考刻度标准”，不计入比较。

表中的“三分律长”，是指根据《吕氏春秋》所载三分损益法推出的十二律管长，见图 4-2。各律音分值与十二平均律相比较均略有出入，差数最大的是仲吕（522-500=22 音分）。设黄钟律长 9，从理论上讲，清黄钟比黄钟高八度，所以清黄钟律管长度应该正好是黄钟的一半，即 4.5。但按三分损益律，从黄钟以三分

① 本图借鉴了杨荫浏“历代弦律比较表”及“古琴各弦音位弦长比值表”。杨荫浏．中国音乐史纲 [M]. 台北：乐韵出版社，1996：168-169，323-324.

损益法生律十一次，得仲吕；如果再从仲吕生律一次，就得到一个长度为 4.44 的“清黄钟”律，它与理论值相比，在长度上短了 0.06,而在音分值上则高了 1224-1200=24 音分(称“最大音差”)。

表中的“琴徽位弦长”，是指古琴以弦的长度为 1，各徽位的弦长依次构成 4：5、5：6 等简单整数比（后文将详述）。在实际操作中，汉代京房曾以瑟演律，“隐间九尺以应黄钟之律九寸”，后周时王朴（915—959 年）也曾以瑟弦九尺代律管九寸，以推演新律。这里为方便统一比较，按整弦长九寸算，并计空弦音等同于黄钟音分值。

表中最右边两列列出了《营造法式》所定八个等级的材广，并假设制成八个等级的律管，其长度分别等同八等材广，以此求出八个音分值，并与表左的平均律音分值、《吕氏春秋》所定三分律音分值、琴弦徽位对应音分值作比较。由表 5-1 得出比较结果是：

（1）一等材与三分律黄钟及古琴空弦音分值皆同。

（2）二等材与各律音分值差距皆较大，其中最小的是与三分律大吕，差 151-114=37 音分，差太簇则为 204-151=53 音分；差古琴第十三徽位 231-151=80 音分。

（3）三等材差三分律夹钟 318-316=2 音分；与古琴第十二徽位的音分值完全相同。

（4）四等材差三分律姑洗 408-386=22 音分；与古琴第十一徽位的音分值完全相同。

（5）五等材差三分律仲吕 537-522=15 音分；差古琴第十徽位 537-498=39 音分。

（6）六等材与三分律林钟及古琴第九徽位音分值皆同。

（7）七等材差三分律南吕 933-906=27 音分；差古琴第八徽位 933-884=49 音分。

（8）八等材与三分律之清黄钟差 1224-1200=24 音分，这一点前文已提及，为三分损益法生律的固有问题，理论上清黄钟应正好与八等材一致；八等材与古琴第七徽位的音分值则完全相同。

（四）辨析结论

由“表 5-1”的数据与“图 5-7”的直观图像，结合前节论述，可分析如下：

1.《法式》材分制度八个材等的材广能较密切地对应“表 5-1”所列十三律中的八个律长。一等材、六等材与乐律严合，三等材与乐律几乎吻合，理论上清黄钟也应与八等材严合。剩下各材等与最邻近的音律值出入不过二三十音分，相差最大者也不过是半音（100 音分）的约三分之一；而“对于一个音乐工作者，要求能够听出普通音差（22 音分）或最大音差（24 音分）。敏锐的耳朵能听出半个普通音差；半个普通音差以下是较难分辨的”。①

2. 更关键的是，如前所述，（1）材分制度中首末材广与居于音律首末的黄钟、清黄钟律长严合；（2）一等材之材广生材厚完全照应作为生律第一步的黄钟生林钟，其下各等材、栔之广、厚也同样符合 3∶2 的生律机制。这两点说明，厘定材分制度时一定参照过乐律体系及“三分法”。

3. 在传统音乐观念中，数字“八”的应用相当常见，例如“八音”，代指八种材质的乐器（参见“时空观与五行说”一章）；又如“八音之乐”，指在七声音阶中加上一个变化音级②，或谓“悬八用七”；生律法有“隔八相生”之说③；在“图 5-7”“表 5-1”中，七声音阶加清宫构成另一种“八音”。《法式》材等数量之“八”要照应乐律机制的这些相应说法，并非难事。

4. 不过，虽然《法式》材等之“八”与七声音阶加清宫构成的“八音”能达成数量上的一致，但由“图 5-7”可以直观看到，两者在长度值上多有不合之处。也就是说，八个材等所对应的十三律中的八律，并不是从乐律中取出来构成七声音阶的那八个律。④ 察究乐理，十二律乃按照“三分法”之分数比递次相生，在“图 5-7”的“音分值暨十二平均律”一栏可清楚看到，随着生律进行下去，100 音分值对应的长度越往后越小。反观《法式》各等材广之差值虽递降不匀，但一等材降至三等材之差，六等材降至八等材之差，

① 缪天瑞．律学（增订版）[M]. 北京：人民音乐出版社，1983：16-17.

②《隋书·音乐志》载：“又以编悬有八，因作八音之乐。七音之外，更立一声，谓之应声。”新加的一声在宫、商之间。但这种八音之首末并不构成八度音程。见：童忠良，等．中国传统乐理基础教程 [M]. 北京：人民音乐出版社，2004：80-84.

③ 例如黄钟生林钟，按“黄钟－大吕－太簇－夹钟－姑洗－中吕－蕤宾－林钟”的排序，正好是八个律名。

④ 按照中国传统乐理，十二律本身不能直接构成曲调，而需从中取五律构成五声音阶，或取七律构成七声音阶。李约瑟就曾指出：“不要以为［十二律］这种全音域曾用作音阶，像一些西方作者那样，称之为‘中国的半音音阶’（注：半音音阶是由连续的一系列半音所组成）是错误的。称作十二‘律’的十二个音的系列，仅仅是构成音阶的一系列基音。”参见：（英）李约瑟．中国科学技术史·第四卷，物理学及相关技术·第一分册·物理学 [M]. 陆学善，等译．北京：科学出版社，2003：164.

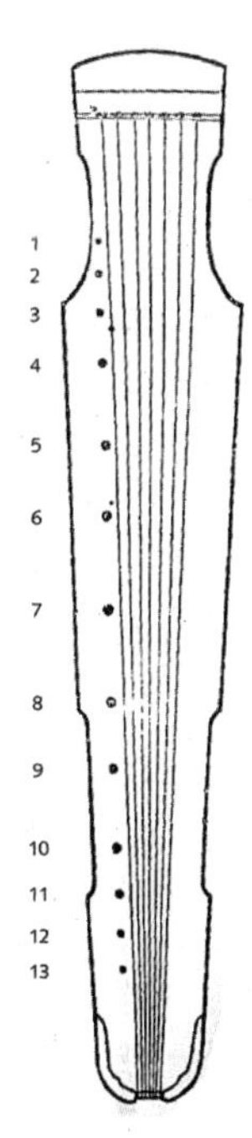

图 5-8
帮助弹琴者判断手指位置的
十三个徽

概为 1.5 寸，并无缩小趋势。由此，七声音阶与各等材广的数值递减规律便固有地不同。显然，李诫在制定首末材等之外的其余材等时，并未强求合于三分损益法的五声、七声音阶乐理。①

5. 另一方面，《法式》中材分八等却能与古琴"徽位"（即琴弦上按音的位置，图 5-8）达成量的对应。若以古琴第一根弦空弦全长为黄钟 9 寸，则七徽上可直接产生为弦长 1/2 的清黄钟 4.5 寸，从空弦黄钟至七徽清黄钟止，恰为八个音等：空弦及第十三、十二、十一、十、九、八、七徽（表 5-2）。② 不惟琴徽在"八"的数量上与材等达到一致，琴弦八个徽位（含空弦）在长度值上也与八个等级的材广形成照应。除用材上、下限的材广数值准确对应古琴徽位弦长外，第三、四、六等材广数值也与琴弦长密合。

① 见前引梁思成、陈明达、张十庆研究，均认为八个材等中，可将一至六等材视为一组，七等材、八等材视为另一组。如果将一至六等材与五声音阶加清宫构成的"六音"进行比较，由"图 5-7"所示，同样不能达到满意的对应效果。

② 可参见，童忠良，等．中国传统乐理基础教程 [M]. 北京：人民音乐出版社，2004：200-202.

古琴徽位及对应尺寸 表 5-2

徽位序数	空弦	13	12	11	10	9	8	7	6	5	4	3	2	1
弦长之比	1	7/8	5/6	4/5	3/4	2/3	3/5	1/2	2/5	1/3	1/4	1/5	1/6	1/8
折合（寸）	9	7.88	7.5	7.2	6.75	6	5.4	4.5						
可发纯律之音		自然七度的转位	小三度	大三度	纯四度	纯五度	大六度	八度	大十度（三度）	纯十二度（五度）	八度	大三度	纯五度	八度

对于第二、五、七等材广与琴律间存在的差异（参见“图 5-7”），可按照“表 5-3”推想的方式来调整。琴弦上原有的八个音等数字依次为 9、7.88、7.5、7.2、6.75、6、5.4、4.5，这些数值未尽简明，不便于营造之用。可将它们看作两两相隔的六组数：9 与 7.5，7.88 与 7.2，7.5 与 6.75，7.2 与 6，6.75 与 5.4，6 与 4.5，通过取每组两个数的算术平均值，来得到较简明的数值。取 9 与 7.5 之间的算术平均值可得 8.25，取 7.2 与 6 之间的算术平均值可得 6.6，取 6 与 4.5 之间的算术平均值可得 5.25——这三组算术平均值正是实际上的三个材广数值，且均能被 3 除尽，由此可纳入“三分”机制；作为对比，剩余三组数（7.88 与 7.2，7.5 与 6.75，6.75 与 5.4）求算术平均值时均无法得到尾数为 5 或 0 的更简明数值，又不能被 3 除尽，实际上也未见应用。

若进一步探究，可发现琴律机制中有两点与材等厘定思维吻合。

（1）如前所述，三分损益法面临十二次生律后清黄钟达不到黄钟之半的问题，清黄钟只是理论上与八等材的数值相等；而琴弦上十徽为琴律的“仲吕”，其弦长 3/4，由仲吕生清黄钟时以三分法的 3 : 2 而得 1/2，正好还原为黄钟之半，这就与材分制度首末材广值的倍半关系实现了真正密合。

（2）古琴确定徽位时的数值递减规律与材广值变动规律相合。北宋石汝历（苏轼的友人，活跃于 11 世纪后半）在斫琴专著《碧落子斫琴法》中，提出了一种“徽弦相生法”，曰：“琴定晖（同‘徽’）之法，两之为七晖，四之为四晖、十晖；八之为一晖、十三晖。又以别草自七至四，三分去二，以为五晖、九晖。自五至九，五分去一，以为六晖、八晖；又以此草半之为十二晖、二晖；自六至岳，八至龈，半之为三晖、十一晖。”① 这种生成法频频运用“半之”，实质上即在各音级间大量产生相等的差值②——这正与各等材广的大体递降规律一致。③ 而且，这种“半之”思路也与上文提出的“取算术平均值”不谋而合，也就是说，由既得的琴弦八个徽位继续采取“半之”法，就可以准确生出八个等级的全部材广值！套用《碧落子斫琴法》的话语，可以如是陈述：“自十二至龈，九至十一，七至九，半之为二等材、五等材、七等材。”

对以上论证要点作一归纳，即：《法式》材分制度应取自乐律机制的两方面。一方面着意效法作为律学正统的黄钟律制与“三分损益法”，确定了首末材广值、一等材之广厚值及贯穿各等材的

① 引自：郭平．古琴丛谈 [M]. 济南：山东画报出版社，2006：18-19.

② 可按琴弦全长为 9 寸，依该方法来生成各徽位对应长度值：“两之”即 1/2，得七徽处为 4.5 寸；“四之”即 1/4，得十徽（与八个材等无关的一至六徽不论，下同）处为 9-9/4=6.75 寸；“八之”即 1/8，得十三徽处为 9-9/8=7.88 寸；七至四（十）的草长 9/4 寸，“三分去二”后即 3/4 寸，得九徽处为 6.75- 3/4=6 寸；自五至九长（6-4.5）×2=3 寸，“五分去一”即去掉 3/5 寸，得八徽处为 6- 3/5 =5.4 寸；3 寸的草“半之”为 1.5 寸，得十二徽处为 6+1.5=7.5 寸；“八至龈”长 9-5.4=3.6 寸，“半之”为 1.8 寸，得十一徽处为 9-1.8=7.2 寸。生成完毕。

③ 举例而言，一、二等材，二、三等材，六、七等材，七、八等材，其材广差值概为 0.75 寸；四、五等材，五、六等材，其材广差值概为 0.6 寸。

将古琴徽位弦长调整为材广尺寸的推想　　表 5-3

材等	一		二		三		四		五		六		七		八
琴律原先弦长（寸）	9		7.88		7.5		7.2		6.75		6		5.4		4.5
两材广间差值		1.12		0.38		0.3		0.45		0.75		0.6		0.9	
调整值	9		8.25 ←（+0.37）		7.5		7.2		6.6 →（−0.15）		6		5.25 →（−0.15）		4.5
两材广间差值		0.75		0.75		0.3		0.6		0.6		0.75		0.75	

"三分法"，由此建构了一整套严谨有序的建筑材分体系之大体框架；另一方面取法古琴徽位，汲取宋代业已成熟的斫琴做法[①]，朝着简明趋势加以变动，以便于设计、施工与计算[②]，由此厘定出全部八个等级的材广值。

四 与《法式》共时的律度背景

《法式》材分制度中的律度和谐，还可以在李诫的个人背景及当时与音律、度量衡相关的历史背景下，加以更充分的认知。

（一）李诫的个人修为

从李诫本人修为来看，应具备对音律与数术驾轻就熟的能力。傅冲益撰《李诫墓志铭》谓李诫"喜著书，有《续山海经》十卷、《续同姓名录》二卷、《琵琶录》三卷、《马经》三卷、《六博》三卷、《古篆说文》十卷。"这些著述均已失传而不得知其内容，不过仅就《琵琶录》《六博》书名看来，李诫通音乐、棋类，且还需一些数理知识才能掌握两者。观照史书对祖冲之的称赞："解钟律，博塞当时独绝，莫能对者。"[③] 李诫应该也是个相似类型的人物，博学多才，熟谙律数。

① 到南宋的斫琴师那里，确定徽位的办法为："用皮纸一条，从临岳量至龙龈，平分两摺，去一摺不用，自临岳比至纸尽处为第七徽，为君徽。又将此纸作两摺，去一摺不用，从临岳比至纸尽处为第四徽。又将此纸作两摺，去一摺不用，从临岳比至纸尽处为第一徽。又将此纸分而为三，去二不用，自第一徽比至纸尽处为第二徽。别将纸一条自临岳比下至第四徽，断之为五摺，去四不用，自四徽比向上为第三徽。别将纸一条，自临岳比下至第四徽，分而为三，去二不用，自第四徽比至尽处为第五徽。却将此纸分而为五，去一不用，自第五徽比下尽处为第六徽。却以前徽定后六徽。"引自：郭平．古琴丛谈 [M]. 济南：山东画报出版社，2006：19。所谓"作两摺去一摺不用"，同样延用"半之"思路。

② 可注意到，《法式》中除了八个材等外，尚有其他用材表述，如"以七寸五分材为祖""以五寸材为祖"（《卷十九 / 大木作功限三 · 仓敖库屋功限 / 营屋功限》），可见当时实践做法中已有一些通行尺寸。李诫厘定材之广、厚应当是在此基础上略作变动。

③《南齐书》卷五十二 · 列传第三十三 · 文学;《南史》卷七十二 · 列传第六十二 · 文学。

（二）琴乐的繁荣

《淮南子·修务训》描述了盲者的弹琴，《汉书·艺文志》载琴著若干，可见古琴技术在汉时已达相当进步的境界。按音乐史家杨荫浏研究指出，梁人丘明（494—590 年）碣石调《幽兰谱》调谱中有七弦十三徽，可以断定当时的弦数和徽位，在音律上，已与现代的古琴一般无二；古琴上远在隋前，实早已备具并且引用了纯律的七音。①

到了北宋，与琴乐遭受冷落的唐代相比②，宋廷格外提倡琴乐，至道元年（995 年）太宗亲自作成琴曲多阕。宋代宫廷音乐的乐队配置中，最引人注目的是琴系列的乐器，共有五种形制的琴：一弦琴、三弦琴、五弦琴、七弦琴、九弦琴。“它们之间既不存在音区交错的关系，也没有各自独特的作用，如只用原来的七弦琴，是完全可以胜任雅乐演奏的，其他的一、三、五、九弦琴完全是多余的重复。”③ 琴乐既在庙堂之乐中有如此重要的礼仪功能，那么足可引为厘定材分的依据。

宋太宗对于古琴的极端重视，影响到宋人音乐的好尚，由此带来琴乐的繁荣。以现在还存在的琴书而言，其为宋人所作的，至少七八种。④ 除去姜夔、朱熹等注意琴学，而为大家所知道的南宋名人外，北宋时的优秀琴家及琴学著作有：崔遵度（953—1020 年）《琴笺》、朱长文（1041—1100 年）《琴史》（成书于 1084 年）、石汝砺（活跃于 11 世纪后半）《碧落子斫琴法》、成玉磵《琴论》（成书于政和年间，1111—1119 年）等。其中《碧落子斫琴法》的“徽弦相生法”已在前文述及。

在李诫编修《法式》的时代，徽宗对琴乐有特别的喜好，从传世的名画《听琴图》（图 5-9），可窥见宫廷生活中琴乐的流行。还可注意到《法式》所述的斗栱部件中有“琴面昂”的命名，取诸昂嘴的微凸弧面与琴面形象相似，这一命名显然来自工匠实践，说明琴乐在当时市井文化中应为重要流行元素。

① 杨荫浏．中国音乐史纲 [M]. 台北：乐韵出版社，1996：167-171.

② 可参见唐代白居易所写诗作，多有描述“琴乐无人听”。

③ 蒋菁，管建华，钱茸．中国音乐文化大观 [M]. 北京：北京大学出版社，2001：280-285“古风崇尚，弥漫宫廷——宋代的宫廷音乐”（刘勇，撰）。

④ 杨荫浏．中国音乐史纲 [M]. 台北：乐韵出版社，1996：228.

图 5-9
《听琴图》(局部)，北京故宫博物院藏。画中奏琴者为徽宗，听琴者为蔡京

（三）官方的订律改乐

在《法式》编修之际，由官方发起的订律改乐活动也正大规模展开（表 5-4），以体现皇帝“锐意制作、以文太平”(《宋史》卷一百二十六 / 乐志第七十九）的新政期望。伴随着频繁订律改乐的，是发达的编钟铸造实践[①]，留存下数以千件的北宋编钟实物。它们有着突出的时代特征：一套编钟中的各枚钟体不论其所属律名为何，均同于黄钟律编钟大小，概以通高九寸面貌展现（参见图 4-1a）。音高的差别仅靠递增壁厚来实现，且每钟只发一音，以钟写律，实则由“乐器”功能向“律器”性能转变，其律学性能超过了实际音乐演奏功能。[②] 与此种时代特征不无关联的是，见前文所析，《法式》材分制度中着重引入了黄钟之律数涵义，但并未全面比附实际音乐中用到的音阶。

① 北宋引发重铸、改制整套编钟乐悬的有 966 年、1035 年、1053 年、1082 年、1088 年、1105 年（均为新乐告成的年份）六次。

② 宋代编钟的这一特征不同于大小成编、一钟双音的先秦编钟，也不同于大小成编的圆筒状清代编钟。参见：李幼平．大晟钟与宋代黄钟标准音高研究 [M]. 上海：上海音乐学院出版社，2004：98-102.

《营造法式》编修与订律改乐编年 表 5-4

皇朝	年号	年份	《营造法式》编修	订律改乐[①]
神宗	熙宁	1071—1074	下旨修《法式》，时值新政	
	元丰	1080—1083		制备新乐，然“行而随废”
哲宗	元祐	1088		范镇订乐律、铸编钟，但被杨傑及礼部、太常寺非之，“卒不行”
		1091	《法式》撰成，未刊行	
	绍圣	1097	敕令李诫重修《法式》，意在重续前朝新政	
	元符	1098		诏将登歌、钟、磬等雅乐恢复为前朝元丰新乐
		1100	李诫《法式》编备	
徽宗	崇宁	1102		“诏宰臣置僚属，讲议大政”，“博求知音之士”以订律改乐
		1103	李诫上劄子，诏准《营造法式》颁行海内	
		1104		“知音之士”魏汉津上劄子，诏准其新乐律理论；同年下诏铸新乐编钟
		1105		乐成，用新乐（赐名“大晟”），停旧乐

① 以下诸条见《文献通考》卷一百三十四 / 乐七 ;《宋史》卷一百二十八 / 乐志第八十一 · 乐三、卷一百二十九 / 乐志第八十二 · 乐四。参见李幼平 . 大晟钟与宋代黄钟标准音高研究 . 上海：上海音乐学院出版社，2004：143-156.

（四）度量衡制度改革

上述订律改乐活动，其实也与北宋时度量衡器的发展紧密相关。宋代的用尺主要有三种[②]：一是全国日常通用的官尺；二是礼乐与天文等方面的专用尺；三是某些地区民间惯用的俗尺。抛开地方性俗尺不论，前两种的渊源无疑是唐大尺与小尺，又曰“官尺”与“黍尺”。

唐代规定官尺与黍尺的长度比为 6 ∶ 5。但演进至宋代，官尺按颁发机构来分，有太府尺、文思尺、三司尺几种，以太府尺而言，又有官小尺、营造官尺、太府布帛尺等，其尺度各有出入。乐律所用的黍尺，则在“以黍定律”问题上争讼不休。[③] 在这种

② 郭正忠 . 三至十四世纪中国的权衡度量 [M]. 北京：中国社会科学出版社，1993：243，255-256，259.

③ 李幼平 . 大晟钟与宋代黄钟标准音高研究 [M]. 上海：上海音乐学院出版社 . 2004：119-133.

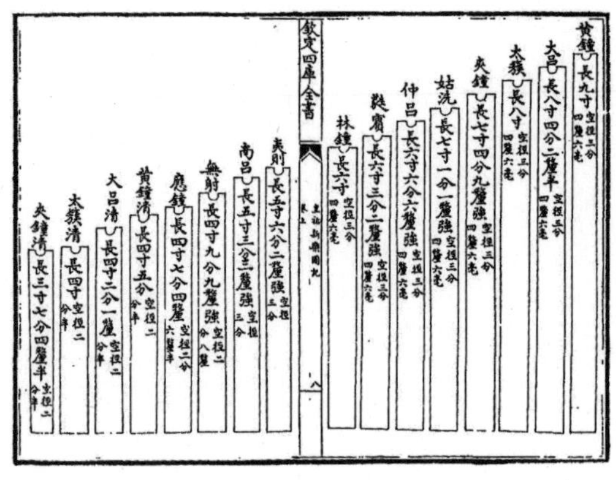

a

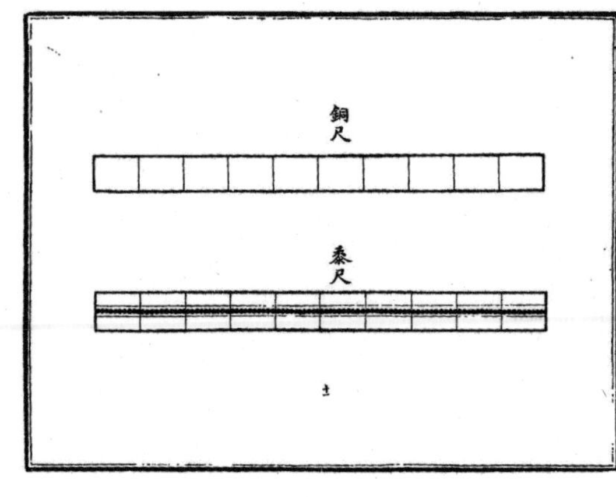

b

图 5-10
北宋皇祐朝阮逸、胡瑗等发起的乐律及度量衡改制：a. 新制的十二乐律加四清声；b. 新制铜尺和黍尺，出自宋阮逸、胡瑗《皇祐新乐图记》（1053 年）

情况下，官尺与黍尺不可能再保有简明的对应比例，甚而也不再界限分明，于是便有某些日用官尺被借作律尺用，某些律尺被当作通行官尺。譬如宋代景祐乐中的李照律尺，元佑乐中的范镇律尺，乃至徽宗“大晟乐尺”等，都率同太府常用尺（图 5-10）。

宋仁宗景祐二年（1035 年）李照制新律尺（即所谓“李照尺”），便“准太府尺以起分寸”、定音律，所用者为“太府寺铁尺”或曰“太府常用布帛尺”（《宋会要》乐一，乐二）。哲宗元祐三年（1088 年），范镇仍以太府寺铁尺为准而定乐尺（《玉海》卷七：律历・律吕），谓“世无真黍，乃用太府尺以为乐尺”（《宋会要》乐二）。尽管这种由太府常用尺所生的律尺从未被真正用作改制大乐，但它常常在大乐议定时被人举出，并作为备用乐尺而屡次加以制造。

大晟乐尺是北宋最后一种乐尺，其影响较其他乐尺更大。它摒弃了“以黍定律”之法，而是直接以徽宗皇帝的指节长度生尺定律。这种新尺除用于大乐外，还兼行丈量功能。政和元年（1111年），徽宗下令以大晟乐尺为全国通用的“新尺”，取代各地现行的太府布帛尺，“自今年七月一日为始，旧尺并毁弃”。绢帛尺寸一律用大晟新尺“纽定”（《通考》卷一百三十三：乐）；一些民田改用大晟新尺来丈量（《文献通考》卷七：田赋）；甚至还决定斗秤等子之类也一律依新尺进行改造（《宋史》卷九十九：礼志；《宋会要》食货四十一，六十九）——“俨然要掀起一场规模空前的度量衡器全面改革运动，与铿锵合鸣的礼乐器制改革遥相呼应”。[①]其实，这可视为徽宗将新政推向深入的必要举措。例如政和六年（1116年）改用大晟乐尺来丈量民田，因大晟尺较原先的太府尺稍短，由此将丈量结果超出田契文书原载数额的部分，一律没收入“公田”，“其赢则入官而创立税课”（《文献通考》卷七：田赋），这显然是出于“理财”的目的。

李诫编修《法式》时“大晟乐尺”尚未产生，而此前已有李照、范镇等提出了要将律尺与常用尺统合起来的理想，并且它最终在徽宗朝崇宁年间化为大规模实践——不过是在《法式》颁行之后两三年的事。见存出土宋尺实物中有两种玉尺：九寸“金错玉尺”（长28.1厘米，足尺为31.22厘米）和九寸“碧玉尺”（长28.09厘米，足尺为31.21厘米），应当是以太府铁尺九寸为准而制作的黄钟尺。而观照《法式》材分制度中，规定的首末等材之广分别契合黄钟九寸与半黄钟之长，律尺意象明显，那么，除了对谐于音乐的数理美学的追求外，李诫是否也在有意识地作出统合尺度标准的努力呢？答案看来应该是肯定的。

① 郭正忠．3-14世纪中国的权衡度量[M]. 北京：中国社会科学出版社，1993：283-286.

第六章

乾隆皇帝的制礼做乐：圜丘坛与韵琴斋

1

2 3

4 5 6

18 世纪中叶，清朝的帝都北京在乾隆皇帝（1736—1799 年在位）治下进行了大规模翻新，形成了今日所见的北京城市格局。据清史专家戴逸研究，其他清朝帝王中没有哪个对帝都北京施加过如此显著的影响。① 尤其是自 1738 年以后的三十年间，乾隆开展了一系列雄心勃勃的营建计划。他改进了城市给水控制系统，修补了京师的道路城墙，翻新了大量宫室馆阁。在 18 世纪 40 年代和 50 年代早期，乾隆督造了紫禁城和北海的许多建筑，各处重要的国家祭祀场所亦被翻建——其中就有位于北京南郊的天坛圜丘和北海的韵琴斋（图 6-1）。

一

天坛圜丘扩建方案中的音乐因素

（一）圜丘扩建及“律尺”应用

圜丘又叫圜丘坛、拜天台或祭天台，是位于北京南城的天坛建筑群中的主体建筑（图 6-2），也是真正意义上的“天坛”，明清皇帝每年冬至祭天于此。今日所见的圜丘由三层汉白玉环形平台构成，直径由下至上逐层递减。广为人知的是，建筑中各构件尺寸、数量蕴含有丰富的数理象征意义，譬如各处台阶的踏步、各雕栏的栏板栏柱数量都是 9 或 9 的倍数，以象征神居于“九天之上”，此乃祭天之坛台；又如三层环形平台的最上一层直径 9 丈，中间一层直径 15 丈，最下一层直径 21 丈；三层平台加起来总数为 45，为 9 与 5 的乘积，以表帝王“九五之尊”。这些数理可谓“简洁、生动地表达了一种对一个伟大文明的进步产生过伟大影响的宇宙观”。②

圜丘坛始建于明嘉靖九年（1530 年），于清乾隆十四年（1749 年）下旨扩建，将其坛面加以展宽，“越四载蒇事，规制始大备”（《清史稿》卷八十三 / 志五十八·礼二 / 吉礼二）。值得关注的是，扩建工程中应用了“古尺”，史载略如：

① 戴逸．乾隆帝及其时代 [M]. 北京：中国人民大学出版社，1996：461-464.

② “世界遗产委员会”评估天坛之评语第 1 条．

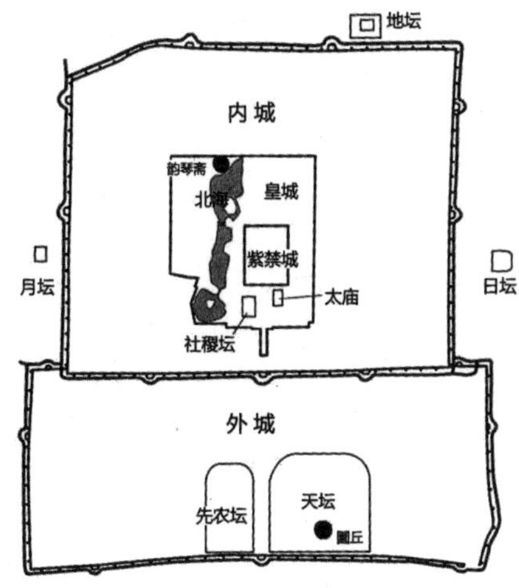

图 6-1
18 世纪北京城的平面图。下方点标识为天坛圜丘；上方点为北海韵琴斋

图 6-2
天坛鸟瞰，近端多重环形主体建筑为圜丘

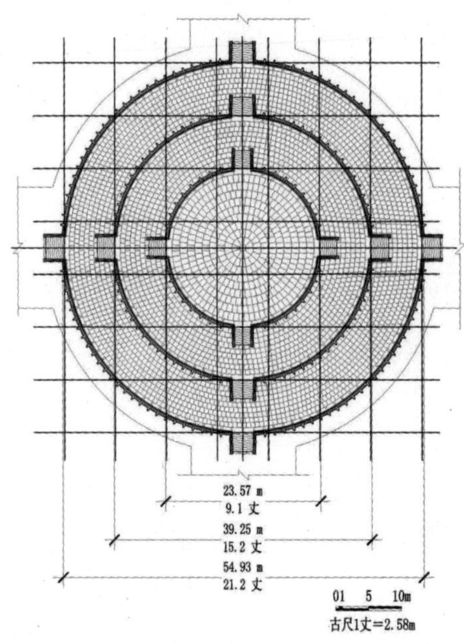

图 6-3
北京天坛圜丘坛平面图

① 陈宗蕃. 燕都丛考[M]. 北京：北京古籍出版社，1991：145"第五章 坛庙 · 天坛".

② 以往研究指出，坛面直径实测数据为包括压面石之坛面外围直径，数据皆大于文献尺寸，此差距与坛面转折压面构造做法以及须弥座束腰内凹形制有关。见后注曹鹏研究。

上成径九丈，二成十五丈，三成二十一丈，……量度准古尺。（《清史稿》卷八十二 / 志五十七 · 礼一 / 吉礼一）

圜丘制度……照《律吕正义》所载古尺制度，而推广之。（《燕都丛考》）①

"古尺"在清康熙帝敕撰《律吕正义》（1713 年）里又称"律尺"。按《正义》所载，律尺长为营造尺的 0.81 倍，按清营造尺之一尺为 0.32 米计，则律尺之一尺为 0.81 × 0.32 = 0.26 米，一丈为 2.6 米。根据天津大学建筑学院 1998 年的对圜丘的测绘结果（图 6-3），三层环形平台的直径从上到下分别是 23.57 米、39.25 米、54.93 米，若按史载的 9 丈、15 丈、21 丈分别除之，可算出"一丈"长约 2.6 米，正与律尺相合。②

"律尺"应用在建筑上的结果诚如这般，而其构思方案何以产生？下文将根据《清实录》《皇朝文献通考》《大清会典则例》及其他清代皇家档案材料展开分析。[①]

① 本章写作过程中，参阅了：曹鹏. 北京天坛建筑研究[D]. 天津大学，2002；曹鹏还提供了其最新研究手稿，特此鸣谢。

（二）圜丘扩建工程的设计方案形成经过

1. 初议扩建

清朝入主中原后，沿用了明代北京的宫殿、坛庙等建筑。圜丘扩建的想法发端于乾隆十三年冬至（1748 年 12 月）祭天前夕，当时决定改用新成祭器和规模倍增的卤簿[②]，随即发现圜丘坛位张幄次陈祭器处过窄，需要拓展；到翌年夏至（1749 年 6 月）祭地前夕，又发现建筑破损，需要修缮，且有与礼制不合之处，于是决定修整两郊坛庙建筑，负责这项改扩建工程的是和亲王弘昼、礼部尚书（按清朝官制，尚书为满汉各一人）海望、王安国、工部尚书三和。[③]

②《高宗纯皇帝实录》卷之三百二十六："谕、朕敬天尊祖。寅承毖祀。坛庙祭器。聿既稽考古典。亲为厘定。命所司准式敬造。质文有章。精洁告备。自今岁圜丘大祀为始。灌献陈列。悉用新成祭器。展虔敬焉。古者崇郊享。则备法驾。乘玉辂。以称钜典。国朝定制。有大驾卤簿。行驾仪仗。行幸仪仗。其名参用宋明以来之旧。而旗章麾盖。视前倍简。今稍为增益。更定大驾卤簿为法驾卤簿。行驾仪仗为銮驾卤簿。行幸仪仗为骑驾卤簿。合三者则为大驾卤簿。南郊用之。"（乾隆十三年冬十月十三日甲午，1748 年 12 月 13 日）

③《高宗纯皇帝实录》卷之三百四十："谕、稽古明禋肇祀。郊坛各以其色。地坛方色尚黄。今皇祇室乃用绿瓦。盖仍前明旧制。未及致详。朕思南郊大享殿。在胜国时。合祀天地山川。故其上覆以青阳玉叶。次黄次绿。具有深意。且南郊用青。而地坛用绿。于义无取。其议更之。至两郊坛宇。虽岁加涂塈。而经阅久远。应敕所司省视。所当修整者。敬谨从事。大学士会同各该衙门。详考典章。具议以闻。嗣议奏、明代南北两郊分祀。而皇祇室编次绿瓦。遍检礼书。并无考据。查天元地黄。绿乃青黄间色。今北郊坛砖壝瓦。及牲帛帏幄。色俱用黄。乾隆十三年议定笾豆成式。地坛祭器亦用黄。宁神与歆神。不当有异。应请易盖琉璃黄瓦。庶与黄中之义相符。至。坛宇经阅久远。金碧不鲜。砖甓损缺。及垩赤间有漫漶之处。均应及时修整。奏上。命和亲王弘昼、礼部尚书海望、王安国、工部尚书三和、总理其事。"（乾隆十四年五月六日癸丑，1749 年 6 月 20 日）可对照《皇朝文献通考·卷九十三》所载乾隆十四年五月事："是月，诏修缮两郊坛宇，展拓旧制。"

此后仅半年，又对在任官员的职位作了一次调整。负责工程的三名大臣中有两名都在这次调整之列——礼部尚书海望迁户部尚书，工部尚书三和降工部右侍郎。见《高宗纯皇帝实录》卷之三百五十五："谕：三和自补授工部尚书以来事事周章不能妥协。朕今日御门听政。伊又迟误不到。乃器小易盈。不足胜任。著以工部侍郎用。众佛保不识汉字。不必管理部务。其员缺即著三和补授。……户部尚书员缺。著海望调补。不必兼管太常寺事。木和林补授礼部尚书。其礼部侍郎员缺。著马灵阿署理。"（乾隆十四年十二月十七日辛卯，1750 年 1 月 24 日）但后来的史料显示，修缮工程依然由他们监管，而非移交新任的礼部、工部官员负责。

2. 扩建工程的意向性要求

圜丘扩建工程的方案出台可概归为三阶段：

（1）乾隆皇帝对圜丘扩建工程提出意向性设计要求。

（2）工程负责人和亲王等上报初步设计方案。

（3）由大学士讨论，形成修改意见，定出最终方案。

乾隆皇帝在十四年至十五年正月（1750 年 2 月），对圜丘扩建工程先后下过两道谕旨，其想法的中心点在于“仍九五之数，量加展宽”。[①] 所谓“九五之数”，见《易传》载：“天数二十有五，盖一三五七九皆奇、属阳，而五为中数，九为老阳。”阳数中九为最高，五居正中，因而以“九”和“五”象征帝王的权威，称之为“九五之尊”。再者，《周易》六十四卦的首卦为乾卦，由六条阳爻组成，是极阳、极盛之象；从下向上数，第五爻为“九五”，言“飞龙在天”，意指处在尊贵之位，也就成了代表帝王的卦象。总之，要求圜丘扩建时的尺寸数值尽可能符合与“九”“五”关联的数理哲学。

① 《大清会典则例》卷七十六：“乾隆十四年，又谕：以圜丘坛上张幄次及陈祭品处过窄，既议鼎新，可将圜丘三层台面仍九五之数，量加展宽，则职事者得以从容进退，益昭诚敬，尔等详议具奏，钦此。”

《皇朝文献通考》卷九十三：“乾隆十五年正月，谕和亲王等：圜丘坛上张幄次及陈设祭器处过窄，既议鼎新，可将圜丘三层台面仍九五之数，量加展宽，则执事者得以从容进退，益昭诚敬。至梫荐向系满铺，则台面可以不用琉璃，着改用金砖益经久矣。”

3. 初步设计方案的提出

圜丘设计方案的制定离不开“详考典章”“遍检礼书”（语出前引乾隆帝谕旨）。工程负责人和亲王等通过查阅明代张孚敬著《谕对录》中嘉靖帝与臣子关于圜丘设计的论述，对明嘉靖九年（1530 年）圜丘形制的尺度、铺砖、栏杆数量等设计意象一一作了分析。本书在此只分析尺度方面的内容，其余部分从略。

旧有明嘉靖时始定的坛面，上成径广为明官司尺五丈零九寸[②]，取九五之数；二成九丈，取九数；三成十二丈，取天全数据。扩建方案人员对此不甚满意，因为：（1）上成用五丈九寸当九五之数，稍涉牵合，而三成用十二丈则于奇义无取——圜丘坛专用祭天，所以理应只用“天数”（即奇数），不得掺杂一个“地数”（偶数）；（2）按张孚敬《谕对录》载，这些尺寸“大抵以意为量度，原非垂自古昔，一定不可增减”。也就是说，尺寸之确定主观意味太浓，与古意、数理的联系不足。

② 记载乾隆朝扩建圜丘工程的相关文献中，皆记载明嘉靖朝圜丘的上层坛面直径为“五丈零九寸”，而万历朝《明会典》卷187 所载圜丘制度，其上层面径为“五丈九尺”。见：（明）申时行等．（万历朝重修本）明会典[M]. 北京：中华书局，1989.

按明官司尺即清营造尺，因此三成坛面直径分别为清营造尺的5.09丈、9丈、12丈。将上成坛面扩宽，最易想到符合“九五之数”的当然就是9丈了。然而这样一来，坛面将达到原面积的三倍，似乎偏大；若稍微缩减，在“五丈零九寸”与“九丈”之间又难以找到恰好符合“九五之数”的尺寸值，故而初步设计方案上申明：“若依工部营造尺为度，未能恰当九五之数”（《皇朝文献通考》卷九十三）。

由此，引入了康熙御制《律吕正义》所载的“古尺”亦即“律尺”，其一尺的长度相当于营造尺的八寸一分，应用它以后，每丈的实际长度得以缩短，既不改“九五之数”的数理初衷，面积又正好“适中”，不失为一个很好的解决办法。初步设计方案将三成坛面扩为“律尺”的九丈、十五丈、十九丈，分别取九数、五数、九数。①

4. 设计方案的讨论修改

大学士们对初步设计方案进行了详细审查。在圜丘尺度方面，作了局部调整及深化设计：

> 今据奏，以古尺计度台面，上成径九丈为取九数；二成径十五丈为取五数极为妥协；惟三成径十九丈虽亦为奇数，然非由九而生，谓为仍取九数未尽吻合。拟请三成面径用古尺二十一丈，取三七之数，上成为一九，二成为三五，三成为三七，则天数一三五七九于此而全，且合九丈、十五丈、二十一丈共成四十五丈，于九五之义尤为恰合。
>
> 再考古尺，制起黄钟，数协九九。我圣祖仁皇帝审元音而定以作乐，我皇上重郊坛而推以制礼，义既法古而数更合宜。应如所奏，照依《律吕正义》所正古尺制度，上成面径九丈、二成面径十五丈，惟三成面径改用二十一丈。确核今尺按数兴修。
>
> 再查原奏，三成径数俱系古尺，而所定中心圆面周围压面及九重之长则皆系今尺；至三成台高，现今上成高五尺七寸、二成高五尺二寸、三成高五尺，并栏柱长阔高厚、踏垛宽深亦

①《皇朝文献通考》卷九十三：“今往坛内较度，若依工部营造尺为度，未能恰当九五之数。谨考圣祖仁皇帝御制《律吕正义》一书内载古尺制度，其长较工部营造尺直八寸一分。今依古尺定坛径广，上成取九数用古尺九丈；二成取五数用古尺十五丈；三成仍取九数用古尺十九丈，既与天数九五之义吻合，而幄次之广深亦可量加展宽，俾应陈器物以及执事人员得以从容进退，实属适中。”

系今尺。臣等逐项悉按古尺合算，略为增减皆与九数相合。如此则郊坛重典制，崇法象，数协乾元允足，昭盛代之宏规，垂万年之巩固矣。谨绘图列数恭呈御览。(《皇朝文献通考》卷九十三)

以上文字可概括出两个要点：

（1）肯定上成坛面径 9 丈、中成坛面径 15 丈的数理用意，并改下成坛面径为 21 丈。这样更合于数理，尤其是三成总数 45 丈，为 9×5 所得，尤其切合“九五之数”；

（2）对圜丘中应用了营造尺设计之处，以“古尺”为量度进行核算，并略为增减，以与“九数”相合。观照天津大学建筑学院 1998 年圜丘实测数据，与文献载“上成高五尺七寸、二成高五尺二寸、三成高五尺”有较大差距。现分别核算为营造尺与古尺，列“表 6-1”：

坛面高度分析表[①] 表 6-1

	上层高度	二层高度	下层高度	总高
实测数据（毫米）	2017	1716	1705	5438
营造尺（尺）	6.30	5.36	5.33	16.99
古尺（尺）	7.78	6.62	6.58	20.98

据上表分析，大学士按古尺所核准的坛面高度很可能为：顶层七尺七寸九分，中、底层皆为六尺五寸九分。

5. 设计方案的汇报、批准与实施

按《清高宗实录》记载，圜丘扩建工程之最终设计方案于乾隆十五年二月二十二日乙未(1750 年 3 月 29 日)被乾隆皇帝批准。当日，乾隆帝在西巡五台山回程的路上[②]，在保定府大营驻跸，下旨曰：“是。依议。图并发。”(《高宗实录》卷之三百五十九)随后，礼部官员领旨返京交承办衙门，“照依《律吕正义》所载古尺制度，确核今尺，按数兴修”。[③]

① 此表格由曹鹏提供。

② 乾隆皇帝启程西巡是乾隆十五年二月二日乙亥（1750 年 3 月 9 日），于二月十五日丙戌（3 月 22 日）到达五台山菩萨顶大营，三日后返程，至三月六日己酉（4 月 12 日）回銮还宫。

③ 乾隆十五年二月二十五日（1750 年 4 月 1 日）由礼部发往内阁典籍厅的一份“移会”，其内容提要称：“移会内阁典籍厅。大学士傅恒议覆和亲王等奏：展宽圜丘台面，应如所奏，照依《律吕正义》所载古尺制度，确核今尺，按数兴修，并坛面砖块改用艾叶青石。”中央研究院历史语言研究所版权所有，档案件，资料识别：096845-001。

从乾隆十六年开始，天地坛工程陆续动工了。根据记载，皇乾殿、祈年殿在乾隆十六年正月乙卯（1751 年 2 月 12 日）兴工，方泽、皇祇室在闰五月戊辰（1751 年 6 月 25 日）夏至祭地后兴工，圜丘、皇穹宇迟至乾隆十七年十二月己丑（1753 年 1 月 6 日）冬至祭天之后旬余才兴工。[①] 圜丘扩建工程于乾隆十八年冬至（1753 年 12 月）祭天大典来临前按期完工。[②]

（三）圜丘方案设计的律度背景

圜丘方案中的“律尺”或曰“古尺”，出自康熙五十二年（1713 年）御制《律吕正义》。康熙帝（图 6-4）在书中参照明代朱载堉的乐律与计量研究成果（图 6-5），[③] 以累黍定黄钟之制。将黍粒作为基本计量单位，设其为定值。100 粒黍横排起来的总长为律尺；100 粒黍纵排的总长为营造尺。由于黍粒横纵排布的长度不同，所以律尺短，营造尺长。两者之间的换算关系如下：

1 黄钟律尺 =0.81 清营造尺

1 清营造尺 =1.2345 黄钟律尺[④]

①《皇朝文献通考》卷一百三·郊社考·十三·告祭：“我国家定制有大典必先期祭告于圜丘、方泽、太庙、奉先殿、社稷及陵寝。或亲诣，或遣官。……十六年正月乙卯以修皇乾殿、祈年殿兴工，遣官祭告圜丘、方泽、太庙后殿、奉先殿、社稷。……闰五月戊辰以修方泽、皇祇室兴工，遣官祭告，如正月礼。……十七年十二月己丑以修圜丘、皇穹宇兴工，遣官祭告，如十六年正月闰五月礼。”

《钦定大清会典则例》卷七十六：“十七年奏准。修理圜丘、皇穹宇，择吉兴工前，期遣官祗告天、地。太庙后殿、奉先殿、社稷，届期诣皇穹宇，以奉请神位，祗告皇天上帝、列圣、从坛神位。礼部尚书率太常官恭奉各神版至祈年殿，敬谨安设。兴工之日，各遣官祭后土、司工之神，仪均与祈谷坛礼同。”

②《皇朝文献通考》卷一百三·郊社考·十三·告祭：“十八年十一月辛未 [1753 年 12 月 14 日] 以南郊、北郊大工告竣，遣官祭告圜丘、方泽、太庙后殿、奉先殿、社稷。”又按《大清会典则例》卷七十六：“南郊工竣，遣官祭后土、司工之神。”

③ 朱载堉的观点及康熙皇帝的承袭，可参考：戴念祖．朱载堉——明代的科学和艺术巨星．北京：人民出版社，1986：205-217；杨荫浏．中国音乐史纲 [M]. 台北：乐韵出版社，1996：310.

④《皇朝文献通考》卷一百六十：“依工部营造尺为纵累百黍之度。营造尺九之九即律尺，为横累百黍之度。……古今度量衡比例法：律尺十寸，为营造尺八寸一分。置律尺之数，以八十一乘之，或九因二次，得营造尺之数。置营造尺之数，以八十一除之，或九归二次，得律尺之数。其长皆相等。……今官民度量衡比例率：营造尺八寸一分为律尺一尺；……律尺一尺二寸三分四厘五毫为营造尺一尺；……”

图 6-4
康熙帝（1661—1722 年在位），康熙读书图轴，绢本，故宫博物院藏

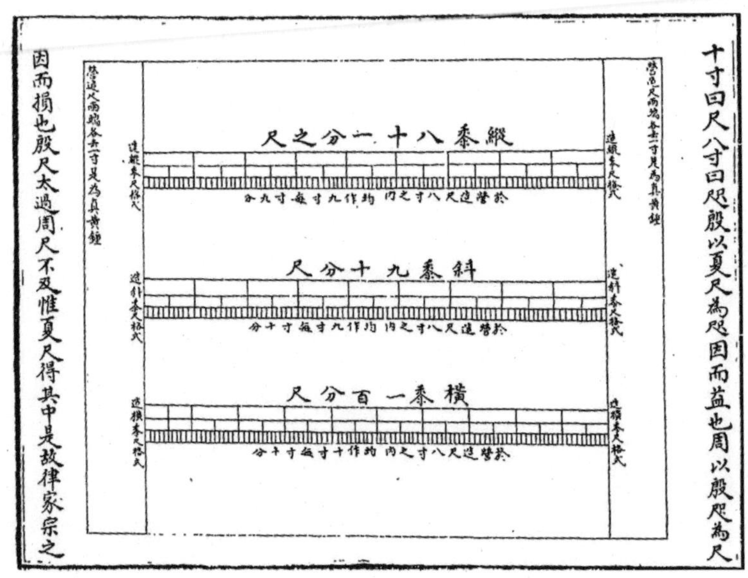

图 6-5
朱载堉《律学新说》绘制“黍法三种尺式”，此图亦被编入清康熙御制《律吕正义》及清《古今图书集成》

以清营造尺合 32 厘米，则律尺长 32 × 0.81=25.92 厘米。

在御制《律吕正义》厘定尺度标准的基础上，乾隆七年（1742 年）又御制《律吕正义后编》定权量表。举凡升斗之容积，砝码之轻重，皆以营造尺之寸法定之。乾隆九年（1744 年），仿造嘉量方圆各一。清代度量衡制度，经过康熙、乾隆两时代之厘定，始有具体制度实现，其行政上之设施属于户部，而以工部制造法定器具，以为统一全国度量衡之标准。横黍而得的律尺存之礼部，是为“礼部律尺”；纵黍而得的营造尺存之工部，是为“工部营造尺”，颁之各省，亦名“部尺”。[①]

可观照的是圜丘扩建工程之初始设计方案上报时的几位负责官员，海望（？—1755 年）时任户部尚书，王安国（1694—1757 年）任礼部尚书，三和（？—1773 年）任工部右侍郎，正好囊括了与度量衡颁布有关的几个部门。若更详言之，海望在迁职户部之前曾任礼部尚书两年，并兼管乐部、太常寺事、鸿胪寺事[②]；王安国当时在礼部尚书任上已有四年，并将继续在同一职位上再有六年。[③]这两位对“礼部律尺”显然不会陌生，因此有可能是他们提出把“律尺”应用到建筑营造中。

再看带头汇报方案的和亲王弘昼（1712-1770 年），为乾隆帝之弟，自雍正十三年（1735 年）起一直管理御书处事务，乾隆四年（1739 年）起又管理武英殿事务。[④] 按，武英殿自雍正年间有修书处，为监刊书籍的专门机构，正是在乾隆四年设刻书处，刊刻有《明史》《通典》《通志》《文献通考》等大量书籍，称为“殿本”。和亲王负责管理新成立的刻书处，主持校刻图书典籍，理应很熟悉康熙、乾隆朝以来的度量衡制度的整理与考订。

① 吴承洛．中国度量衡史 [M]. 上海：上海书店，1984：252-266.

② 清国史馆传稿，5649 号。

③ 台湾中央研究院历史语言研究所内阁大库档案，027933 号。

④ 中国台湾的“中央研究院”历史语言研究所内阁大库档案，024519 号。

此外还应提及另一位亲王——和硕庄亲王允禄（1695—1767年），为乾隆帝、和亲王之叔。尽管他没有被指派负责天坛扩建工程，却是康熙、乾隆朝以来订律作乐的关键人物。他通乐律，精数学，在康熙朝即参与修《律吕正义》《数理精蕴》。乾隆六年（1741年），庄亲王受命开始编纂《御制律吕正义后编》。这一年还设置了乐部，翌年，庄亲王受命总理乐部事。正是在此期间，乾隆帝奏准了庄亲王的提议，确定天坛圜丘的祭天大乐专用黄钟为宫。① 乾隆十一年（1746年），庄亲王等进呈《律吕正义后编》成书，并作武英殿刻本（此时正是和亲王主持校刻）。同年，庄亲王等还有一本《九宫大成南北词宫谱成》编备，详细记录了大量戏曲曲谱，是今人研究南北曲音乐最丰富的参考资料。

圜丘扩建方案汇报给乾隆皇帝时，正值他西巡五台山途中。在他出巡的几十天里，安排有“庄亲王、和亲王、大学士来保、史贻直在京总理事务”（《高宗实录》卷之三百五十六）。圜丘扩建方案就是在这个把月期间由在京亲王、大臣议定的。那么，主持方案的和亲王是否向熟谙坛庙祭祀礼仪的庄亲王请教过呢？提议采用“律尺”的会不会是庄亲王呢？这些问题现在已无从确知了，不过，这些情形倘若发生，也是合情合理的。

综上，以圜丘方案人员的律度背景，不论谁提出要采用“律尺”，都似乎是颇为水到渠成的思路。乾隆朝的这次圜丘坛面扩建，实际上将阴阳、五行、时空、律历数等诸多因素交织联系在一起：冬至时天子应在圜丘祭天；圜丘祭天应奏黄钟之宫；冬至当月应配的乐律也应以黄钟为宫；黄钟律尺合乎九九数理；圜丘坛面按照黄钟之律尺来建，且也合乎九九数理；“九”正是至阳的“天数”……当天子冬至在圜丘祭天之时，以黄钟律尺构建的祭坛与坛下所奏黄钟之乐融合为有机的一体，由此充分表达出对上天的至诚敬意。照应着“同律度量衡”的千年传统，“黄钟”律尺比起常用尺更具古老性和权威性。天坛圜丘设计将律尺纳入其中，正好可反映“乐者天地之和”，并体现王朝的正统合法性。

① 据史载，乾隆三年（1738年），乾隆皇帝发现临朝乐章不和，进而担心“坛庙乐章恐亦不相符合”，遂命和硕庄亲王等查覆，“将所定乐章考订宫商字谱，务使律吕克谐”；“于是改定律吕，为宫之制”（《皇朝通典》卷六十三·乐一）。经过几年议定，终于确定坛庙祭祀乐章，“○乾隆六年（1741年）奏准。谨按：黄钟子位天之统也，天坛乐章宜以黄钟为宫。黄钟下生林钟，林钟未位地之统也，地坛乐章宜以林钟为宫。林钟上生太蔟，太蔟寅位人之统也，太庙乐章宜以太蔟为宫”“○七年（1742年）奏准。祷祀天神应从圜丘，以黄钟为宫。地祇应从方泽，以林钟为宫”（《钦定大清会典则例》卷九十八）。

二
中国园林中的聆赏意识初探——以韵琴斋为例

（一）小引

园林通常被定义为一处令人感知其视觉美的空间。这种看法在当代学界一再得到认可，例如，已故的周维权先生即在《中国古典园林史》中提出了园林的定义如下：

> 在一定的地段范围内，利用、改造天然山水地貌，或者人为地开辟山水地貌，结合植物栽培、建筑布置、辅以禽鸟养畜，从而构成一个以追求视觉景观之美为主的赏心悦目、畅情抒怀的游憩、居住的环境。①

除此之外，西方学者的研究也有意无意强调了这种视觉特质。② 他们指出，欲深入理解中国园林，就一定要懂得中国山水画，而这无疑意味着，应像欣赏画一样来欣赏园林——这即是主张从视觉上，以眼睛来观赏。

然而，以往少有研究从耳朵入手来分析。其实，聆赏意识明显存在于山水画及园林中。对于前者，有中国山水画的先驱之一宗炳（375—443 年）之事迹佐证。宗炳绘下所游的山水，陈画于室，对画弹琴，欲使画中的山水应和着乐音响动（**"抚琴动操，欲令众山皆响"**）。③ 而对后者而言，建于 1757 年的北京北海韵琴斋可为典型例证（图 6-6）。在这一精巧的园林小品中，不难凭听觉洞察其声环境设计。由此，以下篇章将关注于从耳朵得来的感受：概而论之的，是魏晋至明清的中国园林中聆赏意识的发展；而专而论之的，是清代中叶的韵琴斋设计，将其视为集前代聆赏经验之作。

① 周维权．中国古典园林史 [M]. 北京：清华大学出版社，1999：3.

② 例如，可见 Keswick：91，第 5 章"画家之眼"；以及 Berrall：327，第 7 章"中国古代园林"。Maggie Keswick. The Chinese Garden：History，Art and Architecture[M]. NY：St. Martin's Press，1986；Julia S. Berrall. The Garden：An Illustrated History[M]. NY：The Viking Press，1966.

③ 沈约（441—513 年），宋书·卷九十三·列传五十三："[宗炳] 好山水，爱远游，西陟荆、巫，南登衡岳，因而结宇衡山，欲怀尚平之志。有疾还江陵，叹曰：'老疾俱至，名山恐难遍睹，唯当澄怀观道，卧以游之。'凡所游履，皆图之于室，谓人曰：'抚琴动操，欲令众山皆响。'"

图 6-6
韵琴斋及其周边环境（静清斋），烫样

（二）创造声环境：为山水景观添加乐音

何谓音乐？按照儒家经典《礼记·乐记》的说法，“乐者，乐也”，当人心受外界环境打动，即发出音、声；当人高兴得随着成序的音、声翩翩起舞，这就可谓音乐了。① 按照这一思路来理解，人们如果游览园林时睹景生情，自然会有为山水景观添加乐音的需求，以此来更好地抒怀。以下试举两例。

第一例即发生于东晋永和九年（353 年）的脍炙人口的兰亭聚会。大书法家王羲之（307—365 年）记叙了这次聚会盛况，文曰：“群贤毕至，少长咸集。此地有崇山峻岭，茂林修竹；又有清流激湍，映带左右。引以为流觞曲水，列坐其次。虽无丝竹管弦之盛，一觞一咏，亦足以畅叙幽情。” ② 由最后一句话“虽”字起头的口气显然可推出，“无丝竹管弦之盛”只属于偶例；当时通常情况下，在园林或优美山水中宴客聚会时是应设丝竹管弦来伴奏的。

①《礼记·乐记》原文：“凡音之起，由人心生也。人心之动，物使之然也。感于物而动，故形于声。声相应，故生变；变成方，谓之音；比音而乐之，及干戚羽旄，谓之乐。”

② 王羲之的“兰亭集序”，出自欧阳询（557—641 年）等人所撰的《艺文类聚》.

第二例即前文述及的宗炳事迹。他想为所游的山水添加琴音，以此深化寄意山水之情。

从以上公元 4 世纪和 5 世纪之交的两例来看，能兼而观之聆之的山水景观与仅凭目赏之的环境相比，无疑更感人，更富于表现力。故而，为山水景观添加乐音成为一种普遍做法，延及后世。

不过还应留意到，此处的乐音概可分为两类：热闹和清寂。前一类往往是一大队乐工所奏的丝竹管弦之乐，而后一类通常是自弹自赏的古琴音乐。这种分野不仅在上述两例中有所展示，而且在随后的隋唐时期体现得愈发显著。在傅熹年先生主编的《中国古代建筑史（第二卷）》描述隋唐园林的章节中，有这样的表述：

> 唐代贵族、贵官生活奢侈，家中仆婢动辄百人以上，中上级官家中都有歌僮舞姬，甚至一般饮食也要听歌观舞，宴客时更是不可或缺。故邸宅甚大。当时的园林，除自赏外，更多的是宴客或借给别人宴客，都要设歌舞。园林实际上成为交际场所和主人社会地位的象征。……这些园大都要有山有池，有宴饮的厅堂亭轩和供歌舞的广庭。……
>
> 唐代实行科举制度后，大量素族通过苦读，经考试入仕为官。这些人都是工于诗文的文士，生活经历和趣味趋向都与贵族和世家豪门有所不同。……这样，唐代园林除了池馆富丽、宴饮时急管繁弦百戏具陈的贵族显宦的山池院外，又出现了平淡天真、恬静幽雅、笛声琴韵与呜咽流泉相应和的士大夫园林。①

① 傅熹年．中国古代建筑史（第二卷）·三国、两晋、南北朝、隋唐、五代建筑 [M]. 北京：中国建筑工业出版社，2001：449，“隋唐五代建筑 · 园林”。

傅先生将唐代园林分为两种：贵族显宦的园林与士大夫园林。它们分别对应“急管繁弦”的热闹乐音与“恬静幽雅”的清寂乐音。以上引文的描述正好展现出，人们游园时，乐音如何起到深化寄情的积极作用。

（三）净化声环境：谢绝异质乐音

乐音既能在园林中扮演积极角色，也能扮演消极角色。园林生来即容有大量植株及其他天然要素，人们从中可捕捉到天然形、天然声；而乐音在声音类别中打有显著的“人为”印记，因而很可能对原有的天然声构成“噪声侵入”，并干扰人们对园林中天然山水的感受。由此，遂有谢绝异质乐音的主张兴起，或更确切地说，所谢绝的是热闹奏乐与清幽景致之间的不相称。

晋代文士左思（255—305 年）的名句“非 [何] 必丝与竹，山水有清音”[①]可被看作一个重要界标。在此，人工调教的乐音首次被有意识地从山水景观中加以剔除，同时引入天然声来聆赏。这一名句在两个世纪后的历史掌故中得以重述，其“弃人工乐而扬天然声”的意识愈显浓厚——梁昭明太子萧统（501—531 年）泛舟皇家园林的后湖时，侍从极力建议此时在园中由乐工奏响丝竹管弦之乐，但太子未直接应答，而是通过咏左思的上述名句以言志，来谢绝异质于山水景观的乐音。[②]

① 左思《招隐诗》一：“杖策招隐士，荒涂横古今。岩穴无结构，丘中有鸣琴。白雪停阴冈，丹葩曜阳林。石泉漱琼瑶，纤鳞或浮沉。非必丝与竹，山水有清音。何事待啸歌，灌木自悲吟。秋菊兼糇粮，幽兰间重襟。踌躇足力烦，聊欲投吾簪。”出自 严可均（1762—1843 年），全上古三代秦汉三国六朝文。

② 李延寿（7 世纪）《南史》· 卷五十三 · 列传四十三：“尝泛舟后池，番禺侯轨盛称此中宜奏女乐。太子不答，咏左思招隐诗云：‘何必丝与竹，山水有清音。’轨惭而止。”

（四）追捧“寂静”琴乐

琴乐既常被归为“平淡天真”的声音，因而往往显得无妨于清幽的园林景致。由此，琴在园林中趋于保持发挥作用，在文人园林生活中尤其是这样。在传统中国，一个知书达礼的文士理应通晓“四艺”：琴、棋、书、画。琴名列首位，显出其在文人生活中不可或缺的重要性。然而，这并不能确保琴器用以奏乐——虽然这听上去像是个悖论，不过以下实例应可澄明此番吊诡陈词。

晋宋大诗人陶渊明（365—427 年）自义熙二年（406 年）辞官归田后，一直居于江州柴桑（今江西九江附近）乡里，直至病故。在这期间，逢朋友酒会，他便会拿出一张没装琴弦和徽位的琴，做出抚弹歌咏的样子，说：“但识琴中趣，何劳弦上声！”[③] 发端于陶渊明的“无弦琴”举止在后世文人的大量诗文中一再得到颂

③ 沈约《宋书》· 卷九十三 · 列传五十三：“潜不解音声，而畜素琴一张，无弦，每有酒适，辄抚弄以寄其意。”萧统，《陶渊明传》（出自《昭明太子集》）：“渊明不解音律，而畜无弦琴一张，每有酒适，辄抚弄以寄其意。”李延寿《南史》· 卷七十五 · 列传六十五：“潜不解音声，而畜素琴一张，每有酒适，辄抚弄以寄其意。”房玄龄（579—648 年）《晋书》· 卷九十四 · 列传六十四：“性不解音，而畜素琴一张，弦徽不具，每朋酒之会，则抚而和之，曰：‘但识琴中趣，何劳弦上声！’”

扬和阐发，仅举部分以“无弦琴”为题材的诗文为例：[1]

陶令去彭泽，茫然太古心。大音自成曲，但奏无弦琴。（李白《赠临洺县令皓弟》）

但有无弦琴，共君尽樽中。（王昌龄《赵十四兄见访》）

行披带索衣，坐拍无弦琴。（白居易《丘中有一士二首（命首句为题）》）

露白风清庭户凉，老人先着夹衣裳。舞腰歌袖抛何处，唯对无弦琴一张。（白居易《夜凉》）

坐听无弦曲，明通造化机。（吕岩［又名吕洞宾］《百字碑》）

器者玩极则弊，声者叩终必穷，欲琴理之常在，宜弦声之一空。（宋祁《无弦琴赋》）

乃知在人不在器也。若有心自释，无弦可。（欧阳修《论琴帖》）

悬知董庭兰，不知无弦琴。（苏轼《破琴诗》）

三尺孤桐古，其中趣最幽。只须从意会，不必以声求。（顾逢《无弦琴》）

君子闲邪日御琴，绝弦无非少知音。忘情自得无为理，默契羲皇太古心。（何孟舒《无弦琴》）

笋迸阶石欲落，树成窗影疑深。未能作有画句，聊且弄无弦琴。（赵载《幽居即事八首》）

由此很可能塑造出一种文人共识：“寂静”的琴乐——作为一种特别的音乐表现形式，比由琴器真正奏出的乐调更纯，更雅，更应加以聆赏。尽管从陶渊明时代直至宋元，并无人将“寂”乐与园林生活中的品味标准相关联；但是趋势所至，到了晚明时期，这种关联主张终获提倡。

在 16 世纪和 17 世纪，有大量的笔记体著作记述当时文人士大夫的品位和风潮，而其中，高濂（嘉靖时生人，活跃于万历年间）的《遵生八笺》（刊于 1591 年）作为代表性文本之一，专门阐述

① 除以下所举诗文外，还有一些宋元诗人以“无弦琴”为标题作诗，本书暂未检索到其诗句，兹录入诗人活动年份如下：张商英（1043—1122 年）、刘后村（又名刘克庄，1187—1269 年）、舒岳祥（1219—1299 年）、仇远（1247—1326 年）。

了琴在文人园居中的作用。高濂一方面强调琴对于文人来说不可或缺，“不可一日不对清音”；另一方面，他又退一步说，文人“无论能操[琴]”，“亦须壁悬一床”，“纵不善操，亦当有琴”。① 该论述将陶渊明所云“但得[识]琴中趣，何劳弦上声”引以为据，但无意间，本是陶渊明偶为之举已被转述为文人普遍应持的品位标准。这种聆赏“寂”乐的行为被贴上了“高士”标签，② 对文人群体而言这已成社交礼仪所需（*de rigueur*）。③

高濂的《遵生八笺》首刊于1591年，之后在1620年之前至少重刊了两次。屠隆（1542—1605年）曾为《遵生八笺》作序，并将它及多本书籍内容辑为《考盘余事》一书（首刊于1606年）。屠隆的著说较之高濂无疑更受时人认可，更具影响，因而其书中内容又被稍后的文人广为引证，例如，文震亨（1585—1645年）《长物志》（1620—1627年）即以《考盘余事》为重要的参考资料。④

高濂的论述被文震亨简述为一句话：“琴为古乐，虽不能操，亦须壁悬一床。”（《长物志》卷七·器具》）考虑到现代学界通常将《长物志》视为一部关于园林设计和室内设计的古代著作，则经《长物志》阐发，就更强调了彼时园林中保持一种必要的“寂静”琴乐之倾向。

综上，由耳朵之聆听来窥知中国园林的演变，自魏晋以降，概可“听”出中国园林有以下总体发展趋向：一方面，园林中的乐音，作为声响类别中最呈人工调教者，渐渐由喧转寂；另一方面，天然声在园林中却成为可获感知和受聆赏的要素。

① 高濂《遵生八笺》·卷十五·燕问清赏笺[中]：“琴为书室中雅乐，不可一日不对清音。居士谈古，若无古琴，新者亦须壁悬一床，无论能操。纵不善操，亦当有琴。渊明云：‘但得琴中趣，何劳弦上音。’吾辈业琴，不在记博，惟知琴趣，贵得其真。……清夜月明，操弄一二，养性修身之道，不外是矣。岂徒以丝桐为悦耳计哉。”

② 对文人追求“高士”境界的分析可见拙著：张宇．功能与符号——《全唐诗》北窗析[J]. 华中建筑．Vol.24，2006（11）：62-65.

③ 参见：James C. Y. Watt（中文名屈志仁）对晚明时期文人弹琴行为的分析，James C. Y. Watt. “The Qin and the Chinese Literati”. *Orientations Magazine*, 1981（11）：38-49；

又见于由美国古琴音乐家John Thompson（中文名唐世璋）创建的网站，是古琴知识收录最全的英文资料源。

④ Craig Clunas. *Superfluous Things：Material Culture and Social Status in Early Modern China*. Honolulu：University of Hawaii Press Clunas，2004：29-30.

图 6-7
弘历松荫消夏图(局部),桌上有琴,山下有流水,董邦达绘,故宫博物院藏

图 6-8
韵琴斋(左边建筑)及其周围环境

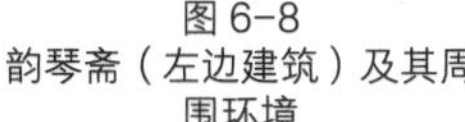

图 6-9
韵琴斋匾额

(五)韵琴斋:集前代聆赏经验之作

韵琴斋建于清乾隆二十二年(1757 年),是北京城里北海皇家园林中一个精巧的小品之作。此处风景清爽,环境幽静,乾隆帝(图 6-7)与皇子就在这里潜心读书。在韵琴斋建筑前方,有一个大致方形的池塘(图 6-8)。从池塘的某处角落,可以听出潺潺流泉声。在韵琴斋建筑的西面(主立面)楹柱上,悬有一水平匾额,上书“韵琴斋”三个大字(图 6-9)。轻柔的水声与“韵琴”匾额结合起来向访客传递出信息:此处虽名“韵琴”,但并无真正由乐器演奏的音乐,取而代之的是“山水清音”,颇合于自左思时代滥觞的“弃人工乐而扬天然声”意识。

更进一步,可从文本层面来解读韵琴斋。兴建韵琴斋的乾隆帝可算是中国历史上最多产的诗人,据称平生诗作超过 42000 首,它们多被收入《清高宗御制诗集》;从中共有 15 首所咏主题为韵琴斋,以此为线索可探究其设计意匠。下文试举其中两首诗来分析。

第一首作于 1765 年：

镜浦虽冱凝，流泉故不冻。
泠泠常作声，已觉春温贡。
斋傍竹特茂，清籁和吟鳳。
响应有相投，底藉八音众。
寄意笑柴桑，无弦犹抚弄。（《清高宗御制诗集》三 / 卷四十三）

第二首作于 1772 年，以下是节录：

斯斋临石泉，原属相假借。
来源凝冱坚，乳窦淙奚藉。
韵琴题檐额，虚语徒成讶。
虽然更有进，颇似陶潜舍。（《清高宗御制诗集》四 / 卷一）

解读乾隆帝以上诗作，诗中用典所指的无疑是陶渊明（名潜，或名渊明，浔阳柴桑人）的“无弦琴”举止。乾隆帝认为，韵琴斋的设计意匠与陶渊明的相仿，然而更胜一筹（“更有进”）。陶渊明把弦拿掉，可是琴的其他部件及演奏者依旧被保留。但韵琴斋无论室内外，没有琴的半点踪迹，也无人假装做出抚弹的样子。取而代之的，是以溪泉为琴弦，山石为琴面。提示访客聆听“音乐”的唯一线索，就是建筑楹联上款书的“韵琴斋”三字。①

若在更大的时间尺度上回溯中国园林聆赏史，可认为，韵琴斋的设计意匠集成了前代净化声环境的经验。正如前文所述，左思和昭明太子唤起了对天然声的聆赏，却全然谢绝了人工调教的乐音；陶渊明及其后的众多文人追捧着一种“寂静”的琴乐，然而他们多半没留意聆听在这寂静时分未曾停息的天然声。韵琴斋的做法看来正好填平了上述两种趋势间的罅隙——不但天然的水声被引入聆赏，并且这种水声经人工调教，而具备了琴音般的乐韵。

① 从乾隆帝的诗文分析韵琴斋的研究，还可见：庄岳 . 数典宁须述古则，行时偶以志今游：中国古代园林创作的解释学传统[D]. 天津大学,2006；主要从“审音知政”角度展开分析。

当被添加到园林中时，这种无扰于天然景观的“乐音”足可教人畅情抒怀。

（六）韵琴斋声环境设计的现代分析：声、寂、场所

通过查勘韵琴斋基址现场，可进一步发现其声环境设计的某些具体手法。有关韵琴斋的历史文本（如乾隆帝的御制诗集）并未过多言及这些设计细节；不过，它们却与我们当代那些在音乐、建筑与景观之间的跨学科设计之细节手法颇有重合点。

本书视界因当代法国关于声环境设计的研究而拓展。下文的分析将主要参照一份由法国作曲家皮埃尔·马列唐（Pierre Mariétan）发起的研究，他提出了关于背景噪声、声环境、听觉模型的诸多概念，致力于研究如何限定和修饰空间中的声音。①

简言之，韵琴斋的设计策略可被视为以控制环境声音为要旨，或换句话说，旨在创造一个声尺度受控的环境。看到的尺度有巨细之别——这一点人所共知；其实听到的尺度同样有洪纤之分。洪亮的声音，亦即具有巨大尺度的声音，未必就更鲜明清晰，正如马列唐分析所言，它或许会被栖于该场所的居民所摒除；而这恰见于前文提及中国园林史中的实例。实际上，声音尺度太大太小都是不受接纳的。要确保声源得到感知，就要在声与寂之间寻求达到一种平衡。

韵琴斋设计的一个要点在于缩小池塘中流瀑的落差，将其化为一种“潺潺低语”，由此把水声塑造得近于真正的琴乐音色，尤其是近于清代当时风行的琴乐美学宗旨“清、微、淡、远”。② 其实，韵琴斋的水声听来如此“微、远”，以至于有时竟令人难感知其存在。于是，声与寂交替浮现，并唤起了时间感——时有，时无，或由声入寂，或由寂出声。聆者不禁开始四下寻觅，留意倾听，而在这之前，他很可能是对周围声环境听而不闻的“聋者”。由是可见：声与寂之间的平衡将韵琴斋园林打造为一处更可辨知、更为熟识的场所。

① 见：Pierre Mariétan. La Musique du Lieu. Berne: Publications UNESCO, 1997; Pierre Mariétan et al. *Sonorités*, n°1. Nîmes: Champ Social, 2005; Pierre Mariétan. “L’inévitable besoin de maîtrise du son environnemental: un défi pour l’architecte urbaniste et paysagiste”, in the international colloquium “Between Architecture and Landscape education” in 22nd Nov. 2007 at L’École Nationale Supérieure d’Architecture de Paris La Villette.

② 明清最有影响的古琴学派是虞山派。后人将虞山派的演奏特点归纳为：“清、微、淡、远”。

韵琴斋设计的另一要点是从视觉上掩藏水源。流瀑被设计在池塘远端，并且置于水平面之下；又沿池塘远端密布竹林山石，使得访客并无路径可行至流瀑近前（图 6-10）。因此，或立于韵琴斋建筑前，或行于通廊步道上，水源都是无从得见的；但却始终可闻。这一潺潺流泉仅由听觉加以提示，人们单靠耳朵来观察和猜测有何情况发生——因此这完全是一趟“聆赏园林之旅”。

按马列唐所述，当声讯号的传播品性与所在场所相宜时，该声讯号的特征就得以彰显，它也便参与到对场所的塑造中；声讯号与场所之间须先达到般配，才可辨识乃至呈现此处场所，并展现有何情况发生。由前文看来，韵琴斋作为中国园林聆赏的一个典型范例，其声环境设计正契合于马列唐的这番见解。

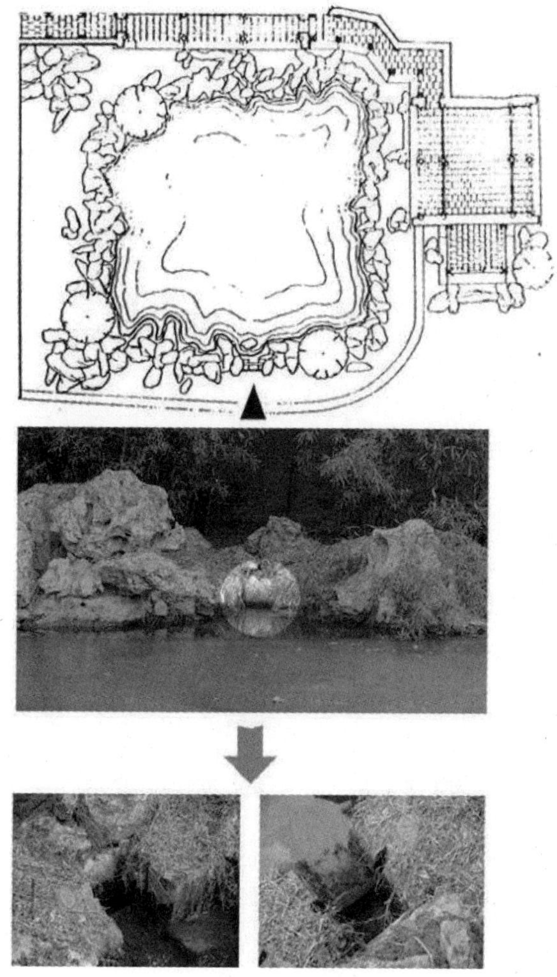

图 6-10
寻找韵琴斋园林水声源：可听，但在游人通路上不可见

参考文献

[1] [美]艾兰，汪涛，范毓周．中国古代思维模式与阴阳五行说探源．南京：江苏古籍出版社，1998.

[2] [德]爱克曼辑录．歌德谈话录（2版）．朱光潜，译．合肥：安徽教育出版社，2006.

[3] [美]安乐哲．和而不同：比较哲学与中西会通．温海明，编．北京：北京大学出版社，2002.

[4] 曹鹏．北京天坛建筑研究．天津：天津大学，2002.

[5] 蔡仲德，注译．中国音乐美学史资料注译（上、下册）．北京：人民音乐出版社，1990.

[6] 蔡仲德．中国音乐美学史．北京：人民音乐出版社，1995.

[7] 陈宏天，赵福海，陈复兴．昭明文选译注（共两册）．长春：吉林文史出版社，1987.

[8] 陈明达．营造法式大木作制度研究．北京：文物出版社，1981.

[9] 陈涛、李相海．隋唐宫殿建筑制度二论——以朝会礼仪为中心．// 王贵祥．中国建筑史论汇刊（第一辑）．北京：清华大学出版社，2009：117-135.

[10] 陈双新．"乐"义新探．故宫博物院院刊，2001（3）：57-60.

[11] 陈戍国．先秦礼制研究．长沙：湖南教育出版社，1991.

[12] 陈万鼐．中国上古时期的音乐制度——试释《古乐经》的涵义．东吴文史学报，1982（4）：35-70.

[13] 陈万鼐．雍穆和平——西周时期的音乐文化．故宫文物月刊，1990，（86）：20-36.

[14] [法]陈艳霞．华乐西传法兰西．耿昇，译．北京：商务印书馆，1998.

[15] 陈应时．一种体系，两个系统——论中国传统音乐理论中的"宫调"．中国音乐学（季刊），2002（4）：109-116.

[16] 陈应时．五行说和早期的律学．音乐艺术，2005（1）：39-45.

[17] 陈志华．关于"建筑是凝固的音乐"．建筑师．1980，No.2：171-172.

[18] 陈宗蕃．燕都丛考．北京：北京古籍出版社，1991.

[19] 陈遵妫．中国天文学史．上海：上海人民出版社，2006.

[20] 成丽．宋《营造法式》研究史初探．天津：天津大学，2009.

[21] [法]戴密微．法人德密那维尔氏评宋李明仲营造法式．唐在复，译．中国营造学社汇刊．第二卷第一册，1931.

[22] 戴明扬．嵇康集校注．北京：人民文学出版社，1962.
[23] 戴念祖．朱载堉——明代的科学和艺术巨星．北京：人民出版社，1986.
[24] 戴兴华，杨敏．天干地支的源流．北京：气象出版社，2006.
[25] 戴逸．乾隆帝及其时代．北京：中国人民大学出版社，1996.
[26] [法]丹尼尔·保利．朗香教堂．张宇，译．北京：中国建筑工业出版社，2006.
[27] [法]丹纳．艺术哲学．傅雷，译．天津：天津社会科学院出版社，2007.
[28] 杜拱辰，陈明达．从《营造法式》看北宋的力学成就．建筑学报，1977（1）：36，42-46.
[29] 杜美芬．祀孔人文暨礼仪空间之研究——以台北孔庙为例．桃园：中原大学，2003.
[30] [美]菲尔·赫恩．塑成建筑的思想．张宇，译．北京：中国建筑工业出版社，2006.
[31] [美]费正清．美国与中国．孙瑞芹,陈泽宪，译．北京：商务印书馆，1971.
[32] 冯时．中国天文考古学．北京：中国社会科学出版社，2007.
[33] 冯友兰．中国哲学简史．涂又光,译．北京：北京大学出版社，1985.
[34] 冯友兰．中国哲学小史．北京：中国人民大学出版社，2005.
[35] [德]弗·威·谢林．艺术哲学．魏庆征，译．北京：中国社会出版社，2005.
[36] 傅熹年．中国古代建筑史(第二卷)．北京：中国建筑工业出版社，2001.
[37] 管建华．中国音乐的审美文化视野．北京：中国文联出版公司，1995.
[38] 郭黛姮．论中国古代木构建筑的模数制．//建筑史论文集（第五辑）．北京：清华大学出版社，1981：31-47.
[39] 郭黛姮．中国古代建筑史(第三卷)．北京：中国建筑工业出版社，2001.
[40] 郭沫若．青铜时代．北京：中国人民大学出版社，2005.
[41] 郭平．古琴丛谈．济南：山东画报出版社，2006.
[42] 郭正忠．三至十四世纪中国的权衡度量．北京：中国社会科学出版社，1993.
[43] 台北故宫博物院．故宫精品导览．台北：雅凯文化导览，2008.
[44] 韩寂，刘文军．材份制构成思疑．西北建筑工程学院学报（自然科学版），1998（4）：43-47.
[45] 韩寂，刘文军．对《营造法式》八等级用材制度的思考．古建园林技术，2000（1）：18-21.
[46] 韩林德．境生象外：华夏审美与艺术特征考察．北京：生活·读书·新知三联书店，1995.
[47] [美]郝大维，[美]安乐哲．孔子哲学思微．蒋弋为，李志林，译．南京：江苏人民出版社，1996.
[48] 何丽野．八字易象与哲学思维．北京：中国社会科学出版社，2004.
[49] 何双全．天水放马滩秦简综述．文物，1989（2）.
[50] 河南省计量局．中国古代度量衡论文集．郑州：中州古籍出版社，1990.
[51] [德]黑格尔．美学（第三卷）．朱光潜,译．北京：商务印书馆，1979.
[52] 黄翔鹏．溯流探源——中国传统音乐研究．北京：人民音乐出版社，1993.
[53] 黄翔鹏．中国人的音乐和音乐学．济南：山东文艺出版社，1997.
[54] 吉联抗,译注．阴法鲁,校订．乐记．北京：音乐出版社，1958.
[55] 吉联抗，译注．孔子孟子荀子乐论．北京：音乐出版社，1963.
[56] 吉联抗，译注．嵇康·生无哀乐论．北京：人民英雄出版社，1964.
[57] 吉联抗，辑译．吕氏春秋中的音乐史料．上海：上海文艺出版社，1978.
[58] 吉联抗，辑译．春秋战国音乐史料．上海：上海文艺出版社，1980.
[59] 吉联抗，译注．两汉论乐文字辑译．北京：人民音乐出版社，1980.
[60] 吉联抗，辑译．魏晋南北朝音乐史料．上海：上海文艺出版社，1982.
[61] 蒋菁、管建华、钱茸．中国音乐文化大观．北京：北京大学出版社，2001.
[62] [日]井上聪．先秦阴阳五行．武汉：湖北教育出版社，1997.
[63] 孔祥林．孔子圣迹图．曲阜市文物管理委员会供稿．济南：山东友谊出版社，1997.

[64] [德]莱辛．拉奥孔．朱光潜，译．北京：人民文学出版社，1979.
[65] 李纯一．先秦音乐史（修订版）．北京：人民音乐出版社，2005.
[66] 李迪．中国数学史简编．沈阳：辽宁人民出版社，1984.
[67] [宋]李诫．营造法式：文渊阁《钦定四库全书》．邹其昌，点校．北京：人民出版社，2006.
[68] 李零．简帛古书与学术源流．北京：生活·读书·新知三联书店，2004.
[69] 李人言．中国算学史．台北：台湾商务印书馆,1990（据商务印书馆 1937 年版影印）.
[70] 李心峰．论 20 世纪中国现代艺术体系的形成．美学前沿（第三辑）．北京：中国传媒大学出版社，2006.
[71] 李幼平．大晟钟与宋代黄钟标准音高研究．上海：上海音乐学院出版社，2004.
[72] 李允鉌．华夏意匠：中国古典建筑设计原理分析．天津：天津大学出版社，2005.
[73] [英]李约瑟．中国科学技术史·第二卷·科学思想史．北京：科学出版社，上海：上海古籍出版社，1990.
[74] [英]李约瑟．中国科学技术史·第三卷．北京：科学出版社，1978.
[75] [英]李约瑟．中国科学技术史·第四卷·物理学及相关技术·第一分册·物理学．陆学善，等译．北京：科学出版社，2003.
[76] 李泽厚．美学三书．合肥：安徽文艺出版社，1999.
[77] 李浈．官尺·营造尺·鲁班尺——古代建筑实践中用尺制度初探．//贾珺．建筑史（第 24 辑）．北京：清华大学出版社，2009：15-22.
[78] 梁思成．营造法式注释．北京：中国建筑工业出版社，1983.
[79] 梁思成．拙匠随笔．北京：中国建筑工业出版社，1996.
[80] 梁思成．中国建筑史．天津：百花文艺出版社，1998.
[81] 梁思成．图像中国建筑史．梁从诫，译．天津：百花文艺出版社，2000.
[82] 梁思成．梁思成全集（第七卷）．北京：中国建筑工业出版社，2001.
[83] [瑞典]林西莉．古琴的故事．许岚，熊彪，译．台北：猫头鹰出版社，2009.
[84] 刘敦桢．中国古代建筑史．北京：中国建筑工业出版社，1980.
[85] 刘江峰．辨章学术，考镜源流——中国建筑史学的文献学传统研究．天津：天津大学，2007.
[86] 刘勉怡．艺用古文字图案．长沙：湖南美术出版社，1990.
[87] 刘彤彤．问渠哪得清如许，为有源头活水来：中国古典园林的儒学基因．天津：天津大学，1999.
[88] 刘文英．中国古代的时空观念（修订本）．天津：南开大学出版社，2000.
[89] 刘筱红．神秘的五行：五行说研究（2 版）．南宁：广西人民出版社，2003.
[90] 刘雨．西周金文中的“周礼”．燕京学报，1997（3）：62-78.
[91] 刘雨婷．先唐与建筑有关的赋作研究．上海：同济大学，2004.
[92] 龙非了（龙庆忠）．中国古建筑上的“材分”的起源．华南理工大学学报（自然科学版），1982（1）：134-144.
[93] 罗艺峰．空间考古学视角下的中国传统音乐文化．中国音乐学（季刊）．1995（3）：45-58.
[94] 马忠林，王鸿钧，孙宏安，王玉阁．数学教育史简编．南宁：广西教育出版社，1991.
[95] （清）梅瑴成．钦定协纪辨方书．刘道超，译注．南宁：广西人民出版社，1993.
[96] 孟彤．中国传统建筑中的时间观念研究．北京：中央美术学院，2006.
[97] 缪天瑞．律学（增订版）．北京：人民音乐出版社，1983.
[98] 聂崇正．清代宫廷绘画．北京：文物出版社，1992.
[99] 聂崇正．清代宫廷绘画（故宫博物院藏文物珍品大系）．上海：上海科学技术出版公司，1999.
[100] 庞朴．一分为三．北京：新华出版社，2004.
[101] 祁英涛．晋祠圣母殿研究．文物世界，1992（1）：50-68.
[102] 钱杭．萧吉与《五行大义》,史林,1999（2）.
[103] 钱慧．“晨钟暮鼓”音乐调查及探析——

江苏省宝华山隆昌寺佛教音乐考察报告之一．南京艺术学院学报（音乐与表演版），2005（1）：40-44.
[104] 丘光明．中国历代度量衡考．北京：科学出版社，1992.
[105] 丘光明，邱隆，杨平．中国科学技术史·度量衡卷．北京：科学出版社，2001.
[106] 人民音乐出版社编辑部．《乐记》论辩．北京：人民音乐出版社，1983.
[107]（清）阮元．揅经室集（上册）．北京：中华书局，1993：78-83.
[108] 上海书店出版社编．尚书图解．上海：上海书店出版社，2001.
[109] 沈知白．中国音乐史纲要．上海：上海文艺出版社，1982.
[110] 沈祖绵．八风考略．沈延发，注释．周易研究，1995（2）：3-13.
[111] 苏志宏．秦汉礼乐教化论．成都：四川人民出版社，1991.
[112] 宿白．白沙宋墓(2版)．北京：文物出版社，2002.
[113] 孙机．汉代物质文化资料图说．北京：文物出版社，1990.
[114] 谭维四．乐宫之王：曾侯乙墓考古．杭州：浙江文艺出版社，2002.
[115] 谭维四．曾侯乙墓．北京：生活·读书·新知三联书店，2003.
[116] 唐继凯．纳音原理初探．黄钟（武汉音乐学院学报），2004（2）：60-66.
[117] 唐孝祥，陈吟．建筑美学研究的新维度——建筑艺术与音乐艺术审美共通性，建筑学报，2009（1）：23-26.
[118] 天津大学建筑系，北京市园林局编著．清代御苑撷英．天津：天津大学出版社，1990.
[119] 童寯．外中分割．建筑师．1979（1）：145-149.
[120] 童忠良，等编著．中国传统乐理基础教程．北京：人民音乐出版社，2004.
[121] 王贵祥．东西方的建筑空间——传统中国与中世纪西方建筑的文化阐释．北京：中国建筑工业出版社，1998.
[122] 王国维．"释乐次"．观堂集林（卷二）．北京：中华书局，1959：84-104.
[123] 王国维．王国维哲学美学论文辑佚．佛雏校，辑．上海：华东师范大学出版社，1993.
[124] 王其亨．探骊折札．建筑师，第37期，1990（7）：17-19.
[125] 王其亨．《营造法式》材分制度的数理涵义及审美观照探析．建筑学报，1990（3）：50-54.
[126] 王其亨．《营造法式》材分制度模数系统律度和谐问题辨析．// 第二届《中国建筑传统与理论学术研讨会》论文集（三），天津，1992.
[127] 王其亨．风水理论研究．天津：天津大学出版社，2005.
[128] 王玉德．寻龙点穴：中国古代堪舆术．北京：中国电影出版社，2006.
[129] 王子初．中国音乐考古学．福州：福建教育出版社，2002.
[130] 文化部艺术研究院音乐研究所．中国古代乐论选辑，北京：人民音乐出版社，1981.
[131]［美］巫鸿．中国古代艺术与建筑中的"纪念碑性"．李清泉，郑岩，等译．上海：上海人民出版社，2009.
[132] 吴曾德．汉代画象石．北京：文物出版社，1984.
[133] 吴承洛．中国度量衡史．上海：上海书店，1984.
[134] 吴葱．青海乐都瞿昙寺建筑研究．天津：天津大学，1994.
[135] 吴莉萍．中国古典园林的滥觞——先秦园林探析．天津：天津大学，2003.
[136] 吴文俊．中国数学史大系（第四卷西晋至五代）．北京：北京师范大学出版社，1999.
[137] 吴钊，刘东升．中国音乐史略．北京：人民音乐出版社，1983.
[138] 吴钊．贾湖龟铃骨笛与中国音乐文明之源．文物，1991（3）：50-55.
[139] 五十嵐太郎．美しき女神ムーサ．建築文化，1997（12）特集：建築と音楽．
[140] 五十嵐太郎，菅野裕子．建築と音楽．東京：NTT出版，2008.
[141] 夏明钊．嵇康集，译注．哈尔滨：黑龙江人民出版社，1987.
[142] 萧默．中国建筑艺术史．北京：文物出版社，1999.

[143] 肖旻．唐宋古建筑尺度规律研究．广州：华南理工大学，2002.
[144] 萧兴华．舞阳贾湖．北京：科学出版社，1999.
[145] 萧兴华．中国音乐文化文明九千年——试论河南舞阳贾湖骨笛的发掘及其意义．音乐研究，2000：3-14.
[146] 修海林．中国古代音乐美学．福州：福建教育出版社，2004.
[147] 许在扬．陈旸及其《乐书》研究中的一些问题．黄钟（中国·武汉音乐学院学报）．2008,（2）：102-112.
[148] 严复．社会剧变与规范重建——严复文选．上海：上海远东出版社，1996.
[149] 杨华．先秦礼乐文化．武汉：湖北教育出版社，1997.
[150] 杨宽．中国历代尺度考．北京：商务印书馆，1955.
[151] 杨宽．古史新探．北京：中华书局，1965.
[152] 杨宽．西周史．上海：上海人民出版社，2003.
[153] 杨倩描．从《易解》看王安石早期的世界观和方法论——以《井卦·九三》为中心．中国文化研究，2003（1）：62-68.
[154] 杨向奎．宗周社会与礼乐文明（修订本）．北京：人民出版社，1997.
[155] 杨荫浏．中国音乐史纲．台北：乐韵出版社，1996.
[156] 杨荫浏．中国古代音乐史稿（上、下）．北京：人民音乐出版社，1981.
[157] 叶明媚．古琴音乐艺术．香港：商务印书馆（香港）有限公司，1991.
[158] 殷南根．五行新论．沈阳：辽宁教育出版社，1993.
[159] 余英时．朱熹的历史世界：宋代士大夫政治文化的研究．北京：生活·读书·新知三联书店，2004.
[160]（清）俞正燮．癸巳存稿．沈阳：辽宁教育出版社，2003.
[161] [英] 约翰·拜利．音乐的历史．黄跃华，张少鹏，等译．太原：希望出版社，2003.
[162] 张立文，主编．张立文，祁润兴，著．中国学术通史（宋元明卷）．北京：人民出版社，2004.
[163] 张良皋．匠学七说．北京：中国建筑工业出版社，2002.
[164] 张十庆．《营造法式》变造用材制度探析．东南大学学报（自然科学版），1990（5）：8-14.
[165] 张十庆．《营造法式》变造用材制度探析（Ⅱ）．东南大学学报（自然科学版），1991（3）：1-7.
[166] 张十庆．东方建筑研究．天津：天津大学出版社，1992.
[167] 张祥龙．从现象学到孔夫子．北京：商务印书馆，2001.
[168] 张宇．中国传统建筑与音乐共通性史例探究．天津：天津大学，2003.
[169] 张宇．功能与符号——《全唐诗》北窗析．华中建筑．Vol.24，2006（11）：62-65.
[170] 郑祖襄．华夏旧乐新证：郑祖襄音乐文集．上海：上海音乐学院出版社，2005.
[171] 周聪俊．“国科会”专题研究计划成果报告“仪礼宫室图研究”，2000.
[172] 周维权．中国古典园林史．北京：清华大学出版社，1999.
[173] 周武彦．中国古代音乐考释．长春：吉林人民出版社，2005.
[174] 朱伯崑．易学哲学史．北京：北京大学出版社，1988.
[175]（明）朱载堉．律学新说．冯文慈，点注．北京：中国音乐出版社，1986.
[176] 朱启钤．李明仲八百二十周忌之纪念．// 中国营造学社汇刊，第一卷第一期，1930.
[177] 朱启新．晨钟暮鼓与晨鼓暮钟．百科知识．2007（2）：60-62.
[178] 朱锡禄．武氏祠汉画像石．济南：山东美术出版社，1986.
[179] 诸葛净．明洪武时期南京宫殿之礼仪角度的解读 // 贾珺．建筑史（第 25 辑）．北京：清华大学出版社，2009：64-80.
[180] 竹内昭．〈凍れる音楽〉考——異芸術間における感覚の互換性について．“法政大学教養部紀要”96 号，1996.
[181] 庄岳．数典宁须述古则，行时偶以志今游：中国古代园林创作的解释学传统．天津：天津大学，2006.
[182] 宗白华．美学散步．上海：上海人民出版社，2001.
[183] 宗白华．宗白华全集．合肥：安徽教育出版

社，1996.

[184] 宗文举.《论语》注译与思想研究. 天津：天津人民出版社，1998.

[185] Alexandrakis, Aphrodite. The Role of Music and Dance in Ancient Greek and Chinese Rituals: Form versus Content. Journal of Chinese Philosophy, volume 33, no. 2, 2006 (6): 267-278.

[186] Berrall, Julia S. The Garden: An Illustrated History. NY: The Viking Press, 1966.

[187] Bragdon, Claude. The Beautiful Necessity, Seven Essays on Theosophy and Architecture. New York: Cosimo Classics, 2005.

[188] Clunas, Craig. Superfluous Things: Material Culture and Social Status in Early Modern China. Honolulu: University of Hawaii Press Clunas, 2004.

[189] Corbusier, Le. *The Modulor and Modulor 2* (2 volumes). Basel: Birkhäuser, 2000.

[190] Demiéville, Paul. Che-yin Song Li Ming-tchong Ying tsao fa che "Edition photolithographique de la Méthode d'architecture de Li Ming-tchong des Song". BEFEO vol.1, 1925: 213-164.

[191] Euripides. The Phoenissae (Phoenician Women). tr (prose) by E. P. Coleridge, 1891. eBooks@Adelaide 2004.

[192] Feng, Jiren. The Song-Dynasty Imperial Yingzao fashi (Building Standards, 1103) and Chinese Architectural Literature: Historical Tradition, Cultural Connotations, and Architectural Conceptualization, 美国布朗大学艺术与建筑史系. 博士学位论文, 2006.

[193] Glahn, Else. On the transmission of the Ying-tsao fa-shih. T'oung Pao, vol. 41, 4-5, 1975: 232-265.

[194] Glahn, Else. "Chinese building standards in the 12th century". *Scientific American*. v.244 (5). 1981 (5): 162-173.

[195] Glahn, Else. "Unfolding the Chinese Building Standards: Research on the *Yingzao fashi*" in *Chinese Traditional Architecture*, by Nancy Shatzman Steinhardt et al. New York: China Institute in America, 1984: 48-57.

[196] Glancey, Jonathan. The Story of Architecture. London: DK publishing, 2000.

[197] Goethe, Johann Wolfgang von. Maxims and reflections. tr. by Elisabeth Stopp, Peter Hutchinson. London: Penguin Classics, 1998.

[198] Huang, Chün-chieh; Zürcher, Erik ed. Time and space in Chinese culture. Leiden: Brill Academic Publishers, 1995.

[199] Kepler, Johannes. The Harmony of the World. tr. by Charles Glenn Wallis. Chicago: Encyclopedia Britannica, Inc., 1952.

[200] Keswick, Maggie. The Chinese Garden: History, Art and Architecture. NY: St. Martin's Press, 1986.

[201] Li, Chenyang. The Ideal of Harmony in Ancient Chinese and Greek Philosophy. Dao, 2008 (7): 81-98.

[202] Mariétan, Pierre. La Musique du Lieu. Berne: Publications UNESCO, 1997.

[203] Mariétan, Pierre et al. *Sonorités*, n°1. Nîmes: Champ Social, 2005.

[204] Millon, Henry A. "Rudolf Wittkower, *Architectural Principles in the Age of Humanism*: Its Influence on the Development and Interpretation of Modern Architecture", *Journal of the Society of Architectural Historians*, Vol. 31. 1972: 83-91.

[205] Muecke, Mikesch W.; Zach, Miriam S.ed. Resonance: Essays on the Intersection of Music and Architecture. Ames, IA, USA: Culicidae Architectural Press, 2007.

[206] Needham, Joseph. *Science and Civilisation in China*, Vol. 4, Physics

and Physical Technology, Part III, Civil Engineering and Nautics (d) Building Technology, Cambridge University Press, 1971.

[207] Rowe, Colin. The Mathematics of the Ideal Villa and Other Essays. Cambridge, Mass.: MIT Press, 1982. "The Mathematics of the Ideal Villa" was first published in Architectural Review 101 (1947): 101-104.

[208] Saleh-Pascha, Khaled. *"Gefrorene Musik": Das Verhältnis von Architektur und Musik in der ästhetischen Theorie*, 德国柏林工业大学建筑学院. 博士学位论文, 2004.

[209] Trachtenberg, Marvin. "Architecture and Music Reunited: A New Reading of Dufay's *Nuper Rosarum Flores* and the Cathedral of Florence", *Renaissance Quarterly*, 54 (2001): 740-775.

[210] Warren, Charles W. "Brunelleschi's Dome and Dufay's Motet", *The Musical Quarterly*, Vol.59, No.1 (1973, © Oxford University Press): 92-105.

[211] Waterhouse, Paul. "Music and Architecture", *Music & Letters*, Vol. 2, No. 4 (1921/10): 323-331.

[212] Watt, James C. Y. "The Qin and the Chinese Literati". *Orientations Magazine*, 1981.11: 38-49.

[213] Wittkower, Rudolf. *Architectural Principles in the age of humanism*, London: W. W. Norton & Company, 1971.

[214] Wright, Craig. "Dufay's *Nuper rosarum flores*, King Solomon's Temple, and the Veneration of the Virgin", *Journal of the American Musicological Society*, 47 (1994): 395-441.

[215] Vandermeersch, Léon, "Ritualisme et ingénierie dans l'architecture chinoise ancienne". Henri Chambert-Loir ed. *Anamorphoses: Hommage à Jacques Dumarçay*, Paris: Les Indes Savantes, 2006: 99-108.

[216] Zevi, Bruno. *The Modern Language of Architecture*, Seattle, London: University of Washington Press, 1978.

图表来源

图 0-1　来源：梁思成 . 拙匠随笔

图 0-2　来源：Claude Bragdon. *The Beautiful Necessity, Seven Essays on Theosophy and Architecture*

图 0-3　来源：安乐哲，罗思文 .《论语》的哲学诠释：比较哲学的视域

图 1-1　来源：维基官方网站

图 1-2　来源：同图 1-1

图 1-3　来源：同图 1-1

图 1-4　来源：同图 1-1

图 1-5　来源：同图 1-1

图 1-6　来源：同图 1-1

图 1-7　来源：同图 1-1

图 1-8　来源：笔者 2006 年摄

图 1-9　来源：同图 1-1

图 1-10　来源：同图 1-1

图 1-11　来源：同图 1-1

图 1-12　来源：同图 1-1

图 1-13　来源：同图 1-1

图 1-14　来源：笔者 2008 年摄

图 1-15　来源：Khaled Saleh-Pascha. "*Gefrorene Musik*"*: Das Verhältnis von Architektur und Musik in der ästhetischen Theorie*

图 1-16　来源：同图 1-15

图 1-17　来源：artoftheprint 官方网站

图 1-18　来源：同图 1-1

图 1-19　来源：上海书店出版社编 . 尚书图解

图 1-20　来源：同图 1-19

图 1-21　来源：笔者 2008 年摄

图 1-22　来源：Rudolf Wittkower. *Architectural Principles in the Age of Humanism*

图 1-23　来源：笔者自绘

图 1-24　来源：同图 1-22

图 1-25　来源：Colin Rowe. "*The Mathematics of the Ideal Villa*"

图 1-26　来源：同图 1-22

图 1-27　来源：同图 1-1

图 1-28　来源：George W. Hart. "*Johannes Kepler's polyhedra*"

图 1-29　来源：Johannes Kepler. *The Harmony of the World*

图 1-30　来源：Jonathan Glancey. *The Story of Architecture*

图 1-31　来源：同图 1-1

图 1-32　来源：同图 1-1

图 1-33　来源：同图 1-30

图 1-34　来源：同图 1-1

图 1-35　来源：同图 1-22
图 1-36　来源：同图 1-22
图 1-37　来源：banknotes 官方网站
图 1-38a 来源：同图 1-30
图 1-38b~38e　来源：笔者 2008 年摄
图 1-39　来源：约翰·拜利．音乐的历史
图 2-1　来源：同图 1-1
图 2-2　来源：国学网
图 2-3　来源：苏州大学图书馆．中国历代名人图鉴
图 2-4　来源：同图 1-1
表 2-1　来源：汉典官方网站
图 2-5　来源：齐国故城遗址官方网站
图 2-6　来源：同图 2-3
图 2-7　来源：文渊阁四库全书内联网版
图 2-8　来源：笔者 2004 年摄
图 2-9　来源：故宫文物月刊，第 47 期
图 2-10　来源：同图 1-19
图 2-11　来源：刘勉怡．艺用古文字图案
图 2-12　来源：同图 2-7
图 2-13　来源：同图 1-19
图 2-14a 来源：吴曾德．汉代画象石
图 2-14b 来源：同图 2-7
图 2-14c 来源：同图 2-11
图 2-15　来源：谭维四．乐宫之王：曾侯乙墓考古
图 2-16　来源：同图 2-15
图 2-17　来源：同图 1-19
图 2-18　来源：同图 1-19
图 2-19　来源：同图 2-7
图 2-20　来源：根据孙机《汉代物质文化资料图说》图版 29 改绘
图 2-21　来源：同图 2-15
图 2-22a 来源：朱锡禄．武氏祠汉画像石
图 2-22b 来源：同图 2-22b
图 2-22c 来源：同图 2-14a
图 2-22d 来源：故宫文物月刊，第 45 期
图 2-23　来源：林西莉．古琴的故事
图 2-24　来源：同图 1-19
图 2-25a 来源：同图 2-14a
图 2-25b 来源：巫鸿．中国古代艺术与建筑中的“纪念碑性”
图 2-25c 来源：同图 2-23
图 2-25d 来源：同图 1-19
图 2-26　来源：孔祥林．孔子圣迹图
图 2-27　来源：同图 2-23
图 3-1　来源：王其亨提供
图 3-2　来源：BBC 气象中心
图 3-3　来源：王其亨提供
图 3-4　来源：同图 2-25b
图 3-5　来源：同图 1-19
图 3-6 左 来源：冯时．中国天文考古学
图 3-6 右 来源：孙机．汉代物质文化资料图说．图版 73
图 3-7　来源：同图 3-6 右
图 3-8a　来源：[清] 胡国桢．罗经解定
图 3-8b　来源：王玉德．寻龙点穴：中国古代堪舆术
图 3-9a　来源：同图 3-6 左
图 3-9b　来源：同图 3-6 左
图 3-10　来源：同图 2-15
图 3-11　来源：同图 3-6 左
图 3-12　来源：同图 2-7
图 3-13　来源：同图 2-7
图 3-14　来源：同图 2-7
图 3-15　来源：同图 2-7
图 3-16a~g　来源：陈万鼐．中国上古时期的音乐制度——试释《古乐经》的涵义
图 3-16h 来源：同图 2-7
图 3-17　来源：同图 2-9
表 3-5　来源：同表 2-1
图 3-18　来源：同图 3-6 左
图 3-19　来源：同图 2-7
图 3-20　来源：同图 2-7
图 3-21　来源：同图 2-7
图 3-22　来源：刘敦桢．中国古代建筑史
图 3-23　来源：根据《礼记·月令》绘制
图 3-24　来源：以明代朱载堉《乐律全书》附图为基础绘制
图 3-25　来源：同图 2-23
图 3-26　来源：同图 2-7
图 3-27a 来源：王子初．中国音乐考古学
图 3-27b 来源：同图 2-15
图 3-28　来源：同图 2-7
图 3-29　来源：同图 2-7
图 3-30　来源：清顺治十三年《頖宫礼乐全书》
图 3-31　来源：清乾隆六年《学宫备考》
图 3-32　来源：同图 2-25b
图 3-33　来源：同图 2-3

图 4-1　来源：同图 2-7
图 4-2　来源：李约瑟．中国科学技术史 第四卷，物理学及相关技术·第一分册·物理学
图 4-3　来源：同图 2-7
图 4-4　来源：同图 1-19
图 4-5　来源：同图 2-7
图 4-6　来源：同图 2-7
图 4-7　来源：同图 2-7
图 4-8　来源：李迪．中国数学史简编
图 4-9　来源：同图 2-7
图 4-10　来源：同图 2-3
图 5-1　来源：营造学社汇刊，第 1 卷第 1 册
图 5-2　来源：梁思成．图像中国建筑史
图 5-3　来源：王其亨提供
图 5-4　来源：中国书店出版社出版“陶本”《营造法式》书影
图 5-5　来源：同图 2-3
图 5-6　来源：同图 2-7
图 5-7　来源：笔者自绘
图 5-8　来源：同图 2-23
图 5-9　来源：故宫博物院官方网站
图 5-10　来源：同图 2-7
图 6-1　来源：笔者自绘
图 6-2　来源：王其亨提供
图 6-3　来源：天津大学建筑学院 1998 年测绘图
图 6-4　来源：同图 2-7
图 6-5　来源：聂崇正．清代宫廷绘画（故宫博物院藏文物珍品大系），1999
图 6-6　来源：烫样为故宫博物院藏；照片为笔者 2005 年摄
图 6-7　来源：聂崇正．清代宫廷绘画，1992
图 6-8　来源：笔者 2005 年摄
图 6-9　来源：笔者 2005 年摄
图 6-10　来源：平面图出自天津大学建筑系、北京市园林局编著．清代御苑撷英；照片为笔者 2005 年摄

图书在版编目（CIP）数据

筑乐：中国建筑思想中的音乐因素 = ARCHI–MUSIC: Musical Ideas that Shaped the Chinese Architecture Philosophy / 张宇著 . — 北京：中国建筑工业出版社，2023.5

ISBN 978–7–112–29014–7

Ⅰ.①筑…　Ⅱ.①张…　Ⅲ.①建筑艺术—研究—中国　Ⅳ.① TU–862

中国国家版本馆 CIP 数据核字（2023）第 146208 号

责任编辑：姚丹宁
书籍设计：张悟静
责任校对：刘梦然
校对整理：张辰双

筑乐　中国建筑思想中的音乐因素
ARCHI–MUSIC:
Musical Ideas that Shaped the Chinese Architecture Philosophy
张　宇　著
*
中国建筑工业出版社出版、发行（北京海淀三里河路 9 号）
各地新华书店、建筑书店经销
北京雅盈中佳图文设计公司制版
北京富诚彩色印刷有限公司印刷
*
开本：787 毫米 ×960 毫米　1/16　印张：$15^3/_4$　字数：213 千字
2024 年 1 月第一版　2024 年 1 月第一次印刷
定价：**88.00** 元
ISBN 978–7–112–29014–7
（40091）